主编：龚胜生
编著：龚胜生　敖荣军　黄建武　杨　振　王　婧
　　　张　涛　梅　琳　姜　艳　程绍文　魏幼红

Twelve Lectures
on Environment and Health

环境与健康
十二讲

华中师范大学出版社

新出图证（鄂）字10号

图书在版编目（CIP）数据

环境与健康十二讲/龚胜生主编．—武汉：华中师范大学出版社，2022.12
ISBN 978-7-5622-9923-3

Ⅰ.①环… Ⅱ.①龚… Ⅲ.①环境影响-健康-普及读物 Ⅳ.①X503.1-49

中国版本图书馆CIP数据核字（2022）第198166号

环境与健康十二讲

龚胜生　主编

责任编辑:罗　挺
责任校对:骆　宏　　**封面设计**:胡　灿
编 辑 室:综合编辑室　　**电话**:027-67867370
出版发行:华中师范大学出版社有限责任公司
社址:湖北省武汉市洪山区珞喻路152号　　**邮编**:430079
电话:027-67863426(发行部)
网址:http://press.ccnu.edu.cn　　**电子信箱**:press@mail.ccnu.edu.cn
印刷:湖北恒泰印务有限公司　　**督印**:刘　敏
字数:280千字
开本:710mm×1000mm　1/16　　**印张**:16
版次:2022年12月第1版　　**印次**:2022年12月第1次印刷
定价:48.00元

欢迎上网查询、购书

前　言

环境是围绕在人类周围的外部条件的总和，是人类赖以生存和发展的物质基础。健康是人类躯体上、心理上、社交上和道德上的一种完好状态，是个人幸福的源泉、家庭和睦的基础和国家强盛的保障。自古以来，健康就是人类孜孜以求的人生目标。人是自然的产物，人的健康与环境有着千丝万缕的联系，正如习近平总书记所说："良好生态环境是最普惠的民生福祉""没有全民健康，就不会有全面小康"。

"环境与健康"课程聚焦环境与健康的关系，内容涉及地理学、环境学、卫生学、生物学、社会学、人口学等诸多学科，是一门自然科学与人文社会科学交叉融合的素质课程。课程应用地理学、环境学、健康学的基本知识、基础理论和基本方法，探究自然环境和人文环境的要素与人类健康的关系，贴近生活，贴近现实，贴近时代，旨在培养大学生的环保意识、健康意识和全球意识，造就健康可持续、国家可持续必需的合格公民，服务"美丽中国"建设、"健康中国"建设和中华民族的伟大复兴。

"环境与健康"课程的教学内容可以用"1—2—3"来概括。"1"是指一种核心关系——环境与健康的关系。"2"是指两个基本概念——"环境"概念与"健康"概念。"3"是指三个内容板块：第一个板块是"绪论"，主要讲授环境与健康的基本概念，阐述健康对于个人、家庭和国家的重要意义；第二个板块是"自然环境与健康"，主要讲授水质、土壤、气候、生物、环境污染与健康的关系；第三个板块是"人文环境与健康"，主要讲授人口流动、城市化、贫困、旅游、住宅与健康的关系。

华中师范大学于2015年将"环境与健康"课程纳入首批核心通识课程进行建设，2017年10月被教育部批准为全国大学慕课（MOOC），2018年1月被教育部批准为"国家精品在线开放课程"，2020年11月被教育部批准为"国家首批线上线下混合式一流课程"。本书是"环境与健康"课程的配套教材，全书由龚胜生负责大纲制定、体例编写和文字统稿，编著者的任务分工是：第一讲、第二讲龚胜生，第三讲龚胜生、王婧，第四讲王婧、龚胜生，第五讲黄建武，第六讲张涛，第七讲姜艳，第八讲敖荣军，第九讲梅琳，第十讲杨振，第十一讲程绍文，第十二讲魏幼红。该教材是华中师范大学“环境与健康”教学团队成员多年教学实践的结晶，但限于水平，讹误之处，在所难免，希望教材使用者发现问题时给予反馈，以便教材再版时修正。

本书的出版，得益于华中师范大学教务处对课程建设的支持，得益于华中师范大学城市与环境科学学院对出版经费的资助，得益于华中师范大学出版社编辑们的辛勤付出，也得益于“环境与健康”教学团队成员的协作配合，谨在此一并致谢！

龚胜生

二〇二二年十一月十日

目　录

第一讲　课程性质与核心概念

第一节　课程性质

一、什么是通识课

通识课是通识课程的简称，是高等学校开设的几乎所有大学生都应该接受而且都可以选修的非专业性课程，简言之，即众多专业通用的课程。通识课与专业课相对应。专业课为专业教育服务，专业教育旨在培养学生的专业技能；通识课为通识教育服务，通识教育旨在培养学生的综合素质。

通识教育既是普通教育，也是通才教育。说“普通”，是因为它们所传授的知识是每个公民应该具备的基础知识；说“通才”，是因为它们文理渗透，学科交叉，能够完善学生的知识结构，提升学生的创新能力，造就复合型人才。

通识教育和专业教育是高等教育的统一体，通识课程与专业课程是高校课程的有机体，二者相辅相成，相得益彰。大学生不仅要为工作做好准备，为专业技能做好准备，还要为工作变换作好准备，为社会适应做好准备。

概括起来，通识课具有以下三大特点（图 1-1）：

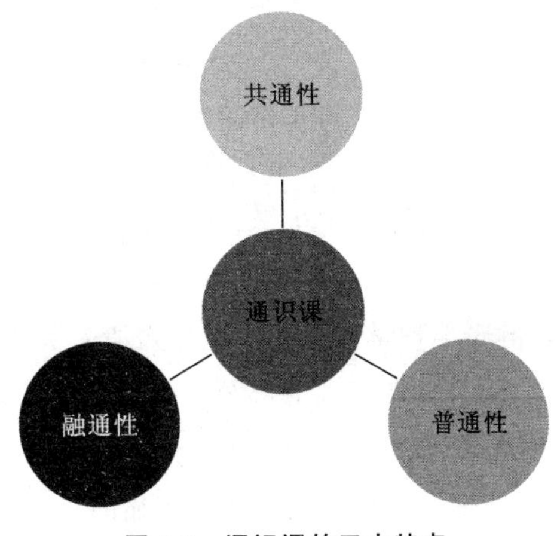

图 1-1　通识课的三大特点

知识结构的普通性。通识课讲授未来公民应该普遍具有的普通知识，位于知识“金字塔”的“底座”，因此属于基础教育类课程。

课程开设的共通性。通识课的知识不仅基础性强，而且交叉性强，文、理、工、农、医各学科的学生均可学习，因此又属于综合素质类课程。

人才培养的融通性。通识课旨在培养“通才”，造就“通人”。一个人的知识结构越完善，他的创造能力就越强，所以汉代典籍《淮南子》曰：“通智得而不劳”，《论衡》曰：“博览古今为通人”“通人胸中怀百家之言”。意思是说，博学多识才能融会贯通，融会贯通才能成为知识素养全面的通人。

二、“环境与健康”是怎样的通识课

人的一生，离不开围绕在其周围的外部环境，所以恩格斯说，“人是自然的产物”。人生的成功与幸福，有赖于有一个健康的身体，而人的健康，离不开人与自然关系的和谐。环境与健康的关系，是最基本的人与自然的关系，“环境与健康”通识课，就是一门讲授人与自然关系，探究环境与健康真谛的基础课程，主要具有以下三个特点：

聚焦地理环境与人类健康关系。该课程围绕环境和健康两个关键词及其关系展开，这两个关键词是地球上所有现代公民都必须知道和掌握的两个概念。只有了解了我们现代健康与地理环境的关系，我们才可能自觉地去关心环境和保护环境，才有可能趋利避害，营造更加有益于健康的地理环境。

自然科学与人文社会科学交叉。环境是一个自然与人工耦合的生态系统，不仅包括地形、地质、气候、水文、土壤、生物等自然要素构成的自然地理环境，而且包括人口、政治、经济、文化、社会等人文要素构成的人文地理环境，因而影响人类健康的环境因子也是复杂多样和千差万别的。因此，描述和解析环境与健康的关系，既需要自然科学的知识，也需要人文社会科学的知识。该课程涉及地理学、环境学、卫生学、流行病学、生物学、社会学、人口学等诸多学科。

偏重于医学地理/健康地理学。地理环境与人地关系是地理学的研究对象，环境与健康关系是人地关系中最基础的部分，是现代医学地理/健康地理学研究的核心领域。该课程是在“医学地理学”专业课程多年的教学实践中生发出来的，因此，讲授的内容偏重于那些地理特征明显的、能够显著影响人类健康的环境要素，偏重于那些具有地方性或区域性的疾病与健康问题。

三、"环境与健康"的内容结构

根据课程教学目的，本课程的教学内容分为三大板块、共十二讲：第一板块为"绪论"，主要介绍课程性质、环境的概念、健康的概念、健康的重要意义，以及环境与健康的关系（第一讲、第二讲）；第二板块为"自然环境与健康"，重点讲述水质、土壤、气象、生物以及环境污染对健康的影响（第三讲—第七讲）；第三板块是"人文环境与健康"，重点讲授人口流动、城市化、贫困、旅游以及住宅环境与健康的关系（第八讲—第十二讲），如图 1-2 所示。

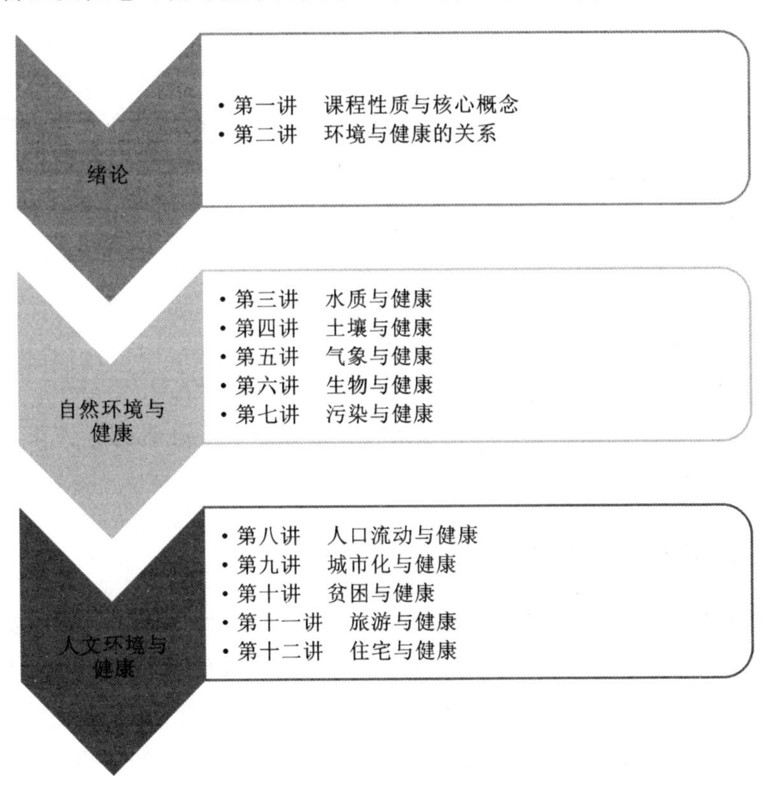

图 1-2　"环境与健康"课程的内容结构

第二节　环境的概念

一、环境的汉字本义

"环"字的本义。环，古文作"環"。东汉许慎所撰我国最早的字书《说文解字》曰："環，璧也，肉好若一谓之環。"[①] 用现代话讲，環是一种圆形而中间有孔的佩玉，是璧玉的一种。至于南朝梁、陈之际，顾野王撰《玉篇》，曰："環，绕也。"环变成了动词。此后，《正韵》所谓"環，回绕也"，《韵会》所谓"環，绕也，周迴也"，都视为动词，为"环绕"之意[②]。环，繁体字又作"寰"，"天子封畿内县也"[③]，意为天子直接控制的政区，现在特指地球或世界，故称"寰宇""寰球""人寰"。现在，"環"与"寰"，都简化为"环"。综上所述，"环"字的本意就是周围、围绕、环绕，是指事物周遭的空间和条件。

"境"字的本义。境，《说文解字》曰："境，疆也。"[④]《康熙字典》曰："竟也，疆土至此而竟也。"[⑤] 这里"竟"通"尽"，"境"的本义是一种界限，特指土地的边界，疆土的尽头，故有"疆界""境界""越境"之谓。开拓疆土也称作"开地斥境"。后来，"境"又引申为一种外部条件，所以又有"境况""境地""处境"之称。

"环境"的本义。了解"环"和"境"的汉字本义之后，对于"环境"一词的本义就不难理解了。所谓"环境"，就是环绕某事物的周围的境界、空间与条件，它有三个基本也是本质的特征：一是外部性。环境是相对中心事物而言的，它是环绕事物外部的境况与条件。二是空间性。环境是有界限和范围的，它是事物周围的区域或空间。三是屏障性。环境是中心事物存在与发展的依赖、屏障与保护，中心事物不能离开环境独立存在，保护环境，根本上是要保护环境庇护之下的中心事物。

二、环境的科学概念

环境的定义。1989年版《辞海》这样定义环境："指围绕着人类的外部世界，是人类赖以生存和发展的社会和物质条件的综合体……可泛指大气、水、土地、矿藏、森林、草原、野生动物、野生植物、水生生物、名胜古迹、风景游览区、温泉、疗养区、自然保护区和生活居住区等。"[⑥] 2014年修订的《中

---

① （汉）许慎：《说文解字》，第一上，《玉部·環》。北京：中华书局，1963年，第11页。

② （清）张玉书等编：《康熙字典》，午集上，《玉部·環》。上海：上海书店出版社，1985年，第821页。

③ （清）张玉书等编：《康熙字典》，寅集上，《宀部·寰》。上海：上海书店出版社，1985年，第316页。

④ （汉）许慎：《说文解字》，第十三下，《土部·境》。北京：中华书局，1963年，第290页。

⑤ （清）张玉书等编：《康熙字典》，丑集中，《土部·境》。上海：上海书店出版社，1985年，第253页。

⑥ 夏征龙主编：《辞海》。上海：上海辞书出版社，1989年，第1375页。

华人民共和国环境保护法》这样定义："本法所称环境，是指影响人类生存和发展的各种天然的和经过人工改造的自然因素的总体，包括大气、水、海洋、土地、矿藏、森林、草原、湿地、野生生物、自然遗迹、人文遗迹、自然保护区、风景名胜区、城市和乡村等。"不难看出，科学意义上的环境，其所环绕的中心事物是人类，因此，简言之，环境就是环绕在人类周围的、人类赖以生存和发展的外部世界。

环境的分类。环境概念有广义、狭义之分。广义的环境是自然环境和社会环境的总称；狭义的环境仅指自然环境。前引《辞海》和《中华人民共和国环境保护法》中的环境定义都是广义的环境概念。现在使用较多的环境概念是地理环境和生态环境。

地理环境是地理学概念，它的中心事物是人类，既包括自然生成的由大气、水、土壤、生物、地质、地貌等要素构成的自然环境，也包括人类创造的由人口、政治、经济、文化、社会等要素构成的社会环境。前者即自然地理环境，后者即人文地理环境。

生态环境是生态学的概念，它的中心事物是包括人在内的生命有机体，特指某一特定生物或生物群落以外的空间，以及直接或间接影响该生物体或生物群生存的一切外部事物的总和。生态环境主要属于自然环境，强调自然环境对生物群落的承载，对生命过程的维持，对生态平衡与生物多样性的保护（图 1-3）。

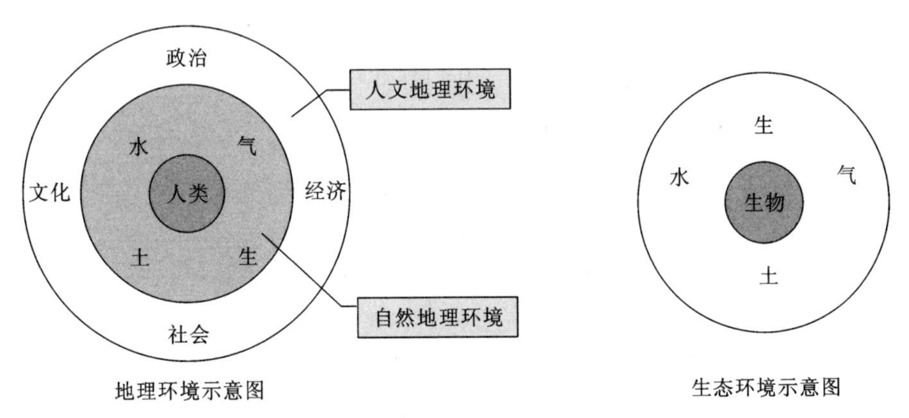

图 1-3　地理环境与生态环境示意图

环境的作用。环境的重要作用从其汉字的本义就可略见一斑。因为它具有空间性，它是人类各类社会活动的舞台；因为它具有屏障性，它是人类赖以生存、生产和发展的载体；但是，因为它具有外部性，它对于人类的重要性也因此被忽视，被视为取之不尽、用之不竭的东西而被粗暴地对待，甚至被挥霍浪费，形成今日的环境困境。随着知识经济时代的到来，生态文明成为人类文明的最高形式，环境对于人类社会可持续发展的重要性日益彰显，保护环境就是保护人类自己正在成为全世界人民的共识。中国已将生态文明建设与经济建设、政治建设、文化建设、社会建设一道，纳入国家“五位一体”的总体布局。

现代环境科学承认环境二字本身所赋予的作用，但又不限于此，环境至少还具有以下三个方面的重要功能：

一是承载功能。环境有疆土，有空间，是一个巨大的载体，能够承载万物生灵，能够承载人类活动，只是这种承载的能力也是有限度的，所以有“环境承载力”的概念。

二是容器功能。即环境的消纳功能。人类生产过程和生活过程所产生的废弃物，最终都要排放到环境中，环境就像一个巨大的容器，把人类活动产生的废弃物装起来，甚至还不断地消化这些废弃物。当然，这种容器功能也不是无止境的，因此又有“环境容量”的概念。

三是生产功能。传统经济学认为，人类社会只有两种生产——人的生产和物质生产，前者是指人类自身的繁衍，后者是指工业、农业等物质部门的生产。现代生态经济学认为，人类社会有三种生产，除了人的生产和物质生产，还有环境生产。环境所具有的资源生产能力、污染消纳能力、灾害破坏能力，都是环境生产的体现①。

第三节　健康的概念

一、健康的汉字本义

“健”字的本义。健，《说文解字》曰：“健，伉也。”②《增韵》曰：“健，强有力也。”《周易·乾卦》所谓“天行健，君子以自强不息”，即取此意③。伉，也有匹敌、高大之意，常以“伉俪”相称。“伉俪，配耦也，敌也。”“伉

① 龚胜生主编：《可持续发展基础》。北京：科学出版社，2009年，第113—116页。

②（汉）许慎：《说文解字》，第八上，《人部·健》。北京：中华书局，1963年，第163页。

③（清）张玉书等编：《康熙字典》，子集中，《人部·健》。上海：上海书店出版社，1985年，第113页。

俪者，言是相敌之匹耦。”[1]

“康”字的本义。康，《康熙字典》引《尔雅·释诂》曰：“康，乐也”，又曰：“康，安也。”这是说，康的本义是快乐安宁，所以古代视“康宁”为人生排名第三的幸福。《尚书·洪范》认为，人生最大的幸福有五样：一是寿，二是富，三是康宁，四是攸好德，五是考终命。因此，康是一个很高贵的字，不是随随便便可以谥人的，《谥法》上讲，只有那些渊源流通、温柔好乐、令民安乐的人能谥名为康。以上解释，都是从个人层面来说的，若从社会层面看，康还用来形容道路的四通八达和社会的繁荣昌盛，故《释名》曰：“五达曰康。康，昌也，昌盛也。”[2] 现在我们所说的康庄大道和小康社会，就是取的这个意思。

“健康”的本义。据上所引，从汉字本义上看，身材高大、强壮有力为“健”，心情愉快、社会安宁为“康”。“健康”二字合用，具备两个层面的意思：个人层面：身体强壮有力，能像战士一样与人匹敌；社会层面：社会安宁稳定，社会关系和谐，社交快乐幸福。简言之，即个人层面的强壮与快乐和社会层面的安宁与昌盛。不过，“健”“康”二字连称，在我国晚到明代才出现，如“白发如银身健康”[3] “举止健康”[4] “年来稍健康”[5]。此前此后，也有称“康健”的，如“犹康健”[6] “康健无恙”[7]，乾隆官修《八旬万寿盛典》中 8 次提到“康健”，有“老年康健”“精神康健”“精力康健”“万年康健”之称。这里，康健多用来祝福老人健康长寿。现在我们常用“身体健康”表达美好祝愿。

二、健康的科学概念

“健康”的定义。按照细胞病理学的解释，健康就是没有疾病或残伤，躯体处于良好的状态。《辞海》就是这么定义“健康”的：“人体各器官系统发育良好、功能正常、体质健壮、精力充沛，并具有良好劳动效能的状态。”[8] 这个定义只是强调了躯体的状态，忽略了人的心理状态和社交状态，甚至还远离

---

① （清）张玉书等编：《康熙字典》，子集中，《人部·伉》。上海：上海书店出版社，1985 年，第 95 页。

② （清）张玉书等编：《康熙字典》，寅集下，《广部·康》。上海：上海书店出版社，1985 年，第 378 页。

③ （明）杨士奇：《东里续集》，卷五十七，《晏太守重庆堂诗》。

④ （明）周瑛：《翠渠摘稿》，卷二，《贺林素庵处士应诏冠带序》。

⑤ （明）周瑛：《翠渠摘稿》，卷六，《怀母歌送祁使君忧制东还》。

⑥ （元）脱脱等：《金史》，卷一百七，《张行信传》。

⑦ （清）张廷玉等：《明史》，卷一百九十三，《费宏传》。

⑧ 夏征龙主编：《辞海》。上海：上海辞书出版社，1989 年（缩印本），第 288 页。

了“健康”二字的本义，因此是片面的。1946 年，世界卫生组织提出，“健康是在身体上、心理上和社会适应方面都处于良好的状态，而不仅仅是身体没有疾病和不虚弱。”这个定义从个人与社会两个层面，从躯体、心理、社交三个维度来概括，又是世界卫生组织给出的，因此被广泛认同。这个定义被称为三维健康概念。1989 年，世界卫生组织对健康概念进行了进一步完善，提出了四维健康的新概念，将“健康”定义为：健康是生理、心理、社会适应和道德品质的良好状态。次年，世界卫生组织又将“道德品质”修改为“道德完善”，将道德修养作为精神健康的重要内涵，认为健康的人是不会以损害他人的利益来满足自己的需要的，而且具有辨别真伪、善恶、美丑、荣辱等是非观念，能够按照社会行为的规范、准则来约束自己及控制自己的思想和行为。

【知识窗 1-1】

世界卫生组织身心健康新标准“五快三良好”

世界卫生组织（WHO）于 1999 年提出了身心健康的新标准，即“五快三良好”。

“五快”（躯体的健康标准）是指：

食得快——胃口好、不挑食、不狼吞虎咽；

睡得快——入睡快、睡眠质量高、精神饱满；

便得快——大小便通畅、便时无痛苦、便后感舒适；

说得快——思维敏捷、说话流利、口齿清楚、表达正确；

走得快——行动自如、步伐轻捷。

“三良好”（心理的健康标准）：

良好的个性——心地善良、乐观处世、为人谦和、正直无私、情绪稳定；

良好的处世能力——观察事物客观现实、有良好的自控能力、能较好适应复杂的环境变化；

良好的人际关系——助人为乐、与人为善、心情舒畅、人缘关系好。

——资料来源：《世界卫生组织身心健康新标准》，《健康大视野》2006 年第 2 期，第 31 页。

“健康”的维度。对比“健康”的汉字本义，不得不叹服中国古代人们的智慧，“健康”这个联合词一开始就包括了身体、心理和社会三个维度的状态，具备了现代三维健康概念的基本内涵。从无病就是健康的一维概念，到生理与心理都健康的二维概念，到生理、心理、社会都完好的三维概念，再到生理、心理、社会、道德都完好的四维概念，健康的内涵越来越丰富，健康的标准也越来越高。不过，在现实生活中，在操作的层面，健康概念更多地在二维的层面被使用。

第四节　健康的重要意义

一、健康是个人幸福的源泉

人生的幸福源于对健康的拥有。随着生活水平的提高，人们对健康越来越重视。最近一些年，有一句俗语很流行，曰：“高薪不如高寿，高寿不如高兴。”这是说，快乐每一天，拥有健康的生活，是人生最幸福的事情。确实，身体是革命的本钱，健康是幸福的基础，人生的幸福，源于对健康的拥有。健康不仅是个人幸福的源泉，更是个人成功的根基。“不论哪一个人，立身社会，无强健的体格是不能成大事业的。”[①] 失去了健康，就失去了一切。如果把金钱、权力、地位、学历、家庭等因素比作“0”，那么，健康就是“1”，失去了这个“1”，所有的“0”都会失去意义，再多的“0”也将化为乌有（图 1-4）。

图 1-4　健康对于个人的重要性

---

① 大孩子：《做人》，《申报》1939 年 1 月 15 日，第 17 版。

研究表明，现代能给人们带来幸福感的，主要是“健康”“学历”“富裕”“社交”和“婚姻”5个重要因素，其中，“健康”居于首位，而且，越健康的人，幸福感越强。在所有被调查的中国人中，身体非常健康的人感觉幸福的比例高达92.4%，比较健康的人感觉幸福的比例占90.4%，健康状况一般的人感觉幸福的比例只有80.3%，不太健康的人感觉幸福的比例为61.9%，而不健康的人感觉幸福的比例只有38.4%。也就是说，相较于那些健康很不好或者不太好的人，非常健康或者健康的人更容易有幸福感①。

在中国古代，人生的五大幸福都与健康有关系，其中“寿”为五福之首。寿在这里是指长寿。寿命是反映一个人在整个人生过程中的健康状况和健康程度的综合指标，长寿是人一生健康的象征，更是人类美好的愿望与追求。生产力水平低下的古代社会，人类平均寿命只有二三十岁，长寿更是成为人类孜孜以求的幸福。比如，西周时期成书的《诗经》中就有49处提到“寿”字，“万寿无期”“万寿无疆”“寿考万年”“寿考不忘”等祈祷、祝福、庆贺长寿的诗句，比比皆是。在封建社会，活到七十岁就被称为“古稀”，活到九十上百岁更是被视为“人瑞”，被写入地方志，甚至还有可能得到皇帝的嘉奖。即使是现在，“祝寿”仍然是一件快乐和幸福的事情，家里的长辈过八十、九十岁生日时，后辈们常常要送“百寿图”以祝福老人家健康长寿（图1-5）。

图1-5 百寿图

来源：中华人民共和国国家旅游局：《中国旅游景区景点大辞典》。北京：中国旅游出版社，2007年，第1415页。

除“寿”之外，人生的其他四大幸福“富、康宁、攸好德、考终命”，也都与健康的拥有有着密切的关系：生活富足，免于饥荒；社会安定，免于疾疫；乐善好施，人皆有德；一生无厄，善终吉尽。所有这些幸福之事，都与健康息息相关，除“富”是健康的条件以外，其余本身都是健康的内在要求。

---

① 潘绥铭、黄盈盈：《什么样的中国人更幸福》，《中国青年报》2012年10月29日，第2版。

【知识窗 1-2】

中国古人的人生“五福”

《尚书·洪范·五福》曰：“寿、富、康宁、攸好德、考终命。”这就是古人心目中人生的五大幸福。

寿——“民得永年者为寿”，即享尽自然的寿命。人的自然寿命为生长期的五到七倍，即一百二十岁左右。

富——“仰足以事父母，俯足以畜妻子，乐岁终身饱，凶年免于死亡，富之道也”，即生活温饱，饥荒之年能免于死亡，上可侍奉父母，下可抚养妻儿。

康宁——“和气充盈，兵革寝息，天下无疾疫之苦，戍役之劳，民安济之道也”，即社会安宁，无疫无灾，生活安定。

攸好德——“出孝入悌，爱贤慕能，德之所好者也”，即修好德，乐善好施，积善行德，是道德上的健康。

考终命——“不为征战之所殒灭，刑罚之所桎梏，无横夭毁伤而死者，皆自成天命以终也”，即能够善终吉尽，寿终正寝。

——资料来源：（宋）胡瑗《洪范口义》卷下《五福》。

人生的不幸由于健康的丧失。人生的幸福，源于对健康的拥有，与此相反，人生的不幸，大多也是由于健康的丧失。在古人看来，人生不仅有五大幸福之事，同时也有六大不幸之事，即所谓的“六极”。据《尚书·洪范·六极》所载，六大人生之不幸，都与健康的缺乏或丧失有关。

一曰“凶短折”。“凶短折者不以善而终，既不得其寿，又不得考终命，是谓凶短折之人，或因征战之所死，或被桎梏之所殄，皆不遂天命也。”[①]“凶短折”的意思就是夭折，就是不能“考终命”。一个人，如果不能享尽自然的寿命，不是在家中自然老去，而是战乱而死，刑罚而死，客死他乡，这种种“不遂天命”的遭遇，都是人生的第一大不幸。

二曰“疾”。“阴阳乖则风雨暴，和气隔塞，天灾流行，民则疾疠。”[②]这里的“疾”，指个体的疾病，也指社会的疾疫。古代社会，医疗卫生条件差，

① （宋）胡瑗：《洪范口义》，卷下，《六极·凶短折》。四库全书本。
② （宋）胡瑗：《洪范口义》，卷下，《六极·疾》。四库全书本。

常常会发生瘟疫，一旦瘟疫流行，就会有大批人口死亡。如果一个人生活在疫病经常流行的时代，或者自己染上了疾病，这就是人生的第二大不幸。

三曰“忧”。“上未有以奉父母，俯又阙于畜妻子，无安堵之业而劳征伐之行役，日虞流转于沟壑，即民忧之甚也。”[①]“忧”是“康”的反义词，人生的第三大不幸是整天生活在忧愁之中，上不能侍奉父母，下不能照顾妻儿，没有稳定的生计，甚至还要到处去征战，颠沛流离，转死沟壑。

四曰“贫”。“徭役频，租敛烦，男不耕，女不织，田亩荒，机杼空，民贫之道也。”[②]贫穷与疾病，是一对孪生兄妹，直到现在，因病致贫依然是大多数贫困者贫穷的重要原因。人生的第四大不幸就是贫穷。贫穷不仅是个人的一种不幸，也是社会的一种不幸。如果国家苛捐杂税繁多，连基本的男耕女织的生活都不能得到保障，其结果只能是田亩荒芜，衣食无着，陷入贫困不幸之境地。国家之贫弱与国民之孱弱，是互为因果的。鸦片战争后的一百年里，旧中国正是因为国贫民弱，沦为“病夫之国”，而被西方人辱骂为“东亚病夫”。

五曰“恶”，六曰“弱”。“恶与弱，皆不好德者也。恶者嚣而无所不至，弱者懦怯而终无所立也，此二者，人行之穷极。”[③]“恶”与“攸好德”相反，“弱”与“健”相反，都是不健康的状态。“恶”是不做好事，作恶的人无所不为；“弱”是做不成大事，懦弱的人一无所成。一个人，如果形成了“恶”与“弱”的不健康的性格，那么，这个人就是不幸的；一个社会，如果“恶”与“弱”之人充斥，那么，这个社会也是不幸的。

总之，一个人如果没有了生命的健康，是很难有个人幸福可言的。

二、健康是家庭和睦的基石

健康是家庭兴旺的前提。个人是家庭的细胞，个人的健康，不仅关乎个人的幸福，也关乎家庭的幸福。一个人丧失了健康，比如得了重大的慢性疾病，或者因为事故变成了残疾，家庭中的所有成员为了照顾好这个病人或残疾人，不仅要耗费大量的时间和金钱，而且还要失去许多工作赚钱的机会。这样，一方面是不健康的人不断消耗家庭财富，另一方面是健康的人因为病人拖累而无法去创造财富，其结果是家庭陷入贫困的境地。俗话说，家和万事兴。其实，这是有前提的，这个前提就是健康，是每个家庭成员的健康。

健康是家庭和谐的保证。快乐是健康的内涵，健康是快乐的基础。俗话

---

①（宋）胡瑗：《洪范口义》，卷下，《六极・忧》。四库全书本。

②（宋）胡瑗：《洪范口义》，卷下，《六极・贫》。四库全书本。

③（宋）胡瑗：《洪范口义》，卷下，《六极・恶・弱》。四库全书本。

说，久病床前无孝子。一个家庭，如果重要家庭成员长期卧病在床，生活不能自理，不仅仅是金钱和精力消耗的问题，久而久之，还可能影响家庭成员间的和睦，更有甚者，整个家庭都可能笼罩在一种紧张、焦虑、愁闷、抑郁的气氛之中，进而对家庭其他成员的健康带来负面影响。中国是个礼仪之邦，老老幼幼，同甘共苦，是传统家庭美德。家庭成员长期有病，不离不弃者固然有之，但在现实生活中，夫妻之间因为一方罹患重病，或者孩子有重大疾病，离婚而去的也不在少数。这是人性的表现，但更多的是失去健康后的无奈。由此看来，健康是家庭和谐的保证。

三、健康是国家强盛的保障

疾病是贫困的根源。贫困对健康构成巨大威胁，因此有人说，贫困与疾病是一对孪生的兄妹。成语“贫病交加”，说的就是这种情况。在当前存在的贫困人口中，有很多是因病致贫、因病返贫，一个家庭，只要有一个得了重大疾病，那么，如果没有国家的帮助，这个家庭就很容易甚至很快陷入贫穷，所以习近平总书记说：“没有全民健康，就没有全面小康。”据调查，1988 年，第二次国家卫生服务调查时，我国农村地区因病致贫率为 21.6%，贫困地区因病致贫率高达 50%以上。到 2003 年第三次国家卫生服务调查时，我国农村地区因病致贫、因病返贫的比例明显增加，因疾病或损伤致贫者占 33.4%，因缺乏劳动力致贫者占 27.1%，疾病又是劳动力健康损害的重要原因。至 2017 年，我国反贫困进入攻坚阶段，在集中贫困地区，因病致贫的比例平均高达 70%—80%。疾病的负担，不仅是个人、家庭的负担，也是社会、国家的负担，国民的孱弱，必将导致国家的贫弱，旧中国被称为“东亚病夫”，就是惨痛的教训。

健康是国家的财富。自第二次世界大战以来，全世界具有先见的人们都确认，“健康是人生最大的财富”，“国民的健康是国家最宝贵的资源”[①]。也就是说，从国家层面讲，健康就是财富，国民拥有的健康就是国家财富的储蓄，国民健康的损失就是国家财富的透支。据《中国心血管病报告 2017》称，中国每年死于心脑血管疾病的人有 250 万—300 万，每年用于心脑血管病的医疗费用高达 1 301 亿元，而且其增长速度是我国 GDP 增速的将近 2 倍。全国还有 1.6 亿高血压病患者，一个高血压病人每年治疗的费用大约 1 000 元，仅此一项，总费用也高达 1 600 亿元[②]。不难理解，国民疾病的负担，就是国家财富

---

① 刘冠生：《人民的“健康权”，宪法中急应增列的一项》，《申报》1946 年 4 月 28 日，第 5 版。

② 陈伟伟、高润霖、刘力生等：《〈中国心血管病报告 2017〉概要》，《中国循环杂志》，2018 年第 1 期，第 1—8 页。

的损失，国民疾病的耗费，就是国家财富的耗费。据中国精算师协会评估，一个癌症病人的治疗费用，平均高达22万—80万元。

表1　2020年我国重大疾病平均治疗费用

重大疾病	医疗费用（RMB）	重大疾病	医疗费用（RMB）
癌症	22万—80万	终末期肺病	10万—30万
冠状动脉搭桥术	10万—30万	昏迷	12万/年
急性心肌梗死	10万—30万	双耳失聪	20万—40万
心脏瓣膜手术	10万—25万	双目失明	8万—20万
重大器官或造血干细胞移植术	22万—50万	肢体切断	10万—30万
脑炎后遗症或脑膜炎后遗症	20万—40万	瘫痪	5万/年
良性脑肿瘤	10万—25万	严重阿尔兹海默症	5万/年
严重脑损伤	10万/年	帕金森病	7.5万/年
慢性肝功能衰竭	10万/年	严重烧伤	10万—20万
终末期肾病	10万/年	语言功能丧失	10万/年

资料来源：中国精算师协会：《国民防范重大疾病健康教育读本》，2021年2月1日发布。

因此，我们不能一方面努力创造财富，另一方面又让疾病消耗财富。我们应该在创造社会财富的同时，减少健康损失，通过“减负加正”来增加国家财富。事实证明，近几十年来，亚洲经济增长中的30%—40%源于人群健康水平的提高，中国改革开放以来增加的国民生产总值中，至少也有20%来自国民健康状况的改善[①]。

国民健康是国家富强的根本。回顾旧中国沦为“东亚病夫”的历史，有识之士发现，“中国衰弱的最大原因，就是人民的不健康而来的”[②]。他们认为，“惟国民体格之健康，实为一切建设之原动力”[③]，“一国国家之是否盛强，即先视其民众是否康健以为断”[④]。总之，民弱则国弱，民强则国强，有健康的国民，才会有强大的国家。要想洗刷“东亚病夫”的耻辱，必须正视和重视国民的健康问题。更有人认为，健康是人的基本权利，是人的基本需要，“健康

① 杜本峰、和红、金承刚等：《中年高级知识分子健康状况的综合评估——中国知识分子健康研究报告之三》，《人口研究》，2006年第1期，第2—12页。

② 莒子：《萝卜青菜荳腐汤》，《申报》1933年1月13日，第18版。

③《洗刷病夫耻辱》，《申报》1946年8月28日，第5版。

④《本市药师公会昨举行会员大会·代表训词》，《申报》1935年7月15日，第13版。

权”是“人民最神圣的一种权利”①，既然“人民身体之强弱，关系国族之兴衰”②，那么，“确保民族健康”，应该成为“最基本国策之一种”③，“一个团体，一个社会，一个国家，若不能给予它的这基本的需要，那这个国家就根本没有幸福可言”④。以上是民国时期有识之士对于健康与国家富强关系的认识。

到了21世纪的今天，国民健康与国家强盛的关系更加明显，实现人民幸福、国家强大、民族振兴的伟大中国梦，不仅有赖于“美丽中国”的实现，更有赖于“健康中国”的建设。这是因为，贫穷不是社会主义，疾病也不是社会主义；习近平总书记强调，“没有全民健康，就没有全面小康”，“人民健康是社会文明进步的基础，是民族昌盛和国家富强的重要标志”。现代文明发展道路不仅要“生产发展、生活富裕、生态良好”，更重要的是生命健康！离开了生命健康，生产再怎么发展也毫无意义；离开了生命健康，生态再好那也不过是原始的蛮荒；离开了生命健康，生活富裕就成了一句自欺欺人的空话。因此，维护个人健康，不仅是一个人、一个家庭的事，同时也是一种社会责任和人类的普世道德。只有每一个人，每一个家庭都保持健康，社会才能实现和谐，国家才能永远强大！

建设社会主义现代化强国，必须推进健康中国建设。2012年，卫生部颁布《健康中国2020战略研究报告》，提出2020年“主要健康指标基本达到中等发达国家水平”的战略目标。党的十八大以来，以习近平同志为核心的党中央秉持人民至上、生命至上理念，不断推进健康中国建设。2015年，“推进健康中国建设”写进中共十八届五中全会报告。2016年，中共中央、国务院颁布《“健康中国2030”规划纲要》，提出“普及健康生活、优化健康服务、完善健康保障、建设健康环境、发展健康产业”五大战略任务（图1-6）。2017年，“实施健康中国战略”写进中共十九大报告，“健康中国”正式成为国家战略。2021年，十三届人大四次会议通过《中华人民共和国国民经济和社会发展第十四个五年规划和二〇三五年远景目标规划纲要》，制定“全面推进健康中国建设”行动指南⑤。2022年10月，中共二十大报告进一步强调，“推进健康中国建设，把保障人民健康放在优先发展的战略位置”。

① 刘冠生：《人民的“健康权”，宪法中急应增列的一项》，《申报》1946年4月28日，第5版。

②《保障人民健康，市参议会建议国大在宪法内增加条文》，《申报》1946年12月6日，第6版。

③ 范守渊：《论人民健康权——中华民国宪法私议》，《申报》1947年12月16日，第5版。

④ 余新恩：《我们的健康卫生从何说起——狭义的医学，造成了东亚病夫的美名》，《中华健康杂志》1948年第10卷第4、5、6期合刊，第5—6页。

⑤ 龚胜生、王无为、杨林生等：《地理学参与健康中国建设的重点领域与行动建议》，《地理学报》2022年第8期，第1851—1872页。

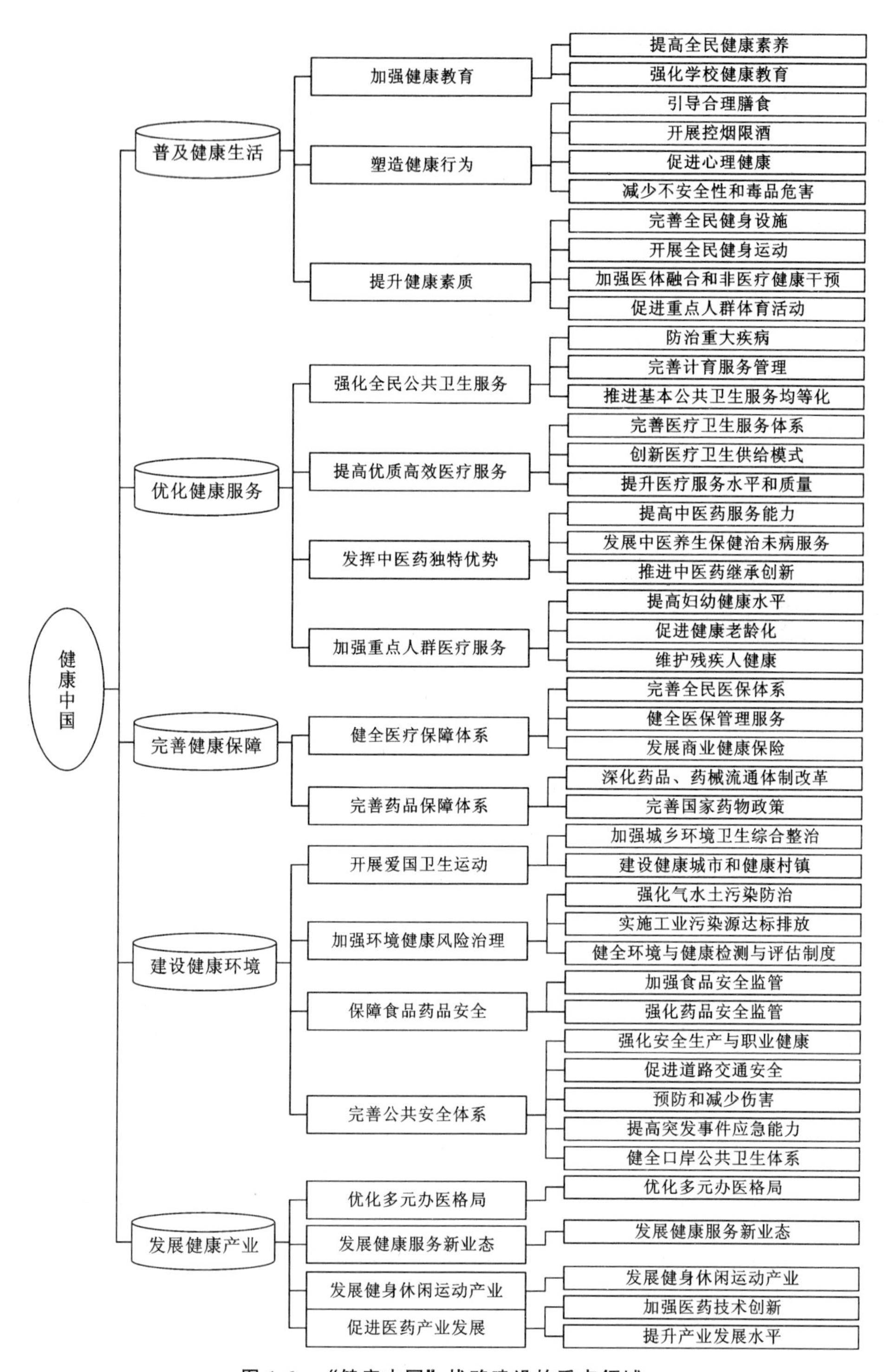

图 1-6 “健康中国”战略建设的重点领域

【知识窗 1-3】

习近平谈人民健康

人民健康是社会文明进步的基础

在重大疫情面前，我们一开始就鲜明提出把人民生命安全和身体健康放在第一位……人民至上、生命至上，保护人民生命安全和身体健康可以不惜一切代价。（2020 年 5 月 22 日）人民健康是社会文明进步的基础，是民族昌盛和国家富强的重要标志，也是广大人民群众的共同追求。（2020 年 9 月 22 日）健康是幸福生活最重要的指标，健康是 1，其他是后面的 0，没有 1，再多的 0 也没有意义。（2021 年 3 月 23 日）

把保障人民健康放在优先发展的战略位置

要把人民健康放在优先发展战略地位，努力全方位全周期保障人民健康，加快建立完善制度体系，保障公共卫生安全，加快形成有利于健康的生活方式、生产方式、经济社会发展模式和治理模式，实现健康和经济社会良性协调发展。（2020 年 9 月 22 日）要把保障人民健康放在优先发展的战略位置，坚持基本医疗卫生事业的公益性，聚焦影响人民健康的重大疾病和主要问题，加快实施健康中国行动，织牢国家公共卫生防护网，推动公立医院高质量发展，为人民提供全方位全周期健康服务。（2021 年 3 月 6 日）要把人民健康放在优先发展的战略地位，以普及健康生活、优化健康服务、完善健康保障、建设健康环境、发展健康产业为重点，加快推进健康中国建设，努力全方位、全周期保障人民健康。（2016 年 8 月 19 日）

加大公立医疗卫生机构建设力度

要加大公立医疗卫生机构建设力度，推进县域医共体建设，改善基层基础设施条件，落实乡村医生待遇，提高基层防病治病和健康管理能力。（2021 年 3 月 6 日）要全面加强公立医院传染病救治能力建设，完善综合医院传染病防治设施建设标准，提升应急医疗救治储备能力，把我国重大疫情救治体系和能力提升到新水平。（2020 年 6 月 2 日）要坚持基本医疗卫生事业的公益性，坚持政府主导，强化政府对卫生健康的领导责任、投入保障责任、管理责任、监督责任。要加大公立医疗卫生机构建设力度，加强国家医学中心、区域医疗中心、县级医院建设，加快优质医疗资源扩容和区域均衡布局，让广大人民群众就近享有公平可及、系统连续的预防、治疗、康复、健康促进等健康服务。要推进县域医共体建设，改善基层基础设施条件，落实乡村医生待遇，提高基层防病治病和健康管理的能力。(2020 年 9 月 22 日)

深化医药卫生体制改革

要坚持整体谋划、系统重塑、全面提升，改革疾病预防控制体系，提升疫情监测预警和应急响应能力，健全重大疫情救治体系，完善公共卫生应急法律法规，深入开展爱国卫生运动，着力从体制机制层面理顺关系、强化责任。(2020 年 5 月 24 日) 要深化医疗卫生体制改革，加快健全分级诊疗制度、现代医院管理制度、全民医保制度、药品供应保障制度、综合监管制度，合理制定并落实公立医疗卫生机构人员编制标准并建立动态核增机制。(2020 年 9 月 22 日) 要坚持人民至上、生命至上，继续深化医药卫生体制改革，增加医疗资源，优化区域城乡布局，做到大病不出省，一般病在市县解决，日常疾病在基层解决，为人民健康提供可靠保障。(2021 年 3 月 23 日)

普及全民健身运动，促进健康中国建设

全民健身是全体人民增强体魄、健康生活的基础和保障，人民身体健康是全面建成小康社会的重要内涵，是每一个人成长和实现幸福生活的重要基础。我们要广泛开展全民健身运动，促进群众体育和竞技体育全面发展。(2013 年 8 月 31 日)“发展体育运动，增强人民体质”是我国体育工作的根本任务。希望同志们充分认识体育对提高人民健康水平的积极意义，落实全民健身国家战略，普及全民健身运动，促进健康中国建设。(2016 年 8 月 25 日) 要倡导健康文明的生活方式，树立大卫生、大健康的观念，把以治病为中心转变为以人民健康为中心，建立健全健康教育体系，提升全民健康素养，推动全民健身和全民健康深度融合。(2016 年 8 月)

推动构建人类卫生健康共同体

中国愿同各国一道，加强科技创新与合作，促进更加开放包容、互惠

共享的国际科技创新交流，为推动全球经济复苏、保障人民身体健康作出贡献。（2020 年 11 月 10 日）面对仍在肆虐的新冠肺炎疫情，我们要坚持科学施策，倡导团结合作，弥合“免疫鸿沟”，反对将疫情政治化、病毒标签化，共同推动构建人类卫生健康共同体。（2021 年 7 月 6 日）中国始终秉持人类卫生健康共同体理念，向世界特别是广大发展中国家提供疫苗，积极开展合作生产……我们愿同国际社会一道，推进疫苗国际合作进程，推动构建人类命运共同体。（2021 年 8 月 5 日）

——资料来源：光明网，党建网微平台 2021-08-13。此处有调整和删节。

学习思考

1. 什么是环境？环境有哪些特性与功能？

2. 什么是健康？健康于个人、家庭、国家各有哪些重要意义？

拓展阅读

1. 郭兴彪主编：《环境健康学基础》。北京：高等教育出版社 2011 年版。

2. 贾振邦编著：《环境与健康》。北京：北京大学出版社 2008 年版。

3. 谭见安主编：《地球环境与健康》。北京：化学工业出版社 2004 年版。

4. 刘新会、牛军峰、史江红主编：《环境与健康》。北京：北京师范大学出版社 2009 年版。

5. 柳丹、叶正钱、俞益武主编：《环境健康学概论》。北京：北京大学出版社 2012 年版。

第二讲　环境与健康的关系

人是自然的产物，人类与环境有着千丝万缕的联系，环境与健康关系是人与自然关系中最基本的部分。自然系统影响人类系统，首先必须通过对人的生理和心理健康的影响，再进而影响到社会的深层次系统，即通过对人的健康的影响进而影响到经济、政治、文化、社会的各个方面。

第一节　人与环境：生命共同体

一、人是自然环境的产物

人与自然环境是一个生命共同体，相互依赖，无法分离。从地球生命演化史来看，人是地球生命系统中的一个物种。地球上的生物分为动物、植物、微生物三大类，人是动物的一种，属于脊椎动物门，哺乳动物纲，灵长目，人科，人属，人种。

在地球生态系统里，人只是千千万万动物中的一种，和其他动物一样，人也是生态规律永恒的对象。因此，法国的罗伯特·欧文（Robert Owen，1771—1858）说："人是环境的产物。"这里的环境，主要是指自然环境。恩格斯也指出："我们连同我们的肉、血和头脑都是属于自然界，存在于自然之中的。"[①] 一句话，虽然人类处于环境的中心，但人类不能离开环境而独立生存。

中国古代关于人与自然的哲学，是一种"天人合一"的哲学。《庄子·齐物论》论及人与自然关系时说："天地与我并生，而万物与我为一。"意思就是说，自然万物与人是一个生命共同体，人与自然界中的万物没有高低贵贱之分，物我为一，生而平等。这种朴素的人与自然和谐的思想，其实就是根源于人是自然的产物的观点。早在距今两千年的西汉时期，《淮南子·地形训》就

---

① 恩格斯：《自然辩证法》，见《马克思恩格斯选集》第 3 卷。北京：人民出版社，1972 年，第 517 页。

指出“土地各以其类生”，到距今五百年的明代，李时珍（1518—1593）在《本草纲目》中也说：“人乃地产，资禀与山川之气相为流通，而美恶寿夭，亦相关涉。”[①] 不仅指出人是自然的产物，而且指出人的健康与自然相关涉。

对于人与自然关系的认识，中国哲学与西方哲学虽然都认为人是自然的产物，但中国哲学认为人来自自然，但始终是属于自然的；西方哲学则不然，虽然也承认人来自自然，但人与自然分离之后，就成为自然的对立物。因此，中国古代的“天人合一”思想，其实蕴含着人是自然产物的深刻的思想。

当然，我们承认人是自然的产物，承认人是千千万万物种中的一种，但我们也不能因此否认人的主观能动性。人可以制造、使用工具来利用、改造甚至创造环境。恩格斯指出，人所以比其他一切生物强，是因为人能够认识自然规律和正确运用自然规律[②]。为了与其他生命有机体相区别，我们将动物的集合体称为“动物群落”，将植物的集合体称为“植物群落”，而将人类的集合体称为“人类社会”。

二、人与环境的物质构成

元素丰度。地球环境中化学元素的平均含量叫作“元素丰度”，又称克拉克值。化学元素是地球物质组成的最基本单位，被称为“地球的基因”。地球环境中的主要化学元素是氧（O）、硅（Si）、铝（Al）、铁（Fe）、钙（Ca）、钠（Na）、钾（K）、镁（Mg）（图 2-1）。人体是一座化学元素的“仓库”，地壳中存在的化学元素，大多数都能在人体中找到，而且，人体中的化学元素丰度与地壳中化学元素丰度基本一致（图 2-2）。这是因为，人是自然的产物，人体在长期进化中，人体内的化学元素与自然环境本底相适应，形成了人与环境在元素丰度上的平衡。

水土不服。人体健康不仅是人体内部各脏腑间的平衡，也是人体与外部环境之间的平衡，一旦人与环境的平衡被打破，人体就会发生生理机能的障碍，产生临床疾病症状，这就是我们平常所说的“水土不服”。比如，一个长期生活在东北的人，乍一来到广州，可能感觉吃也吃不好，睡也睡不香，甚至出现无缘无故的腹泻，其中一个可能的原因就是他体内的化学元素与周围环境长期构成的平衡突然被打破了。因此，中国古人养生，十分讲究人体与环境的平

---

① （明）李时珍：《本草纲目》，卷五，《水部·井华水》。四库全书本。

② 恩格斯：《自然辩证法》，见《马克思恩格斯选集》第 3 卷。北京：人民出版社，1972 年，第 517 页。

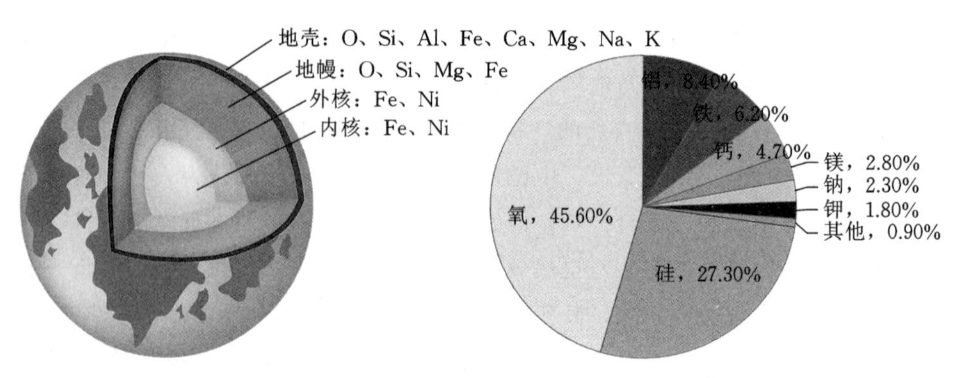

图 2-1 地球环境中的主要化学元素及其丰度①

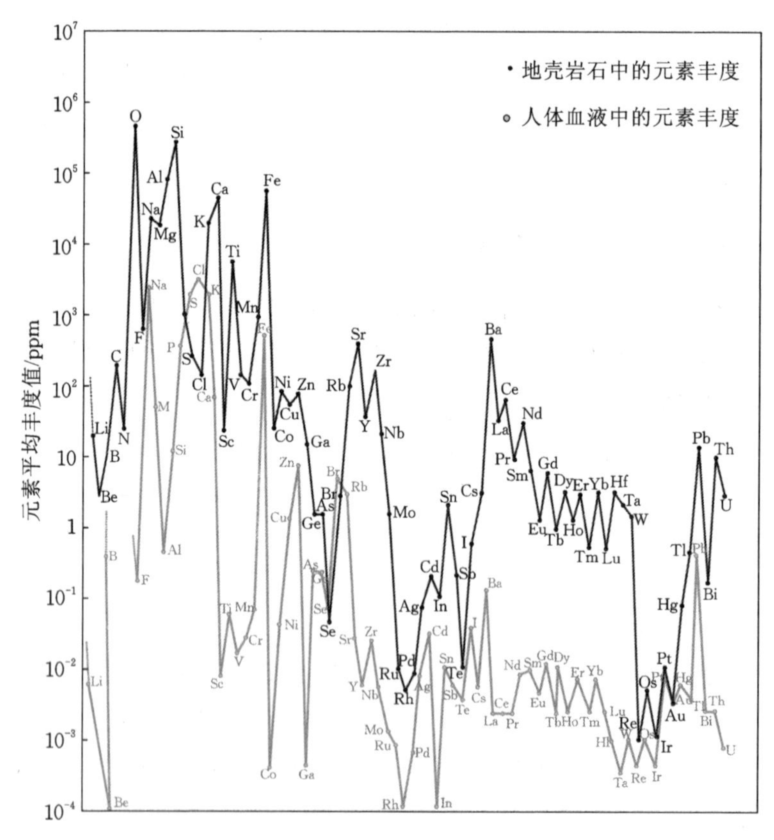

图 2-2 地壳岩石元素丰度与人体血液元素丰度的对比②

① 改绘自武汉地质学院地球化学教研室编：《地球化学》。北京：地质出版社，1979 年，第 27 页。

② Hamilton E. I.，M. J. Minski，J. J. Cleary：The concentration and distribution of some stable elements in healthy human tissues from the United Kingdom：An environmental study. Science of the Total Environment，1973 (4)，341-374.

衡，不仅践行着“日出而作，日落而息”的作息习惯，而且发展了“春夏养阳，秋冬养阴”的养生之术。

三、人体的化学元素含量

人体中的化学元素，按含量多少可分为宏量元素和微量元素，按健康效应可分为必需元素、有毒元素和无害元素。

宏量元素。宏量元素又称常量元素，是指其含量占人体总重量 1/10 000 以上的元素，共有 11 种，它们合占人体总重量的 99.95%。宏量元素都是人体必需的元素，其中，氧、碳、氢、氮 4 种元素占人体总重量的 96%，钙、磷、钾、硫、钠、氯、镁 7 种元素占人体总重量的 3.95%（表 2-1）。

表 2-1　人体内元素的标准含量

序号	元素	人体含量（g）	占体重的比重（%）	序号	元素	人体含量（g）	占体重的比重（%）
1	氧	45 500	65.0	12	铁	4.0	0.57×10^{-4}
2	碳	12 600	18.0	13	锌	2.3	0.33×10^{-4}
3	氢	7 000	10.0	14	铷	1.2	0.17×10^{-4}
4	氮	2 100	3.00	15	锶	0.14	2.00×10^{-5}
5	钙	1 050	1.50	16	铜	0.10	1.40×10^{-5}
6	磷	700	1.00	17	铝	0.10	1.40×10^{-5}
7	硫	175	0.25	18	铅	0.08	1.10×10^{-5}
8	钾	140	0.20	19	锡	0.03	4.30×10^{-6}
9	钠	105	0.15	20	碘	0.03	4.30×10^{-6}
10	氯	105	0.15	21	镉	0.03	4.30×10^{-6}
11	镁	35	0.05	22	锰	0.02	3.00×10^{-6}

说明：表中是按一个成年人平均体重 70 kg 计算的。

微量元素。微量元素又称痕量元素，是指其含量占人体总重量 1/10 000 以下的元素，有 40 多种，但其含量仅合占人体总重量的 0.05%。人体微量元素除表 2-1 中所列外，还有砷、锑、镧、铌、钛、镍、硼、铬、钌、铊、锆、钼、钴、铍、金、银、钡、锂、铋、矾、铀、铯、镓、镭等。

人体微量元素中，必需元素主要有锌、铜、铬、锰、钴、氟、钼、碘、硒、铁等，缺少这些元素，人体的生理机能就会出故障；有毒元素主要有锡、汞、铅、锗、锡、锑、铍、铋、镓、铟、铊、碲等，这些元素进入人体就会导致健康损害，如汞（又称水银）在生物体内蓄积可造成汞中毒，导致脑损伤和死亡，日本的“水俣病”就是汞中毒的一种。无害元素主要是惰性气体和大多数的稀有元素。

应该指出的是，必需的微量元素虽然人体不能缺乏，但也不是越多越好，过多的微量元素也会损害健康，如过量的碘也可导致高碘性甲状腺肿大，过量的氟可导致氟斑牙甚至氟骨症，过量的硒可导致硒中毒，等等。

【知识窗 2-1】

人体必需的微量元素

锌：缺锌导致儿童生长发育不良、智力发育落后，成年男性少精、前列腺炎等疾病。

铜：缺铜会引起贫血，毛发、骨骼和动脉异常，以至脑障碍。

铬：增加胰岛素活性，防治糖尿病；防治胆固醇增高、粥样动脉硬化。

锰：锰缺乏可导致皮炎、低胆固醇血症等。

钴：维生素的主要成分，可预防冠心病、心肌炎、贫血、动脉硬化和白内障等。

碘：促进糖和脂肪代谢、增强酶的活力。碘缺乏会导致甲状腺肿大，出现智力缺陷。

氟：氟是构成蛋白质的生理活性物质，有免疫功能。

钼：黄嘌呤氧化酶、醛氧化酶重要成分，钼缺乏影响胰岛素调节功能，造成近视。

硒：抗癌、抗衰老，促进维生素吸收与利用，调节蛋白质合成，增强生殖功能。

——资料来源：World Health Organization：Trace Elements in Human Nutrition. Geneva，1973.

在人体微量元素中，必需元素作为酶、激素、维生素、核酸的组成成分，在生命代谢过程中发挥着不可替代的作用。大家都知道维生素对于健康的重要性，其实，微量元素比维生素对于生命的健康更重要，这是因为，人体本身能够合成维生素，但无法制造微量元素，人体必须从外界环境摄取微量元素。这也正是环境对于人体健康重要性的体现。

微量元素在人体中的作用。微量元素在人体中有三大作用：一是在酶系统中起特异的活化中心作用。在人体几千种已知的酶中，大多数都有一个或几个金属原子，失去金属原子，酶的活力就丧失；获得金属原子，酶的活力就恢复。金属原子使酶蛋白的亚单位保持在一起，或把酶作用的化学物质结合于酶的活性中心。研究表明，地球上一切生命活动赖以维持的酶（蛋白）的生化过程都是由酶（蛋白）的活性中心的金属原子簇完成的，而且金属原子簇作为金属酶（蛋白）的活性中心表现出了任何单核的金属酶（蛋白）无法比拟的化学活性[①]。如锌离子能激活肠磷酶、肾过氧化氢酶，锰离子能激活精氨酸酶、磷酸酶、羧酶及胆碱脂酶等。二是在激素和维生素中起特异的生理作用。某些微量元素是激素或维生素的成份和重要的活性部分，缺少这些微量元素，就合成不了这些激素或维生素，当然也就缺少了这种激素或维生素的效用，如锌是胰岛素合成的必需组分，碘在甲状腺激素中和钴在维生素 B_{12} 中也发挥着类似的作用。三是在人体代谢过程中输送人体必需的宏量元素。某些微量元素在体内有输送宏量元素的作用，如铁是血红素的重要组成部分，血红素中的铁是氧的携带者，它把氧带到每个组织、器官的细胞中去，供人体代谢的需要。总之，微量元素是人体健康长寿的物质基础[②]。例如，湖北钟祥市自古以来就是我国的长寿之乡，这里的居民之所以长寿，与其土壤中富含锌、锰、钼等微量元素有着密切的关系[③]。

第二节　环境对健康的影响

一、环境是影响人体健康的重要因素

影响健康的因素多种多样，分类也不一。根据人自身因素与外部因素划分，影响健康的因素可分为遗传因素和环境因素两大类；根据可控、不可控因素划分，影响健康的因素可分为遗传因素、环境因素、个人因素三大类；根据

---

① 陈其铣、刘秋田、陈冬玲等：《多核金属酶（蛋白）中的金属原子簇及其化学模拟》，《化学进展》，1992 年第 5 期，第 116—129 页。

② 秦俊法：《中国的百岁老人研究Ⅴ. 微量元素——长寿的重要物质基础》，《广东微量元素科学》，2008 年第 2 期，第 15—32 页。

③ 龚胜生、葛履龙、张涛：《湖北省百岁人口分布与长寿区自然环境背景》，《热带地理》，2016 年第 35 卷第 6 期，第 727—735 页。

个人、社会、环境因素划分，影响健康的因素可分为自然环境、生物遗传、行为和生活方式、医疗卫生服务四大类，其中，行为和生活方式属于个人因素，医疗卫生服务属于社会因素，二者都是社会环境因素，但由于其对人类健康具有突出影响，所以将其置于突出位置并与自然环境因素和生物遗传因素相提并论（图 2-3）。

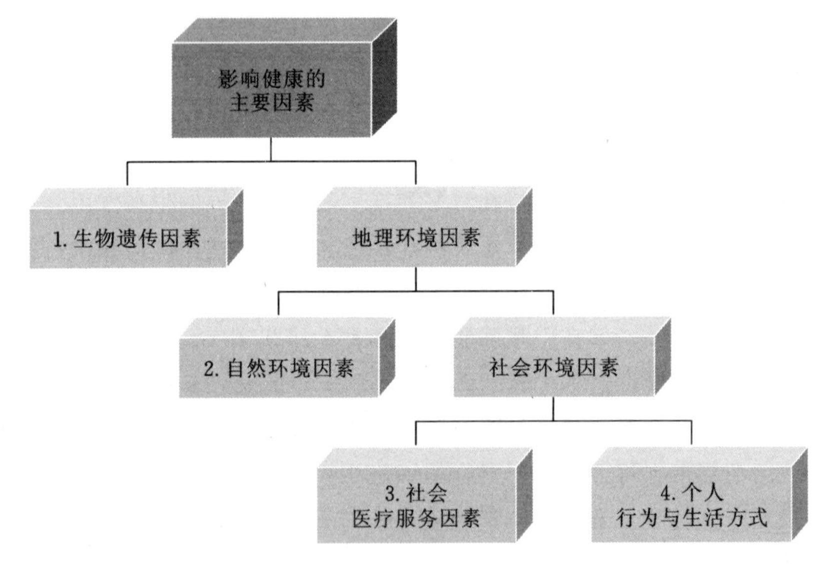

图 2-3　影响人体健康的因素分类

自然环境因素。从人类进化的历史看，自然环境是影响人体健康的最根本的因素，人种的遗传基因追根溯源也是自然环境的产物。但从个人的生命历程来看，影响人体健康的自然环境因素又可细分为三类：一是环境生物因素，生物包括动物、植物和微生物，有些生物为人类生存提供必要的营养保障，有些生物又直接、间接地影响甚至危害人类健康，导致环境生物性疾病，病毒、细菌、寄生虫等引起的传染性疾病都属于环境生物性疾病，如病毒引起的天花、流感、非典（SARS）、新冠肺炎（COVID-19）等，细菌引起的鼠疫、霍乱、痢疾等，寄生虫引起的疟疾、血吸虫病等。二是环境物理因素，主要是海拔、气流、气温、气压、噪声、极端干旱、电离辐射、电磁辐射等，有些物理因素当强度、剂量及作用于人体的时间超出一定限度时，会对人类健康造成危害，导致环境物理性疾病，如高原反应、中暑（热射病）、冻伤、皮肤皲裂等。三是环境化学因素，包括天然化学物质和人工合成化学物质，有些化学元素为人类生命和健康所必需，不足或过量都会对人体健康产生危害，导致环境化学性疾病，大部分地方病属于此类疾病，如缺碘引起的地方性甲状腺肿大、缺硒导致的克山病和大骨节病。自然界天然存在的化学元素异常可造成健康危害，但是，更多的危害来自工业革命以来人类合成的各种有机的或无机的化合物，这就是环境污染带来的健康风险与危害。

社会环境因素。人是社会性的生物体，其生命过程不仅受自然规律的支配，也受社会规律的制约。社会环境（或者说人文地理环境）是人类在生产、生活和社交活动中形成的各种关系的总和，其中对人体健康影响最大的两个因素是个人的行为与生活方式和社会的医疗卫生服务。个人行为是指人们在主观因素驱使下产生的外部活动；生活方式是指人们的生活意识与生活习惯。合理、卫生的个人行为和生活方式有益于人体的健康，不良的行为和生活方式危害人体的健康，如吸烟、酗酒、熬夜、偏食、纵欲、赌博、滥用药物等不良习惯都会危害健康。医疗卫生服务是指维护与促进健康的各类医疗卫生活动，包括医疗机构提供的诊断治疗服务和保健机构提供的预防保健服务。一个国家医疗卫生服务的资源丰度、分布及利用对其人民的健康状况起着十分重要的作用，“看病贵”“看病难”都不利于人民健康水平的提高。

生物遗传因素。生物遗传因素是影响人体健康的先天因素，它是人类在长期生物进化过程中形成的孕育、成熟、老化的机体内部机制，是人类在自然环境作用下长期进化的结果。事实上，人体健康是环境因素和遗传因素共同作用的结果，单一由遗传因素或环境因素导致的疾病甚少。遗传信息由基因承载，具有较强稳定性，但环境因素能导致基因突变。有些基因对环境因素的作用会产生特定的反应，这样的基因称为环境响应基因。也就是说，人类环境变化也会通过影响生物基因的变化来影响人类的健康。环境污染对人体健康的损害，不仅与人体暴露于污染物质的程度（暴露的剂量与暴露的时间）有关，还与人体的遗传易感性和耐受性有关，所以在同样的环境里，即使其他所有影响健康的因素都相同，不同遗传特质的人仍然有着不同的健康风险和健康状况。

二、环境影响健康的主要途径

无论是自然环境还是社会环境，其影响健康的途径是多种多样的，不同的环境因素对人类健康有着不同的影响途径。一般认为，环境因素影响健康的主要途径有饮食结构、生活方式、环境暴露、医疗条件等。

饮食结构。自然环境主要通过食物链影响人体健康。中医文化是中国“天人合一”优秀传统文化的重要组成部分，中医理论所谓的“病从口入”和“医食同源”，本质上都是对饮食结构与健康关系的认识。人体必需的能量、矿物质、微量元素，主要通过饮食来摄取，摄入过多或过少，人的机体功能就不能正常发挥，导致疾病；如果摄入了有毒有害的物质，就会导致中毒，产生严重的健康损害，甚至丧失生命。所以，人们保持健康的饮食结构很重要（图 2-4）。

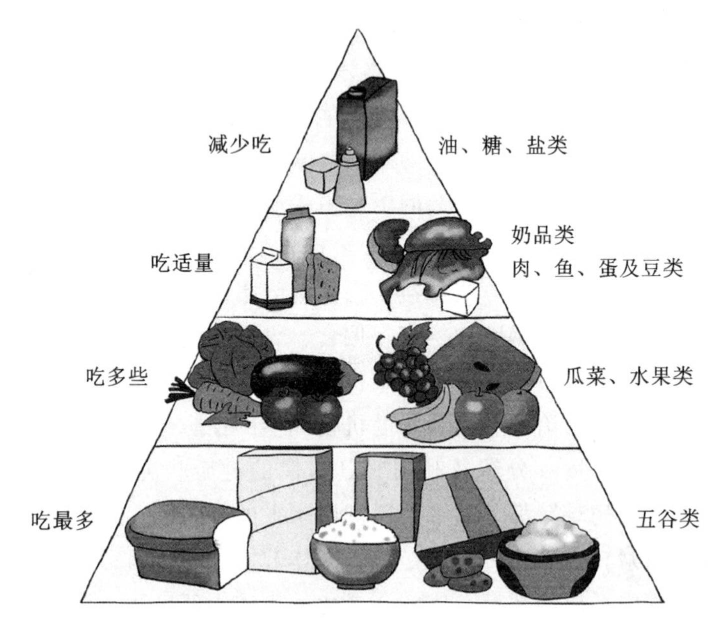

图 2-4 健康饮食金字塔结构示意图①

生活方式。社会环境主要通过生活方式影响人体健康。良好的健康需要良好的生活方式，良好的生活方式取决于良好的个人教育、经济状况和社会关系。作息规律、膳食均衡、保持运动是良好生活方式的三大要素。现代人的许多“现代病”，如肥胖症、糖尿病、心脑血管疾病，甚至大部分恶性肿瘤，都与不合理的生活方式有关。

环境暴露。环境污染物质对健康的影响取决于暴露的方式和程度。环境暴露一般是指人体接受环境污染物质的危害的总量，与暴露的剂量和时间成正比。环境暴露是现代人类健康最大的风险。环境有害物质通过空气、水、土壤、食物等暴露介质，通过胃肠道摄入、呼吸道吸入和皮肤接触进入人体，并在人体内产生蓄积和浓缩，当达到生物有效剂量时，就会产生健康损害。环境暴露对人体健康的损害可分为急性中毒和慢性中毒。

中医理论认为，健康是人体内部各个脏器的平衡与人体与外界环境的平衡

① United States Department of Agriculture：Human Nutrition Information Service. The food guide pyramid，1992.

的统一，人与环境始终处于动态平衡之中，处于平衡时，健康状态得以保持；一旦平衡被打破，健康就会受到影响，疾病也就会随之产生。环境污染损害健康的途径，实质上是对人体内化学元素平衡的打破。这种平衡的打破，本质上也是对自然环境的“本底”的“异化”。人类在长期进化过程中，逐步适应了自然环境的“本底”（自然环境中化学元素的基线含量），达到了人体与外界的平衡，但环境污染排放的有毒有害物质改变了地球的基本化学组成及分布，从而“异化”了环境中的化学元素的含量，打破了人与外界的平衡，进而导致人体的健康损害。

医疗条件。社会环境中的政策、文化、经济因素影响医疗卫生服务的可进入性和医疗卫生资源的可获得性。比如，医保政策可能影响医疗卫生服务的可进入性，出现“看病难”的问题；此外，医疗资源的绝对不足和空间匹配不合理，也会影响医疗卫生服务的可获得性，出现“看病贵”的问题。因此，一个国家或地区人们健康水平的高低，与其医疗卫生资源的水平有着密切的关系，据研究，医疗卫生资源水平与居民健康水平有着显著的正相关性，即医疗卫生资源水平高的地区，居民的健康水平也高，反之则低[①]。

【知识窗 2-2】

环境暴露损害健康的主要形式

1. 急性中毒。有毒有害污染物短期大量进入环境，使暴露于其中的人群在短时间内出现急性健康损害甚至死亡。发生急性中毒事故时，一定有较严重的污染排放，如毒气泄漏事故、核泄漏事故、大气污染烟化学事故。

2. 慢性中毒。有毒有害污染物低浓度、长时间、反复作用于暴露于其中的人群，对其机体产生蓄积性的慢性危害。慢性中度往往需要数年甚至数十年才能表现其健康损害，而一旦出现损害症状，往往已经无可救药，如汞污染引起的水俣病以及其他污染物质引起的癌变和遗传变异。慢性中毒因为在不知不觉中进行，对国家和区域人群的健康危害更可怕。

① 龚胜生、陈云：《中国南方地区卫生资源与居民健康的时空关系》，《地理研究》，2020 年第 1 期，第 115—128 页。

三、环境影响健康的主要表现

环境对人类健康的影响属于人与自然关系的范畴，在地理空间上主要体现为环境性疾病、区域性长寿、现代性慢病、新兴传染病等。

环境性疾病。自然环境中的物理因素、化学因素、生物因素都能对人体健康产生影响，形成环境物理性疾病、环境化学性疾病和环境生物性疾病。这些疾病都有很强的地方性，一些环境化学性疾病被称为“地方病”，一些环境生物性疾病则被称为“自然疫源性疾病”，有些历史学者将它们统称为“风土病”。鼠疫是三大烈性传染病之首，属于环境生物性的自然疫源性疾病，我国有南方和北方两大自然疫源地[①]，南方的广东、福建、广西、海南、云南等省（自治区）及香港、澳门、台湾地区，北方的新疆、甘肃、陕西、山西、内蒙古、黑龙江、吉林等省（自治区），都是中国历史上的鼠疫重灾区。血吸虫病古称“蛊”“溪毒”，也是自然疫源性疾病，长江中下游地区自古以来就是血吸虫病流行区，湖南长沙马王堆和湖北江陵凤凰山出土的西汉古尸体内都发现了血吸虫卵[②]。地方性甲状腺肿大（简称地甲病）是一种环境化学性疾病，古称“瘿”，在我国有着十分长久的流行历史，约在2 500年前，人们就已发现山区是地甲病的主要流行区，秦巴山区、中条山区、太行山区、三峡地区、六盘山区、沂蒙山区等都是中国古代地甲病流行区[③]。环境物理性疾病主要是因为地势海拔高、空气含氧量少而引起的高原病，唐玄奘的《大唐西域记》中就有高原病的记载，高原病主要在我国青藏高原和帕米尔高原发生。

区域性长寿。环境中的有害因子导致环境性疾病的空间分异，形成地方病；环境中的有益因子导致长寿水平的空间分异，形成长寿区。我国的长寿区大致可以分为两类：

一是自然环境因素主导的长寿区，这样的长寿区主要是海拔较高、气候较寒冷的高原或山区，古代如青藏高原的东缘，现代如广西的巴马，长寿的表现主要是百岁人口比率高[④]。

二是社会经济因素主导的长寿区，这样的长寿区社会经济发达，生活水平高，医疗卫生条件也好，如我国的东部沿海地区，长寿的表现主要是预期寿命

---

① 李海蓉、杨林生、王五一等：《150年来中国鼠疫的医学地理评估》，《地理科学进展》，2001年第1期，第73—80页。

② 蒋玲、龚胜生：《近代长江流域血吸虫病的流行变迁及规律》，《中华医史杂志》，1998年第2期，第90—93页。

③ 龚胜生：《天人集：历史地理学论集》。北京：中国社会科学出版社，2009年，第351—366页。

④ 龚胜生：《天人集：历史地理学论集》。北京：中国社会科学出版社，2009年，第470—499页。

高，当然百岁人口比率也不低[①]。

现代性慢病。环境污染与现代生活方式的结合导致许多新的慢性疾病的发生，如号称癌症的恶性肿瘤，还有与代谢异常有关的糖尿病和心脑血管疾病。研究发现，没有哪一种癌症不与环境污染有关。如果说环境污染是人与自然关系的破坏，那么，癌症就是人类破坏和污染环境后自酿的苦果。最近40年来，由于环境污染的加剧，我国癌症的发病率和死亡率不断上升，尤其是肺癌的发病率和死亡率迅速上升，2004—2019年间中国农村男性肺癌标化死亡率平均每年上升2.0%，农村女性平均每年上升1.63%[②]。截至2011年底，全国累计报道了351个癌症村，1988年前，癌症村的增长缓慢，之后呈加速增长趋势，2000—2009年的10年间是我国的癌症村群发年代；我国癌症村的产生，95.16%为化学致癌因子所致，1.99%为生物致癌因子所致，1.14%为物理致癌因子所致。环境污染，尤其是水体污染，是导致癌症村的罪魁祸首[③]。据世界卫生组织发布的《2020世界癌症报告》，2020年中国发病率居前10位的癌症是肺癌、乳腺癌、胃癌、结直肠癌、肝癌、食管癌、宫颈癌、甲状腺癌、子宫癌、前列腺癌。2020年全球新发癌症病例1 929万例，其中中国457万例，占23.7%；2020年全球癌症死亡病例996万例，其中中国300万例，占30.1%。癌症之外，与不良生活方式有关的心脑血管疾病、糖尿病、精神病等慢性疾病也有不断增多的趋势。全世界每年死于心脑血管疾病的人数高达1 500万人，居各种死因的首位。糖尿病是以高血糖为特征的代谢性疾病，糖尿病的高发，除了患者不良的生活方式外，环境污染以及由此带来的食品污染也难辞其咎。

新兴传染病。传染病与人类相始终，在发展中国家，传染病是人口死亡谱中最主要的死因。20世纪中叶以来，由于抗生素的发明和使用，许多传统的传染病得到了很好的控制，人类死亡的主因已经让位于心脑血管疾病和恶性肿瘤。但与此同时，由于人类干扰自然、破坏自然的程度不断加深，野生动物的栖息地日趋萎缩，一些原来仅存于野生动物身上的细菌、病毒和寄生虫，也被带到人间，导致新的传染病的流行。2003年流行的“非典”（SARS），就是这方面典型的例子。自然环境是病原体的存储器，人类要维持和促进自身的健康，必须爱护自然，保护环境，建立一种新的人与自然和谐的地球伦理[④]。

---

① 龚胜生：《天人集：历史地理学论集》。北京：中国社会科学出版社，2009年，第470—499页。

② 郭浩阳、陈洁、汪伟等：《2004—2019年中国肺癌死亡分布及趋势》，《济宁医学院学报》，2022年第3期，第167—170页。

③ 龚胜生，张涛：《中国“癌症村”的时空分布变迁研究》，《中国人口·资源与环境》，2013年第9期，第156—164页。

④ 龚胜生：《天人集：历史地理学论集》。北京：中国社会科学出版社，2009年，第307—317页。

第三节　中国古人对环境与长寿关系的认识

一、对气候因子与长寿关系的认识

四季更替影响健康。气候是自然环境中最活跃的要素。早在先秦时期，中国就认识到了气候与疾病的关系，认为气候异常是导致疾病流行的重要因素，气候的季节性更替决定了疾病的季节性流行，不同的气象要素可以导致不同的疾病[①]。因此，旨在追求健康长寿的中国养生学十分强调人类行为对气候的适应，几乎所有的养生活动都安排了适应季节更替和气候变化的具体内容。如中国最早的医学经典《黄帝内经》中的《素问·四气调神大论》指出，气候的四季更替是“万物之终始，死生之根本”，人类只有适应这种更替，做到“春夏养阳，秋冬养阴”，才有可能长寿，“与万物沉浮于生长之门”。

寒冷气候有益于健康。气温作为时空变化最明显的气象要素，其与人类健康长寿的关系最为清晰。早在两千多年前，《淮南子·地形训》就提出了“暑气多夭，寒气多寿”的著名论断，指出人类寿命与气温有着十分密切的关系，寒冷气候相对炎热气候有益于人类健康。这与近代地理学家亨廷顿(Ellsworth Huntington)关于湿热气候对人体有害的观点有相似之处[②]。

气温影响人的自然寿命。为何寒冷气候使人长寿而炎热气候使人短命呢?中国古代医学家从生理学角度对此做了科学论证。他们认为，人的生命过程如同植物的生长过程，早熟者早逝，晚成者晚凋，如“梅花早发，不睹岁寒；甘菊晚荣，终于年事”；人亦如此，“晚成者，寿之征也”，因为“阴胜者后天”，“后天者，其荣迟，其枯亦迟，故多寿也”，即寒冷地区的居民生长发育较慢，成熟较晚，生长期长，寿命也长；“阳胜者先天”，“先天者，其成速，其败亦速，故多夭也”，即炎热地区的居民生长发育较快，成熟较早，生长期短，寿命也短[③]。气温对人类寿命的影响，主要是通过对人类生长期的影响而实现的。现代科学研究证明，气温能影响人的细胞分裂速度、基础代谢率和生命能的释放，并通过它们进而影响人的性成熟期和生长期，而且，人类和其他哺乳

---

① 龚胜生：《先秦两汉时期的医学地理学思想》，《中国历史地理论丛》，1995年第3期，第163—180页。

② 龚胜生：《2000年来中国瘴病分布变迁的初步研究》，《地理学报》，1993年第4期，第313页。

③ (明) 张景岳：《类经》。北京：人民卫生出版社，1964年，第890页。

动物一样，其自然寿命与生长期正相关，极限寿命一般为性成熟期的8—10倍，为生长期的5—7倍。人类的性成熟期为14—15岁，生长期为20—25岁，因此人类的极限寿命在100—175岁[①]。

二、对水土因素与长寿关系的认识

水质是影响人类健康长寿的重要因素。水是生命的源泉，《管子·水地》说它是“万物之本原也，诸生之宗室也，美恶、贤不肖、愚俊之所产也”[②]。《吕氏春秋·尽数》较系统地论述了水质与人类疾病和健康的关系，指出轻水质地区的居民多患秃瘿，重水质地区的居民多患足疾，水质辛辣地区的居民多患疮疡，水质苦涩地区的居民多患鸡胸驼背，只有水质甘甜地区的居民才健康美丽。中国古人还深刻认识到了矿泉水的保健作用，《白虎通》说：“醴泉可以养老。”《瑞应图》说：“醴泉者，水之精也，味甘如醴，泉出流所及，草木皆茂，饮之令人寿也。”《礼稽命征》说：“泽谷之中白泉出，饮之使寿长。”《括地图》说“赤泉饮之不老”“英泉饮之不知死”。李时珍《本草纲目》更是集其大成，提出了“贪淫有泉，仙寿有井”的观点。因此，中国古代也十分重视矿泉水的开发利用，历代都在重要矿泉出露处修建疗养院[③]。

土壤是影响人类健康长寿的重要因素。土壤中的化学元素通过植物的吸收、转化和水的溶解、积淀，通过食物链进入人体，进而影响人体的健康。《管子·水地》说：“地者，万物之本原，诸生之根菀也。”《淮南子·地形训》认为土质决定了人的容貌与智力，指出“坚土”地区的人肥胖，“垆土”地区的人高大，“沙土”地区的人美丽，“耗土”地区的人丑陋，“平土”地区的人聪明。《管子·地员》则通过论述表层土质与地下水质的关系进而论述土质与人类健康的关系，指出“渎田”地区的人强悍有力；“赤垆”地区的人健康长寿；“粟土”地区的人“寡疾难老，士女皆好”；“沃土”地区的人“寡有疥骚，终无痟酲”。

水土因素通过食物链综合影响健康长寿。中国古人认为，水土不仅影响人类健康，甚至决定人类性格，这种观点具有一定的“地理环境决定论”倾向，

---

① 方如康：《中国医学地理学》。上海：华东师范大学出版社，1993年，第172—173页。李庆升：《中医养生学》。北京：科学出版社，1993年版，第14页。

② 《二十二子》。上海：上海古籍出版社，1985年，第147页。

③ 龚胜生：《中国宋代以前矿泉的地理分布及其开发利用》，《自然科学史研究》，1996年第4期，第343—352页。

这是需要批判的。不过，到了明代，医药学家已经认识到，水质和土壤对人类健康的影响是以饮食为媒介的。李时珍说："人乃地产，资禀与山川之气相为流通，而美恶寿夭，亦相关涉。"古人之所以"分别九州水土"，就是要"辨人之美恶寿夭"，因为"人赖水土以养生"，"水为万化之源，土为万物之母。饮资于水，食资于土。饮食者，人之命脉也"[①]。张介宾也说："水土清甘之处，人必多寿，而黄发儿齿者，比比皆然；水土苦劣之乡，暗折天年，而耄耋期颐者，目不多见。"[②]

三、对山地环境与长寿关系的认识

长寿老人集中分布在山区。地势高低的不同会引起整个生态环境的不同，因而地势高低对人类健康与长寿有着重大影响。《淮南子·地形训》说："山为积德，川为积刑；高者为生，下者为死。"指出山地环境有益于人类健康。儒家文化的创始人孔子在《论语·雍也》中也提出了"仁者乐山"和"仁者寿"的观点，间接地指出人类长寿与山地环境有很大的关系。中国古代称特别长寿的人为"仙"。东汉刘熙《释名》说："老而不死曰仙。仙，迁也；迁，入山也。"故"仙"又写作"仚"，意为"入山长生曰仙"[③]。更说明山地环境与人类长寿有着十分密切的关系。现代世界百岁以上长寿老人集中分布于山区的事实也充分证明了这点。

山地气候和水质有益于健康。山地环境为什么能使人长寿呢?《黄帝内经·素问·五常政大论》说是山地气候相对寒冷，而寒冷气候会相对延长人的生长期并进而延长人的自然寿命。唐代医学家陈藏器在《本草拾遗》中则认为是与山地环境的水质有关。他把山地出露的矿泉水称为"玉井水"，指出它"味甘平无毒，久服神仙，令人体润，毛发不白"，还说"山有玉而草木润，身有玉而毛发黑。玉既重宝，水又灵长，故有延生之望。今人近山多寿者，岂非玉石之津液之功乎?"[④]。

四、中国古代的寿命地域分异理论

中国幅员辽阔，受地理环境空间分异的影响，古代人们发现，人的寿命的

① (明) 李时珍：《本草纲目》。北京：中国书店出版社，1988年，第45页。
② (明) 张介宾：《景岳全书》。北京：中国中医药出版社，1994年，第40页。
③ (清) 张玉书：《康熙字典》。上海：上海书店出版社，1985年，第33页。
④ (宋) 唐慎微：《证类本草》。上海：上海古籍出版社，1991年，第208页。

高低也有显著的空间分异。通过实践观察和理论诠释，早在先秦两汉时期，先哲们就提出了五方寿命分异、东南—西北寿命分异、南方—北方寿命分异等寿命空间分异理论[①]（图 2-5）。这些理论闪烁着科学的光辉，是中国古人对环境地理学和健康地理学的重要贡献。

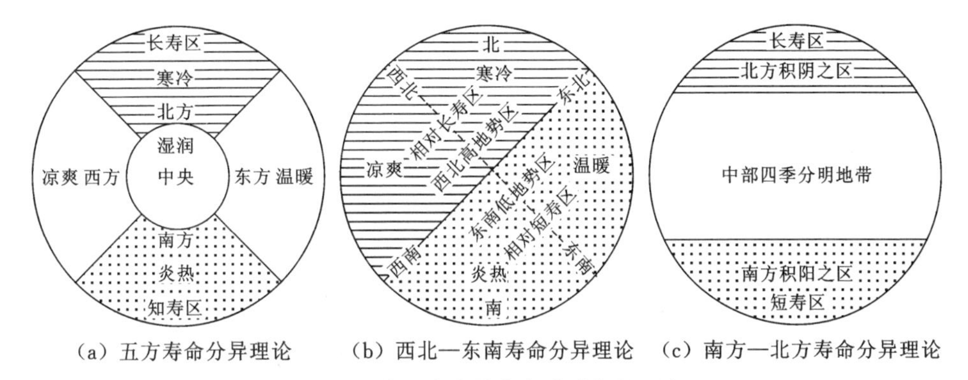

（a）五方寿命分异理论　（b）西北—东南寿命分异理论　（c）南方—北方寿命分异理论

图 2-5 中国古代的寿命地域分异理论

五方寿命分异理论。五方寿命分异观的理论基础是五行学说。五行学说是秦汉时期开始盛行的一种哲学思想。五行是指金、木、水、火、土五种物质，它既是一个物质概念，也是一个时空概念。五行学说将地理空间分为东、南、西、北、中五个区域[②]。东方属木，主春天，气候温暖；南方属火，主夏天，气候炎热；西方属金，主秋天，气候清凉；北方属水，主冬天，气候寒冷；中央属土，主长夏，气候湿润[③]。据《淮南子·地形训》和《素问·异法方宜论》记载：

东方："多阳"，"川谷之所注，日月之所出"，"天地之所始生"，"鱼盐之地，海滨傍水"。即日月升起、江河流注、气候温暖、盛产鱼盐的海滨地区，约包括中国北部沿海及附近岛屿。

南方："多暑"，"阳气所积，暑湿居之"，"天地所长养，阳之所盛处"，"其地下，水土弱，雾露之所聚"。即炎热多雨、四季常青的热带亚热带地区，约包括长江以南地区。

西方："多阴"，"高土，川谷出焉，日月入焉"，"多风，水土刚强"，为"金石之域，砂石之处，天地所收引"。即地势高耸、河流发源、沙漠广布和多

① 龚胜生：《天人集：历史地理学论集》。北京：中国社会科学出版社，2009 年，第 475—481 页。
②《十三经》。北京：燕山出版社，1991 年，第 2020 页。
③《二十二子》。上海：上海古籍出版社，1985 年，第 793、951 页。

风暴的地区，约包括今青藏高原和今新疆、甘肃地区。

北方："多寒"，"幽晦不明，天地之所闭也，寒冰之所积也，蛰虫之所服也"，为"天地所闭藏之域"，"地高陵居，风寒冰冽"。即昼短夜长、气候严寒的高原寒带地区，包括蒙古高原及其以北的地区。

中央："四达，风气之所通，雨露之所会"，"风雨有时，寒暑有节"，"其地平以湿，天地之所以生万物也众"。即地势平坦、季节分明、物种繁多的温带地区，约包括黄河中下游及长江以北地区。

对于这五个区域的寿命差异，《淮南子·地形训》说：东方居民"长大早知而不寿"，南方居民"早壮而夭"，西方居民"勇敢不仁"，北方居民"蠢愚而寿"，中央居民"慧圣而好治"（图 2-5a）。即北方为长寿区，东方、南方为短寿区。

当然，这是两千年前先人们的认识，时过境迁，我们是不能以古例今的。

东南—西北寿命分异理论。东南—西北寿命分异观的理论基础是阴阳学说。阴阳学说也是中国古代盛行的一种哲学思想。该思想体系认为世界上的一切皆系阴阳两极变化所致，任何事物都可以"阴"和"阳"来区分。中国西北地势高，属"阴"，东南地势低，属"阳"，故《素问·阴阳应象大论》曰："天不足西北，故西北方阴也；地不满东南，故东南方阳也。"《素问·五常政大论》亦曰："东南方，阳也，阳者其精降于下，故右热而左温；西北方，阴也，阴者其精奉于上，故左寒而右凉。是以地有高下，气有温凉，高者气寒，下者气热。"这段话的核心意思是：地势的高低导致了气温的冷热，西北地势高，故阴气盛，气温较低；东南地势低，故阳气盛，温度较高。地势的阴阳分异导致了人类寿命的分异，黄帝与岐伯有一段著名的对话，对地势、阴阳、气温、寿命之间的关系做了很好的解释：

帝曰："其于寿夭何如？"

岐伯曰："阴精所奉其人寿，阳精所降其人夭。"

帝曰："一州之气，生化寿夭不同，何也？"

岐伯曰："高下之理，地势使然也。崇高则阴气治之，污下则阳气治之；阳胜者先天，阴胜者后天，此地理之常，生化之道也。"

帝曰："其有寿夭乎？"

岐伯曰："高者其气寿，下者其气夭，地之小大异也。小者小异，大者大异。"

这段对话揭示了“地势崇高→阴气控制→生化后天→人类长寿”“地势低下→阳气控制→生化先天→人类短命”两种因果关系，并指出不同空间尺度的地势差异造成的发育早晚和寿命长短也不同，如中国西北高、东南低的宏观地势差异造成了西北为相对长寿区、东南为相对短寿区的宏观寿命差异，而西北、东南两个地区内部的地势差异又使其居民寿命参差不齐，即“小者小异，大者大异”（图 2-5b）。唐代著名医学家王冰（750—762 年）证实了这种寿命地域分异，他说：“即事验之，今中原之境，西北方众人寿，东南方众人夭，其中犹各有微甚尔。”①

南方—北方寿命分异理论。南方一北方寿命分异观的理论基础是纬度高低导致的年均气温、生理特征、饮食结构等的客观分异，实质上是五方寿命分异观和西北一东南寿命分异观的综合与发展。早在西周时期，《周礼·大司徒》就记载了南热北冷的气温分异规律；至于汉代，《灵宪》和《淮南子》又分别有了“南则多暑，北则多寒”“暑气多夭，寒气多寿”的记载，揭示了南方为短寿区，北方为长寿区的地域分异规律（图 2-5c）。南方一北方寿命分异的形成，除与气温分异有关外，还与居民生理结构、饮食结构的分异有关。

（1）生理结构与寿命分异。《汉书·晁错传》说：“（北方）胡貉之地，积阴之处也，木皮三寸，冰厚六尺，食肉而饮酪，其人密理，鸟兽毳毛，其性能寒；（南方）扬粤之地，少阴多阳，其人疏理，鸟兽希毛，其性能暑。”这说明气温分异可导致人类生物学特征的分异，北方寒冷地区的居民腠理紧密而耐寒，南方炎热地区的居民腠理稀疏而耐暑。这种生理特征的分异对人类寿命分异有着重大影响。唐代医学家王冰解释说：北方气候寒冷，居民因为“腠理开少而闭多”，“阳不妄泄，寒气外持，邪不数中，而正气坚守，故寿延”；南方气候湿热，居民因为“腠理开多而闭少”，“阳气耗散，发泄无度，风湿数中，真气倾竭，故夭折”②。即北方寒冷地区的居民因为腠理紧密，外邪难入，不易染病，所以长寿；南方炎热地区的居民因为腠理稀疏，外邪易入，容易染病，所以短命。不难看出，疾病是气温影响寿命的中间环节。

（2）饮食结构与寿命分异。唐代医学家孙思邈根据晋代嵇康（225—264 年）“穰年多病，饥年少疾”的观点，指出饮食结构是影响人类寿命的重要中介，他在《千金要方·养性序》中说：“关中土地，俗好俭啬，厨膳肴馐，不

① 《二十二子》。上海：上海古籍出版社，1985 年，第 962 页。

② 《二十二子》。上海：上海古籍出版社，1985 年，第 962 页。

过菹酱而已，其人少病而寿；江南岭表，其处饶足，海陆鲑肴，无所不备，土俗多疾而人早夭。”① 意思是说，关中地区的人饮食简单，少病而长寿；江南地区的人饮食丰富，多病而短命。

学习思考

1. 为什么说人是自然的产物？

2. 微量元素对人体健康有哪些重要的作用？

3. 环境是通过哪些途径影响人体的健康？

拓展阅读

1. 龚胜生著：《天人集：历史地理学论集》。北京：中国社会科学出版社 2009 年版。

2. 王泽应著：《自然与道德——道家伦理道德精粹》。长沙：湖南大学出版社 1999 年版。

3. 杨克敌主编：《微量元素与健康》。北京：科学出版社 2003 年版。

4. [美] 内森·沃尔夫著，沈捷译：《病毒来袭——如何应对下一场流行病的暴发》。杭州：浙江人民出版社 2014 年版。

5. [美] 纳什著，杨通进译，梁治平校：《大自然的权利：环境伦理学史》。青岛：青岛出版社 2005 年版。

---

① （唐）孙思邈撰，（宋）林億等校正：《备急千金要方》，卷八十一，《养性序》。四库全书本。

第三讲　水质与健康

第一节　生命之源：水的重要性

水是构成自然环境系统的基本要素，是地球上一切生命形式赖以生存的不可替代的资源，对于人类社会的发展起着十分重要的作用。水是生命之源，是自然界一切生命的重要物质基础，是构成人体一切细胞和组织的主要成分，是维持人体健康不可缺少的物质，没有水便没有生命。早在春秋战国时期，《管子·禁藏》即曰："民之所生，衣与食也；食之所生，水与土也。"水参与一切有机体的生命活动，水量不足、水质不良、水质污染都会影响人类的健康，保障供给"量足质优"的饮用水对于人体健康是非常重要的。

一、水对于生态环境的重要性

自然生态环境是人类生存和发展的外部屏障和空间舞台，是一切人类活动和人类一切创造的承载体。本质上讲，水对于自然生态环境的重要性，归根到底也是对于人类生命健康的重要性。

水是构成自然环境的基本要素。地球表层由水圈、岩石圈、土壤圈、大气圈、生物圈构成，这就是平常简称的环境四要素——"水、土、气、生"。水是自然生态系统中物质循环和能量转换的重要介质或载体。比如，大陆与海洋的物质循环，生命体中的电解质平衡，都需要水的参与；植物光合作用的能量转化过程也离不开水的参与。

水是地球不可或缺的基本资源。水是人类赖以生存和发展的基本资源，人类生活、生产、生态、生命的"四生"过程都离不开水资源的利用。水是生活必需品；水可用于农业灌溉、交通航运、工业生产；水是动力能源和能源转换介质。在人类社会发展中，水可以说是生活之基、生产之要、生态之根、生命之源。水的数量和质量，关系到经济社会发展的各领域。

水参与一切有机体的生命活动。地球上的所有生命形式，无论是动物、植物还是微生物，其繁衍生息都离不开水。在生命有机体内，水对于维持细胞形态、增强代谢功能、运输营养物质、排泄废物毒物、调节体液循环等，均具有不可替代的独特的作用。

二、水对于人体健康的重要性

水是生命之源，对于人体健康的重要性不言而喻，具体可以从水量重要性和水质重要性两个方面来加以考察。

水量的重要性。水是人体内含量最多的组成部分，人体含水量平均约占人体重量的60%，其中婴儿平均约占70%，60岁以上老人平均约占49%。当人体失水达到体重的10%时，就会产生“脱水”现象，心跳加快，血压下降；当人体失水达到体重的15%—20%时，就会产生生命危险。水在人体内作为一种溶剂存在。一方面，食物中许多成分只有溶于水才能为人体所吸收；另一方面，人体新陈代谢所产生的废物必须通过水的输送才能排出体外，没有水的参与，人体的新陈代谢就不能进行，生命便宣告结束。人体中的体温调节、营养运输、水电平衡乃至神经传导等生理和生化活动，均离不开水的参与。保持人体的健康，每天必须摄入足够量的水。人体中的水主要通过饮水获得，极微量的水通过呼吸摄入，人体排泄的水主要是尿液和汗液。人体需水量受年龄、气候、劳动强度和生活习惯等因素的影响。婴儿需水量比成年人多，成年人每天需要喝2 000—2 500 mL的水。饮用水量不够，会影响人体新陈代谢的速度，并进而影响人体的生理机能。

【知识窗3-1】

世界卫生组织制定的“健康水”的标准

1. 不含对人体有毒、有害及有异味的物质，尤其是重金属与有机物。
2. 水的硬度适中，介于50 mg/L—200 mg/L。
3. 微量元素和矿物质的含量比例适中，与人体正常体液相近。
4. pH值呈中性或微碱性，pH值介于7.0—8.0。
5. 水中溶解氧的含量及二氧化碳的含量适中，水中溶解氧≥6—7 mg/L。
6. 水分子团小，核磁共振谱底部半幅宽度不大于100 Hz，易为人体细胞吸收利用。
7. 水的营养生理功能（渗透、溶解、代谢、乳化、洗净等能力）较强。

——资料来源：中国矿业网

水质的重要性。水质的优劣直接关系到人的健康。人的健康不仅需要足够的水量来维持，而且必须是有品质的水。水中的污染物可通过日常生活经消化系统、呼吸系统或皮肤进入人体，进而影响机体的健康。优良的水质有利于健康长寿，反之则可能导致疾病。水是微生物和寄生虫潜伏的载体，也是疾病传播的重要介质。有机物、重金属造成的水质污染可引发多种疾病。纯净水为人工蒸馏而成，虽然杀灭了不少致病微生物，但同时也损失了不少微量元素和矿物质，长期饮用甚至会将体内的微量元素溶解排出体外，因而并非是真正有品质的饮用水；矿泉水中因为含有天然的微量元素，相对有益于健康，但由于每个人对于矿物质的需求不同，也并非对所有人的健康有益。总之，纯净水干净，矿泉水安全，但两者均称不上标准健康水。

水质污染的危害。水质污染主要是生物污染和化学污染。生物污染是指水被细菌、病毒、寄生虫等的污染，这些致病生物进入人体后，可导致许多传染病或寄生虫疾病的发生，从而损害人体健康，如霍乱、痢疾、血吸虫病等。化学污染是指水被有机化合物、重金属等化学品污染，长期饮用后会罹患慢性疾病甚至恶性肿瘤。WHO 的一项调查报告显示，全世界 80％的疾病与饮用水的水质有关，全世界 50％儿童的死亡是由于饮用水被污染造成的，特别是第三世界发展中国家最为严重。在我国，水体污染是“癌症村”形成的罪魁祸首，尤其是淮河支流沙颍河和太行山东南漳河流域的水污染，导致“癌症村”沿河呈带状分布[①]。

三、我国古人对水质与健康的认识

水质的成分，依水源地不同而不同，对人体健康的影响也不同。早在春秋时期，我国古人就认识到了水质与疾病、健康、人生的关系。

管仲是春秋时期重要的思想家，《管子》一书记述了他的言论与思想。谈到水对健康的重要性，《管子·水地》曰：“水者，万物之本原也，诸生之宗室也，美恶、贤不肖、愚俊之所产也。”[②] 即，水是生命之源，水与人的长相（美、恶）、性格（贤、不肖）、智力（愚、俊）都有关系。不但如此，《管子·水地》还具体描述了不同地区水质对当地居民健康的影响，曰：“夫齐之水，道躁而复，故其民贪粗而好勇。楚之水，淖弱而清，故其民轻果而贼。越之

---

① 龚胜生、张涛：《中国“癌症村”时空分布变迁研究》，《中国人口·资源与环境》，2013 年第 9 期，第 156—164 页。

②《二十二子》。上海：上海古籍出版社，1985 年，第 147 页。

水，浊重而洎，故其民愚疾而垢。秦之水，泔最而稽，淤滞而杂，故其民贪戾，罔而好事。齐晋之水，枯旱而运，淤滞而杂，故其民谄谀葆诈，巧佞而好利。燕之水，萃下而弱，沉滞而杂，故其民愚憨而好贞，轻疾而易死。宋之水，轻劲而清，故其民简易而好正。”[1] 这段话的意思是说：黄河下游的齐国（今山东、河北一带），水流迂回躁急，其人贪婪勇猛；长江中游的楚国（今湖南、湖北、江西、安徽一带），水流淖弱清澈，其人轻佚狡猾；长江下游的越国（今太湖流域、杭州湾一带），水质重浊浸渍，其人愚笨多病；黄河中游的秦国（今陕西关中一带），水质甘甜易淤，其人贪戾好事；黄河中游的晋国（今山西境内），水质滞重易淤，其人奸诈好利；黄河下游的燕国（今京津冀地区），水质沉滞易淤，其人愚蠢轻死、悲歌慷慨、行侠仗义；黄淮之间的宋国（今河南东部商丘一带），水质轻快清澈，其人淳朴守法。《管子·水地》中的上述说法，主要论及水的质量、重量、流速与人的性格的关系，即水性与人性的关系，具有较浓的“地理环境决定论”倾向。但是，性格的养成，与个人的健康状况是分不开的，特别是其提到的“越国人多病”这一事实，得到汉代司马迁《史记·货值列传》所载“江南卑湿，丈夫早夭”[2] 的印证，是不可多得的可信的疾病地理信息。

至于战国末年，秦国丞相吕不韦组织门客编撰的《吕氏春秋》，进一步论述了水质与健康（主要是地方病）的关系。《吕氏春秋·季春纪》云：“轻水所，多秃与瘿人；重水所，多尰与躄人；辛水所，多疽与痤人；苦水所，多尪与伛人。”[3] 这段话的意思是：在水质比较轻的地方，人多患秃头、大脖子病，这些地方大都在河流上游山区，那里水流清澈，水中杂质含量较少，所以水质较轻。在水质比较重的地方，人多患与下肢有关的疾病，如橡皮肿、瘸腿，这些地方一般在河流下游地区，那里水流浑浊，水中杂质含量较多，所以水质较重。在水质比较辛辣的地方，人多患痈疽、痤疮一类的皮肤病，在水质苦涩的地方，人多患鸡胸、驼背之疾；这些地方的水质之所以辛辣和苦涩，主要是矿物质含量过多。这段话虽然仍然带有一定的“地理环境决定论”思想，但其提到的河流上游山区地方的人容易患地方性甲状腺肿大（地甲病）的事实，是一个被现代医学证明的科学发现。

水对于健康和人生是如此重要，中国古人十分重视饮水卫生。早在 4 000

① 《二十二子》。上海：上海古籍出版社，1985 年，第 147—148 页。

② （汉）司马迁：《史记》，卷一二九，《货殖列传》。

③ 《二十二子》。上海：上海古籍出版社，1985 年，第 636 页。

年前，他们就已经知道凿井取水，并注意水源地的保护。“井”在西周时候就已经存在，三国时刘熙《释名》一书这样解释：“井，清也，泉之清洁者也。”[①] 井水是地下水的一种基本类型。地下水的主要来源是渗入地下的雨雪水和通过河床、湖泊渗入地下的地面水。井水是经过了砂土过滤的地下水，水量稳定，水质良好，是良好的饮用水水源。地下水可分为浅层地下水、深层地下水和泉水，古代人工挖掘的水井多为浅层地下水，深度可由二三米到十几米。泉水是自然出露的地下水，也是古人的重要饮用水源。

传说是伯益发明了井。“井”是一个象形字，为了保持水井清洁与用水安全，人们特在井旁建围栏，给井口加盖。在一些偏远的山村，或者古寺庙的旅游景区，还可以见到这样的井的建筑。因为水对于人生的重要性，“井”也成为中国古代人居环境中的标志性建筑，数千年来，在人们聚居之村落，一定都掘有提供饮用水源的水井，所以，人们常以“乡井”来代表家乡，离开家乡则称作“背井离乡”，可见“井”在古人心目中的地位了。

旅途中的人们有时是没有机会汲取井水的，但饮水卫生不可不讲究，其中一个行之有效的办法就是择水而煮，即选择品质相对较好的水源，煮沸以后再饮用，故宋代庄绰《鸡肋编》曰：“纵细民在道路，亦必饮煎水。”[②] 除了一般的解渴饮水，煮茶熬药，我国古代也十分注意饮水卫生，如唐代陆羽《茶经》指出，煮茶时“其水用山水上，江水中，井水下”[③]；明代李时珍《本草纲目》则指出，熬药“凡井水，有远从地脉来者为上，有从近处江湖渗来者次之，其城市近沟渠污水杂入者，成碱，用须煎滚，停一时，候碱澄，乃用之，否则气味俱恶，不堪入药、食、茶、酒也”[④]。古人之所以重视饮水卫生，根本原因就是水关系到人的生命健康安全。

第二节 水质的概念、性状与评价

一、水质的概念

水分子。在化学概念里，水是最简单的氢氧化合物，即 H_2O，是无色、

① （汉）刘熙：《释名》，卷五，《释宫室》。四库全书本。
② （宋）庄绰：《鸡肋篇》，卷上。四库全书本。
③ （唐）陆羽：《茶经》，卷下，《五茶之煮》。四库全书本。
④ （明）李时珍：《本草纲目》，卷五，《水部》。北京：中国书店出版社，1988 年，第 44 页。

无味、无臭的液体。在标准大气压（101.325 kPa）下，水的冰点为 0 ℃，沸点为 100 ℃，在 4 ℃时，水密度最大，为 1 g/mL。

天然水。在自然界中，并不存在化学概念上的绝对纯净的水，天然的水，通常是溶有其他物质的溶液。天然水的化学组成及其特点是在长期地质循环、短期水循环以及各种生物循环中形成的。水在运动过程中，大气、岩石、土壤和生物中的物质会进入到水体，使水的化学组成发生变化。由于环境中的盐类矿物质最容易溶解于水，因此天然水中最主要的组分就是这些盐分离子（如 Na^{+}、K^{+}、Ca^{2+}、Mg^{2+} 等阳离子，Cl^{-}、HS^{-}、SO_4^{2-}、HCO_3^{-}、CO_3^{2-}、BO_2^{-}、HPO_4^{2-} 等阴离子）；大气中的活性气体（如 O_2、CO_2）也会部分融入水中；此外，还存在大量的非溶解性物质（如黏土、砂、细菌、藻类）、胶体物质（如硅胶、腐殖质），以及极少量的微量元素（如 Br、I、F、Fe、Mn、Cu、Zn）。

水质。水质是水体质量的简称，包括水的清洁程度、矿物质含量和微生物组成等状况。这里所说的水质，特指生活饮用水的质量。我国制订的生活饮用水卫生标准，是从保护人群身体健康和保证人类生活质量出发，对饮用水中与人群健康的各种物理的、化学的和生物的因素，以法律形式作的量值规定，以及为实现量值所作的有关行为规范的规定。目前我们执行的是《生活饮用水卫生标准》（GB 5749—2022），该标准检测指标达 97 项，对水源、水厂、供水等各个环节以及水质监测都进行了明确规定，总体原则是：水中不含病原微生物，所含化学物质及放射性物质对人体健康无危害，水的感观性状良好，生活饮用水应经消毒处理等①。除生活饮用水水质外，平时所说的水质，还指地表水的环境质量。根据使用目的和保护目标，我国将地表水环境分为五大类：Ⅰ类和Ⅱ类（源头水或地表水源地一级保护区，可直接饮用）、Ⅲ类（地表水源地二级保护区，处理过后可以饮用）、Ⅳ类（一般工业保护区及人体非直接接触的娱乐用水）、Ⅴ类（农业用水及一般景观要求水域），超过五类水质标准的水体基本无使用功能。目前我国执行的是《地表水环境质量标准》（GB 3838—2002）。

二、水质的性状

关于生活饮用水水质的性状，主要从物理性状、化学性状、微生物性状和放射性性状四个方面来监测。

1. 水的物理性状

温度。指水体的温度。大到海洋，小到池塘，水温在水平和垂直方向都存

① 《生活饮用水卫生标准》（GB 5749—2022）。北京：中国标准出版社，2022 年，第 1—16 页。

在差异，且随时间变化而变化。水温可影响水中生物的生存状态、水体自净的能力和人类对水的利用。地表水的温度随日照与周围气温的改变而变化，通常在0.1 ℃—30 ℃；地下水的温度比较恒定，与地层温度相平行，一般在8 ℃—12 ℃之间变动。冷水比温水的口感要好，因为高水温会促进微生物生长，并导致水的味道、气味、颜色的变化。

浊度。指水体的浑浊程度，即水体中悬浮粒的多少。水体浑浊是水中悬浮胶体颗粒产生光散射的现象。标准单位以1 L水中含有相当于1 mg标准硅藻土形成的浑浊状况，作为一个浊度单位，简称1°。浑浊的水影响人的感官感受，但适合微生物生长。地表水因为含有泥沙、黏土和有机物，常有一定的浊度；地下水相对清澈，浊度较低。

颜色。洁净的水是无色的，天然水因为溶解有有机物和无机物，往往呈现一定的颜色。如九寨沟的水呈绿色或蓝色，就是因为其矿化度很高，里面含有较高的钙和镁，不能长期直接饮用。污染的水会呈现出特有的颜色，富含腐殖质的水呈现棕色或棕黄色，水中藻类大量繁殖时根据藻种的不同而呈绿色、褐色或红色；水中铁离子或锰离子含量较高时，呈现棕黄色。

嗅。清洁水无异臭。水生植物或微生物的腐烂、有机物的腐败分解、溶解气体如硫化氢以及流经地层的矿物质等的混入，均可使水产生一定的异臭；当人畜粪便、生活垃圾或工业废水进入水中时，也可出现各种特殊的异臭。

味。清洁水无异味。天然水出现异味，常与过量的矿物盐类溶入有关。水中氯化物过多时带咸味；硫酸镁、硫酸钠过多时有苦味；铁盐过多时有涩味；水中含适量的碳酸钙、碳酸镁时使人感到甘美可口，含氧较多的水也略带甜味。前述《管子·水地》所载的辛水、苦水、咸水，就是因为水中溶解了不同的矿物质。

2. 水的化学性状

pH值、总溶解固体、硬度是常见的化学性状生活用水指标；含氮化合物、溶解氧、化学需氧量、生化需氧量、氯化物、硫酸盐、总有机碳、总需氧量和有害物质等主要用于工业达标排放监测。

pH值。水溶液酸性或碱性的度量。天然水的pH值一般为6.5—8.5。当水体被大量有机物污染时，有机物因氧化分解产生游离的二氧化碳，可使水的pH值降低。当大量酸性或碱性废水排入水体后，水的pH值可发生明显变化。pH中性或微碱性的水属于品质优良的健康水。

【知识窗 3-2】

人体中的 pH 值

正常状态下，人体 pH 值应在 7.35—7.45 之间，呈略碱性，超级健康的人可达 7.5，这样有利于机体对蛋白质等营养物质的吸收利用，并使体内血液循环和免疫系统保持良好状态。若较长时间低于 7.3，就会趋于酸性体质，使身体处于亚健康状态，表现为精神不振、体力不足、抵抗力下降。人体体液酸化可引发心脑血管疾病、癌症、糖尿病、肥胖等。进食酸性或碱性食物对体液酸碱度的调节十分有限，正常酸碱度的维持主要依靠机体自身的调节。弱碱水对痛风患者有一定好处，可助其碱化尿液排出尿酸，但对正常人而言，弱碱水是否有益于健康，还有待科学进一步证明。

——资料来源：刘佳：《体液 pH 值与人体健康》，《生物学教学》，2010 年第 7 期，第 72—73 页。

总溶解固体（TDS）。指水样在 105 ℃—110 ℃烘干后的残留物总量，单位为 mg/L 或 ppm。包括水中的悬浮性固体和溶解性固体，由有机物、无机物、浮游生物、土壤颗粒、岩石碎粒等组成。总固体越少，水质越清洁。水被污染后，总固体含量会增加。日常饮用水中，TDS 平均在 170 ppm—400 ppm 之间，其中，200 ppm—300 ppm 为基本合格；300 ppm—400 ppm 则表明矿物质含量较高，自来水和矿泉水一般都在这一区间；高于 400 ppm 就是污染水。较理想的饮用水 TDS 通常在 50 ppm 以下（图 3-1）。

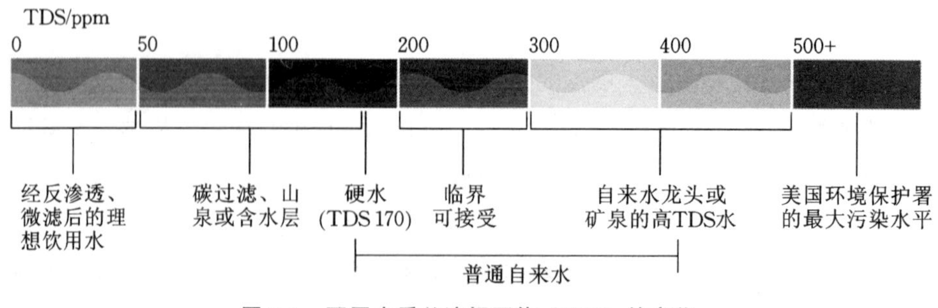

图 3-1 不同水质总溶解固体（TDS）的变化

来源：hmdigital. com/what-is-tds

硬度。指溶解于水中的钙、镁盐类的总量，以 $CaCO_3$（mg/L）当量数表示，少于 75 mg/L 时属于“软水”，超过此浓度即为“硬水”。天然水硬度因地质条件不同差异很大。当地表水受硬度高的工业废水污染时，或排入水中的污染物使水的 pH 值降低而导致水的溶解力增大时，均可使水的硬度增高。贵州喀斯特地区饮用水的钙含量比较高，硬度比较大；荒漠和半荒漠地区，气候干旱，水中溶解的矿物质成分比较多，水的硬度也比较高。生活在水的硬度较高地区的人群，其结石的发病率也比较高。中国天然水的硬度总体上东南低、西北高。

人体对水的硬度有一定的适应性，但水硬度变化过大，可引起胃肠功能暂时性紊乱，出现肠胃蠕动加剧、排气多、腹胀、腹泻等“水土不服”的现象。饮用硬度适中的硬水，可减少人体对脂肪的吸收，抑制人体发胖，防止因高血脂引起的心血管病和心脏病。生活在山区的人一般比较健康长寿，这与他们长期饮用矿物质含量较高、硬度适中的山泉水有很大关系。经常饮用硬度过低的软水，可导致人体内钙、镁的流失，出现骨软化症状，并引起心脑血管疾病。世界卫生组织推荐的饮用水的硬度为 170 mg/L，属于中度硬水；我国《生活饮用水卫生标准》（GB 5749—2022）规定，饮用水的总硬度不能超过 450 mg/L。

含氮化合物。水中所有含氮有机物和无机物的总称，主要用有机氮、蛋白氮、氨氮、亚硝酸盐氮和硝酸盐氮等指标来表示。其中，有机氮表示有机含氮化合物的总含量；蛋白氮指已经分解的较简单的有机氮化物，二者主要来源于动、植物体的有机物。当水中蛋白氮和有机氮显著增高时，表明水体新近受到了明显的有机物污染。

溶解氧（DO）。指溶解在水中的氧含量。清洁地表水中的溶解氧含量接近饱和状态。水层越深，溶解氧含量越低；水温越低，溶解氧含量越高。当水中藻类等浮游植物较多时，植物光合作用释放氧气，可使水中溶解氧呈过饱和状态。当有机物污染水体或藻类大量死亡时，水中溶解氧就会被消耗而减少，因此，溶解氧也是评价水体有机物污染及其自净能力的间接指标。

化学需氧量（COD）。指在一定条件下（如测定温度），使用强氧化剂（如高锰酸钾等）氧化水中的有机物所需的氧量。它是测定水中有机物含量的间接指标。清洁水的化学需氧量一般小于 1 mg/L。

生化需氧量（BOD）。指水中有机物在需氧微生物作用下分解时消耗水中溶解氧的量，它是评价水体污染的一项重要指标。生物氧化过程与水温有关，温度愈高，生物氧化作用愈强烈，分解全部有机物所需要的时间愈短。水中有机物越多，生化需氧量就越大。清洁水的生化需氧量一般小于 1 mg/L。

氯化物。天然水中均含有氯化物，其含量存在空间差异。氯气是自来水厂应用最广泛的消毒剂，在自来水管网末梢水中维持一定水平的余氯是我国饮用水必须达到的标准之一。氯气能有效杀死水中的病毒和病菌，但同时也会产生致癌物质三氯甲烷等副产物。大量毒理学实验和流行病学调查研究已表明，饮水氯消毒长期暴露与膀胱癌、直肠癌的发生有密切的相关关系[①]，同时对生殖健康也具有潜在的遗传危害作用[②]。

硫酸盐。天然水中均含有硫酸盐，其含量多寡受地质条件的影响较大。

总有机碳（TOC）。指水中全部有机物的含碳量，单位为 mg/L，是评价水体需氧有机物污染程度的综合性指标之一。

总需氧量（TOD）。指单位体积水中还原性有机物和无机物在一定条件下氧化时所消耗的氧化剂的量，是评价水体污染程度的重要指标。TOD 越大，表明污染越严重。

有害物质。指水中的重金属和难分解的有机物，对人体健康危害甚大，大都具有致癌性。重金属如汞（水银，导致水俣病）、砷（砒霜，导致女性不孕不育）、铬（六价铬是高致癌物）、镉、铅（损害小孩智力发育和男性生殖能力）等；有机物如酚、氰化物（剧毒物）、有机氯合物、多氯联苯等。水中的有害物质的来源除少数（如氟、砷等）与地层有关外，绝大多数来源于工业废水污染。

3. 水的微生物性状

清洁的天然水中常含有一定数量的微生物，但细菌、病毒等病原微生物极少。当水体受到污染后，水中细菌数会大量增加，痢疾、霍乱等传染病都是通过水来传播的，所以对饮用水中肠道菌的检查在流行病学上具有重要意义。目前，自来水检测的微生物指标主要是大肠菌群和细菌总数，前者反映受肠道病原微生物的污染情况，后者反映微生物污染的总体情况。

细菌总数。指 1 mL 水在营养琼脂培养基中经 37 ℃培养 24 h 后所生长的细菌菌落总数，反映水体受生物性污染的程度。

大肠菌群。在 37 ℃培养 24 h 能生长繁殖、发酵乳糖、产酸产气的大肠菌群细菌，可反映受肠道病原微生物的污染情况。大肠菌群既能存在于人及温血

---

① 林辉、刘建平、宋建勇等：《饮水氯消毒暴露与膀胱癌联系的病例对照研究》，《中国公共卫生》，2002 年第 4 期，第 397—399 页。

② 刘慧、朱伟、张全新：《饮用水氯化消毒副产物遗传毒性研究新进展》，《国外医学·卫生学分册》，2007 年第 6 期，第 344—349 页。

动物粪便内，也能存在于其他环境中。

4. 水的放射性性状

大多数水体在自然状态中都含有极微量的天然放射性物质，如铀、镭、氡等，通常以测定每升水中总α放射性和总β放射性含量来作为水质的放射性性状指标。有些矿泉水与温泉中含有放射性元素，如氡温泉。氡很早就被用于治疗风湿、皮肤病、缓解疼痛[①]。氡泉水中的化学物质呈阴阳离子状态，有些透过皮肤进入机体；有些则直接作用于皮肤感受器，以调节机体功能，对心血管机能，如血压、心搏出量、循环血量、微循环均有一定影响[②]。水的这种放射性，只要不长期暴露其间，对身体并无大碍。

三、水质的评价

水质评价概念。水质评价是通过对水体一些物理、化学、生物指标的监测和调查，根据不同的目的和要求，使用一定的评价方法对水体质量的优劣程度及其利用价值做出定量描述。评价目的是获取水体的污染程度，划分污染等级，为水体的科学管理和污染防治提供依据。

水质评价分类。水资源用途广，水质评价的目标类型也多。按评价目标可分为水污染评价和水资源质量评价；按评价对象可分为地表水和地下水评价，前者还可细分为河流、湖泊、水库、沼泽和海洋等水质评价；按评价时段可分为回顾性评价、现状评价和预测性评价（影响评价）。根据水质评价类型的不同，一般采用不同的水质标准。如评价水环境质量，采用《地表水环境质量标准》（GB 3838—2002）；评价养殖水体质量，采用《渔业用水水质标准》（GB 11607—1989）；评价集中式生活饮用水取水点的水源水质，采用《生活饮用水卫生标准》（GB 5749—2022）；评价农田灌溉用水，采用《农田灌溉水质标准》（GB 5084—2021）。

水质评价方法。水质评价方法有两大类，一类是以水质物理化学参数的实测值为依据的评价方法，另一类是以水生物种群与水质关系为依据的生物学评价方法。较多采用的是物理化学参数评价法。如指数法、AHP层次分析法、人工神经网络评价法、主成分分析法等，都是利用不同的数学方法和模型对各类细节指标进行组织与评判，得出综合性评价结果。

---

① 朱立、周银芬、陈寿生：《放射性元素氡与室内环境》。北京：化学工业出版社，2004年，第45页。

② 吕晓鹏、廖忠友、兰峰等：《氡温泉水疗对疗养官兵血脂、血尿酸及心功能的影响》，《西南国防医药》，2016年第5期，第477—479页。

第三节　水质对健康的影响

一、矿泉水的医疗保健作用

1. 矿泉与温泉的概念

矿泉。矿泉是天然出露、矿化度高、含有大量矿物质的泉，也是一种特殊的地下水资源。中国是世界上矿泉出露最多的国家之一。矿泉水的硬度一般在50—300 mg/L之间，根据化学成分的不同，矿泉可分为硫磺泉、碳酸泉、硫酸盐泉、放射性泉，等等。矿泉具有医疗保健作用，中国矿泉称为“醴泉”，说“醴泉可以养老”“出流所及，草木皆茂，饮之令人寿”；此外还有“白泉饮之使寿长”“赤泉饮之不老”“英泉饮之不知死”等说法。不同矿泉具有不同的医疗保健作用，在日本，有的矿泉能促进性腺发育，被称为“授子汤”；在非洲，有的矿泉有祛痰作用，被称为“痰汤”；在中国，则有“神泉”“愈泉”“药水”“圣水”“圣井”“药井”“平疴汤”等种种与医疗保健有关的称谓。

温泉。温泉是水温相对人体体温或当地平均气温较高的一类矿泉。根据温度的高低，矿泉可分为冷泉（＜25 ℃）、温泉（25 ℃—37 ℃）、热泉（37 ℃—42 ℃）、高热泉（＞42 ℃）[①]。除了冷泉之外，其他均可统称为温泉。现在一般把水温超过30 ℃、含有益于人体健康的微量元素的矿泉水，无论是自然出露还是人工抽取，都称为温泉。温泉是一种地热资源，在我国分布很广，从东南丘陵到天山山麓，从大兴安岭到青藏高原，全国各省区都有温泉出露，其中以云南、西藏、广东、福建、台湾等地最多[②]。云南的腾冲被称为“地热之乡”，高热泉众多，部分高热泉的温度在90 ℃以上。湖北地处长江中游，也有不少温泉和热泉，主要分布于鄂东北的英山、罗田、蕲春、应城、孝感，鄂东南的咸宁、崇阳、通山、赤壁、嘉鱼，鄂西北的房县等地。

2. 矿泉的疗养方式

矿泉疗养的方式主要有两种：饮泉疗养和浴泉疗养。

饮泉疗养。指通过饮用矿泉水摄入有益微量元素达到保健的目的。饮泉疗

① 方如康、戴嘉卿：《中国医学地理学》。上海：华东师范大学出版社，1993年，第24—29页。

② 吴述席、刘立保：《简论我国温泉分布与疾病疗养》，《平原大学学报》，1997年第2期，第71—78页。

养需要长期坚持。矿泉出露附近的居民因在日常生活中，长年累月饮矿泉、用矿泉，吃当地的粮食、蔬菜和禽畜肉类，不知不觉中得到矿泉的保健。如四川巫山孔子泉，“泉旁几人家，聪慧多奇儿”。明代医药学家李时珍“贪淫有泉，仙寿有井”的观点，其实也是矿泉对人体长期作用的结果。对世界长寿之乡的研究发现，饮用天然矿泉水对于人体健康有决定性的影响①。饮泉疗法主要适用于低温冷泉。黑龙江省五大连池市是我国目前最大的低温冷泉疗养基地，已有近百年饮泉疗养历史，其药泉山的南泉、北泉为冷碳酸泉，具有助消化、止痛、镇静、安眠、利尿等保健功能，对消化系统的溃疡、胃炎也有良好疗效。

浴泉疗养。浴泉疗养有水浴与泥浴之别，水浴即用矿泉水泡澡，主要是温泉的利用，泥浴则是利用泉口附近的温泉泥来涂抹全身皮肤。浴泉疗养对皮肤病、风湿性关节炎、肠胃病、溃疡病、神经系统疾病、初期高血压及妇科病等多种慢性病都有很好的疗效。浴泉疗养之所以具有医疗保健作用，主要是矿泉水的温度、压力、浮力等物理学作用，以及矿泉水、矿泉泥的药物化学作用的共同作用的结果。

(1) 矿泉水的温度作用。健康人的皮肤温度为 34 ℃左右，水温超过皮肤温度就会产生温热刺激，可以降低神经的兴奋性，产生镇静作用。热水浴时，皮肤血管扩张，心跳、脉搏加速，血压下降。水温越高，心血管的负担就越重，矿泉浴如超过 44 ℃，就会对心血管机能障碍病人不利。温和的矿泉水(＜40 ℃) 对神经衰弱、失眠、动脉硬化、高血压、风湿、脑溢血后遗症等病人有很好的康复作用，故此被称为“中风汤”。

(2) 矿泉水的压强作用。矿泉水浸浴时，人体受到矿泉水的压力作用，胸围、腹围都会缩小，此时吸气较为用力，呼气感到舒畅。同时，人体也会受到矿泉水的浮力作用，肢体关节的活动甚为省力。矿泉水无机盐类含量越高，浮力作用就愈大，有利于肢体关节功能训练，以及骨折、关节僵硬、神经麻痹、肌肉瘫痪等的治疗。

(3) 矿泉水的药物作用。矿泉水的药物作用取决于其化学成分，饮用矿泉水时，其化学成分经胃肠黏膜吸收进入血液发挥作用；洗矿泉浴时，其化学成分通过皮肤进入体内，有的虽不能直接吸收，但会附着在皮肤上，形成有医疗作用的药物分子膜，对人体神经末梢感受器有保健作用；有些气体成分和挥发物质，可经呼吸作用吸入体内发挥作用。浸浴、泥浴放射性泉（如氡泉），对

① (美) 巴博亚罗拉著，李明编译：《世界长寿秘诀》。太原：山西科学教育出版社，1990 年，第 14 页。

神经炎、神经痛、关节炎有良好的治疗作用。

3. 中国古代的矿泉疗养

两千多年前，我国就开始了矿泉疗养。成书于战国晚期的《山海经》记载，高前之山“其上有水焉，甚寒而清，帝台之浆也，饮之者不心痛”。这是说矿泉水可以治疗心痛。骊山温泉，秦始皇时代就开始用“骊山汤”来治疗皮肤病，东汉文学家、地理学家张衡为之撰写了温泉碑文，曰：“有疾厉兮，温泉泊焉。”北魏郦道元所著《水经注》也有不少温泉治病的描述。明代李时珍在《本草纲目》中明确指出：“温泉主治诸风温、盘骨挛缩及肌皮顽疥，手足不遂。”现在，我国许多著名的温泉都建有大型疗养院，温泉疗养已经成为康养旅游的一种重要形式，如陕西华清池、北京小汤山、南京汤山、辽宁汤岗子、广东从化、重庆北碚、湖北应城、湖北咸宁等温泉，都是康养旅游的好去处。

我国古代的矿泉开发是伴随区域土地开发的。据研究，我国在宋代以前开发利用的重要矿泉有 134 处，其中绝大部分是温泉，这些被开发利用的矿泉主要分布在由海岸线与海南儋县—四川西昌—青海西宁—河北赤城连线围城的蛋壳状区域内。矿泉用于医疗保健，浴泉疗法和饮泉疗法两种方式都有开展。浴泉疗法如江西永修县温泉“其水沸涌，四时暖，患疮者洗之多愈”；饮泉疗法如甘肃迭部县药水“人有患冷者，煎水服之，多愈”。应该指出的是，并不是所有的矿泉都有益于人体健康，中国宋代以前还发现了一些对人体健康具有毒副作用的矿泉，如河南固始县的恽金汤，“三月中虺毒，不可饮”；四川仁寿县圣泉虽能愈疮疾，但“孕妇饮之，堕胎”[①]。

二、不洁饮用水的健康隐患

饮水资源的短缺和水污染是目前全球淡水资源面临的两大问题。我国人均水资源十分匮乏，已被联合国列为 13 个贫水国之一。在我国，约有 3.2 亿农村人口饮用水中毒性物质超标，水性地方病发病率呈上升趋势[②]。华北、华东、东北及西北部分省（自治区）5 000 余万人饮用水含氟量超标，造成驼背、骨质疏松、骨骼变形甚至瘫痪，丧失劳动能力；内蒙古、湖南、江西和吉林等地 289 万人饮用高砷水，造成皮肤癌和多种内脏器官癌变；华北、西北和

---

① 以上引文，均见龚胜生：《中国宋代以前矿泉的地理分布及其开发利用》，《自然科学史研究》，1996 年第 4 期，第 343—352 页。

② 刘昌明、曹英杰：《我国水污染状况及其对人类健康的影响与主要对策》，《科学与社会》，2009 年第 2 期，第 16—22 页。

华东等地区 3 855 万人饮用苦咸水，导致胃肠功能紊乱，免疫力低下；韶关、河源等地有些农民因长期饮用含放射性、有害矿物质污染水，出现新生儿发育不全、智力低下、痴呆、畸形等病例[①]。除水污染造成的健康危害外，日常生活中，还隐藏着一些与饮用水有关的健康风险。如自来水在氯化消毒过程中，形成氯化消毒副产品对人体健康具有一定的危害；高层建筑二次供水的污染问题也比较突出。

据世界卫生组织（WHO）调查，2020 年，全世界约有 25%的人口没有安全饮用水，中亚、南亚和撒哈拉沙漠以南的非洲地区尤为严重。不安全饮用水是导致落后国家传染病发病率、死亡率较高，预期寿命较低的主要原因，全球 80%的疾病和 50%的儿童死亡均与饮用水的污染有关，约有超 10 亿人因饮用被污染的水而患上多种疾病，全世界每年因水污染引发的霍乱、痢疾和疟疾等传染病人数超过 290 万[②]。因此，改良饮用水源，为落后国家居民提供安全饮用水，已成为世界卫生组织努力的目标。在我国，加强水源地保护、推进集中式供水、加强涉水产品检测，是提高人民群众健康水平，建设“健康中国”的重要途径。

【知识窗 3-3】

世界水日（World Water Day）

1993 年 1 月 18 日，联合国大会确定每年 3 月 22 日为“世界水日”，以唤起公众的节水意识，加强水资源保护。自 1994 年以来，每年的世界水日都有不同的主题。

1994 年：关心水资源是每个人的责任（Caring for Our Water Resources Is Everyone's Business）；

1995 年：妇女和水（Women and Water）；

1996 年：为干渴的城市供水（Water for Thirsty Cities）；

1997 年：水的短缺（Water Scarce）；

---

① 戴向前、刘昌明、李丽娟：《我国农村饮水安全问题探讨与对策》，《地理学报》，2007 年第 9 期，第 907—916 页。

② 世界卫生组织、联合国儿童基金会、世界银行：《世界饮用水状况》，2022 年 10 月 24 日。

1998 年：地下水——正在不知不觉衰减的资源（Groundwater—Invisible Resource）；

1999 年：我们永远生活在缺水状态之中（Everyone Lives Downstream）；

2000 年：卫生用水（Water and Health）；

2001 年：21 世纪的水（Water for the 21st Century）；

2002 年：水与发展（Water for Development）；

2003 年：水——人类的未来（Water for the Future）；

2004 年：水与灾害（Water and Disasters）；

2005 年：生命之水（Water for Life ）；

2006 年：水与文化（Water and Culture）；

2007 年：应对水短缺（Coping with Water Scarcity ）；

2008 年：涉水卫生（Water Sanitation）；

2009 年：跨界水——共享的水、共享的机遇（Transboundary Water: the Water Sharing, Sharing Opportunities）；

2010 年：关注水质、抓住机遇、应对挑战（Communicating Water Quality Challenges and Opportunities）；

2011 年：城市水资源管理（Water for Cities）；

2012 年：水与粮食安全（Water and Food Security）；

2013 年：水合作（Water Cooperation）；

2014 年：水与能源（Water and Energy）；

2015 年：水与可持续发展（Water and Sustainable Development）；

2016 年：水与就业（Water and Jobs）；

2017 年：废水（Wastewater）；

2018 年：借自然之力，护绿水青山（Nature for Water）。

——资料来源：http://www.chinawater.com.cn/ztgz/xwzt/2017srsz/5/201703/t20170320_478981.html

学习思考

1. 为什么说水是生命之源？

2. 什么是水质？评价生活饮用水质的指标主要有哪些？

3. 矿泉水是怎样发挥医疗保健作用的？

4. 不安全饮用水会带来那些健康风险？

拓展阅读

1. 郭航远、池菊芳、沈静主编：《水与健康》。杭州：浙江大学出版社 2013 年版。

2. 沈立荣、孔村光主编：《水资源保护：饮水安全与人类健康》。北京：中国轻工业出版社 2014 年版。

3. 葛全胜、方修琦、叶谦等主编：《全球环境变化视角下中国粮食、水与健康安全问题研究》。北京：气象出版社 2011 年版。

4. 巴兹勒主编：《饮用水水质对人体健康的影响》。北京：中国环境科学出版社 2003 年版。

5. 李文华、旭日干、许新宜主编：《中国自然资源通典：水资源卷》。呼和浩特：内蒙古教育出版社 2016 年版。

第四讲　土壤与健康

第一节　生命之基：土壤的重要性

土壤是人类赖以生存和发展的物质基础和十分宝贵的自然资源，地球上95%的食物来源于土壤。《管子》曰："民之所生，衣与食也；食之所生，水与土也。"[①] 人民的生活依靠衣物和食物，而食物的产生则有赖于水和土壤，主要的农业生产均离不开土壤。土壤是环境的重要组成部分，是地球表层系统中物质转化和能量交换最活跃的生命层，不论是农田、森林或湿地生态系统中，土壤都起着关键作用。作为陆地生态系统的核心及其食物链的首端，土壤对于人类生存和环境变化均具有重要影响。

一、土壤对于生态环境的重要性

土壤是地球上一切生命形式的载体。常言道，万物生长靠太阳。但其实，万物的生长不仅仅是太阳的作用，更需要土地的承载。从中国古代开始，睿智的先人就提出了关于土地和生物的若干看法。汉代许慎《说文解字》曰："土，地之吐生物者也。二象地之下、地之中，丨，物出形也。"[②] 在古人的观念里，土是大地用以吐生万物的介质，万事万物都是从土中生长出来的。《周易》曰："百谷草木丽乎土。"[③] 丽在这里有"附立"的意思，指万事万物都是依托土地而存在的。可以说，一切生命形式尤其是陆地生物都由土地承载，并由土地提供食物，如果没有了土壤，陆地上的生物也就失去了生存的基础。

土壤圈是地球生态环境的承载性圈层。地球上有五大圈层，分别是大气圈、岩石圈、水圈、生物圈和土壤圈。土壤圈是覆盖于地球陆地表面和浅水域底部最基础的圈层，通过它与其他圈层之间进行物质和能量交换。土壤圈与岩石圈之间主要是风化过程和地质作用，岩石圈风化形成土壤，土壤层经过一定

---

① （唐）房玄龄注：《管子》，卷十七，《禁藏》。四库全书本。
② （汉）许慎：《说文解字》，卷十三下，《土部·土》。四库全书本。
③ （魏）王弼：《周易注》，卷三，《周易上经噬嗑传第三》。四库全书本。

的地质作用重新成为岩石。土壤圈同时是水循环的重要参与者和承载者，可影响水分平衡、转化以及降水在陆地和水体中的重新分配。与大气圈之间也存在着空气迁移的作用，可影响大气的化学组成以及水分与热量的平衡，例如土壤层具有固碳释氧的功能，能够吸收大气中的二氧化碳和甲烷，保持大气的氧含量和氧浓度。土壤圈可支持和调节生物过程，为生物生长提供所需的养分、水分与适宜的物理条件，是生物圈的重要组成部分。

土壤是无机界和有机界联系的中心环节。自然界分为有机界和无机界，大气圈、岩石圈、水圈属于无机界，生物圈属于有机界，而土壤圈因位于大气圈、水圈、岩石圈和生物圈的交换地带，是连接无机界和有机界的枢纽，也是与人类关系最为密切的环节圈层，这主要与土壤在自然界物质循环中的蓄积、转化、转移等作用有关。从微观的角度来讲，有些微量元素或污染物质通过土壤进入到植物中，然后通过动物蓄积在人体中；从宏观的角度来说，在岩石圈的风化过程中积攒营养物质，在水和大气过程中将水分和气体吸收，转化为土壤养分，在生物生长过程中转移到生物体内。另外，土壤中还栖息着多种具有不同生理活性的微生物，能代谢生物合成的几乎所有有机物，或将其矿化为二氧化碳以及含氮、硫、磷等元素的无机物，从而完成无机和有机的相互转化。

二、土壤对于人类健康的重要性

土壤为人类生存提供必需的生活资料。土壤是人类的衣食之源，从生产的角度看，土壤可以为动植物生长发育提供水、肥、气、热等肥力要素，人类生存、生活和发展所需的各种农、林、畜牧、水产产品都是直接和间接地从土壤中生产出来的。

土壤卫生关系着空气、水和食物的安全。生态环境是一个整体，大气、水和土壤是息息相关的环境要素，其中一个要素被污染，必将转化和迁移影响到整体。没有卫生的土壤，就不可能有卫生的空气、水和食物。通过土壤圈在自然界物质循环过程中所担任的角色不难发现，土壤质量决定着农产品质量，而农产品质量决定着人的健康。现代比较关注的食品污染问题，大部分都是由于土壤受到污染造成的，农药和化肥的过度使用，过量的有毒成分或是营养成分被土壤吸收，进而被植物吸收，然后通过动物或是直接进入人体。

土壤是疾病传播的介体。土壤中有很多肉眼看不见或看不清楚的病原微生物和寄生虫，由于土壤具备了各种微生物生长发育所需的营养、水分、空气、酸碱度、渗透压和温度等条件，因此成为它们生活的良好环境。可以说，土壤是微生物的“天然培养基”。这些微生物在促进土壤有机质分解和转化养分的同时，也能暴发和传播疾病，一般是土壤中的致病微生物或者寄生虫进入到人体，或是通过动物进入到人体，危害人体健康。如经常赤脚下地劳动的人容易感染“钩虫病”，如若身上有伤口接触了被粪便污染的土壤，还可能导致伤口被破伤风杆菌感染，诱发破伤风；还有“米猪肉”，人吃了被寄生虫感染的猪肉也会相应感染绦虫病，等等。

土壤污染影响人体健康。人类的生产生活都是依靠土壤进行的，释放到空气和水中的污染物最终都会汇聚到土壤中，再通过植物的生长和动物的畜养，人类作为食物链顶层生产者，最终积蓄了所有富集的污染物。因此，土壤受到污染，人类的健康也会随之受到威胁。土壤污染比空气和水的污染更难治理，因为土壤的流动性更小，因而对人体健康的影响也更为深远。尤其是重金属和持久性有机物污染，基本上是一个不可逆转的过程，一旦被污染，很难被治理修复，即便被降解也可能需要上百年甚至上万年的时间。如日本水俣病事件和米糠油事件，就是由于重金属汞和持久性有机物多氯联苯进入到食物链中，进而危害人体的。

三、中国古代对土壤与健康的认识

对土质与疾病关系的认识。早在两千多年前，古人就已关注到人类与土壤环境的依存关系。土质与疾病的关系，往往和水质分不开。春秋时晋国的韩献子认为：疾病起因于“恶”（污染物）的积淀，指出土薄水浅时“恶”易沉积而致人“沉溺重腿之疾”，即土地贫瘠，河水较浅的地方，污染物质容易沉积而使人患病；但土厚水深并有河水“流其恶”时，则不会得环境疾病，就是说土地肥沃而且有河水流动性较好，能带走污染物质的地区，人们就相对健康。这种观点也被称为“水土恶积致病说”。

对土质与健康关系的认识。春秋战国时期成书的《管子》认为土质与人的健康甚至容貌都有关系。它讲道：“渎田，其泉苍色，其人强悍；赤垆，其泉甘白，其人健康而长寿；粟土，其泉黄白，其人姣美，寡疾难老；沃土，其泉白青，其人劲悍，寡有疥骚，终无痟酲。”其大意是渎田（开沟渠而溉田）的水是黑色的，其人强悍有力；比较疏松的土壤，下面的地下水是洁白甘甜的，这个地方的人健康长寿；粟土下的泉水是黄色和白色的，这个地方的人十分美丽，很少有疾病，而且能长寿；肥沃的土地，下面的泉水是白色和青色的，其人强壮，很少得皮肤病，不会头疼，也不会醉酒。

西汉时期的《淮南子》也注意到了地理环境与人体健康之间的关系，并对不同土质对人的影响作出了判断。《淮南子·地形训》中说："土地各以其类生""坚土之人肥，虚土之人大，沙土之人细。"意思是说，土质坚硬地方的人肥胖，土质疏松地区的人高大，沙土地上的人苗条①。与上一讲中提到的"水质决定论"相类似，这些观点中也包含了部分地理环境决定论的科学思想，正如俗谚所云：一方水土养一方人。对于这些观点，需要辩证地、有选择地去看待。

【知识窗 4-1】

世界土壤日（World Soil Day）

2013 年 6 月，世界粮农组织大会通过了将每年的 12 月 5 日作为世界土壤日，并确定 2015 年为国际土壤年，旨在让人们意识到健康土壤的重要性，提高人们对土壤在粮食安全和基本生态系统功能方面重要作用的认识和了解。

2014 年 12 月 5 日是联合国首个"世界土壤日"。

2015 年为国际土壤年，世界土壤日的主题是：土壤即生命。

2016 年世界土壤日的主题是：土壤和豆类：生命的共生关系。

2017 年世界土壤日的主题是：关爱地球，从土地开始。

2018 年世界土壤日的主题是：土壤污染的解决方案。

2019 年世界土壤日的主题是：防止土壤侵蚀，拯救我们的未来。

2020 年世界土壤日的主题是：保持土壤生命力，保护土壤生物多样性。

2021 年世界土壤日的主题是：防止土壤盐渍化，提高土壤生产力。

——资料来源：https：//ww. fao. org/world-soil-day/about-wsd/zh/

---

① 以上引文，均见龚胜生：《天人集》第一集《历史地理学论集》第二十四篇《中国先秦两汉的医学地理学思想》。中国社会科学出版社，2009 年，第 320—325 页。

第二节 土壤的概念、特征与评价

一、土壤的概念与组成

1. 土壤的定义

东汉许慎的《说文解字》中说："土，地之吐生万物者也""壤，柔土也，无块曰壤。"这句话简洁明了地指出了土壤的特性，即能生长万物，细腻柔软。事实上，土壤源于岩石圈，是岩石圈在长期风化和生物作用下形成的，是一种可再生，但再生率十分缓慢的自然资源。形成1厘米厚的表层土壤往往需要上百年甚至更长的时间，而在我国云贵高原的岩溶地貌区域甚至需要上万年的时间。

《辞海》中对土壤的解释是：地球表面陆地上具有一定肥力，能生长植物的疏松表层。由矿物质、有机质、水分和空气组成，是岩石的风化物在生物、气候、地形等因素综合作用下形成发展，能供应和调节植物生长过程中所需的水分、养分、空气和热量[①]。

土壤学中一般将土壤定义为：在地球表面生物、气候、母质、地形、时间等因素综合作用下所形成的能够生长植物，具有生态环境调控功能，处于永恒变化中的矿物质与有机质的疏松混合物。简单地说，土壤就是地球表面能够生长绿色植物的疏松表层，其厚度从数厘米至2—3米不等[②]。

2. 土壤的组成

土壤是固相、液相和气相共同组成的多相体系，其相对含量因时因地而异。其中，固体土粒是土壤的主体，约占土壤体积的50%，固体颗粒间的孔隙由气体和水分占据（图4-1）。

土壤固相。主要由矿物质和有机质组成，土壤矿物质是岩石经过风化作用形成的不同大小的矿物颗粒（砂粒、土粒和胶粒），土壤矿物质种类很多，化学组成复杂，它直接影响土壤的物理、化学性质，是作物养分的重要来源之一。土壤有机质系土壤中各种含碳有机物的总称，包括腐殖质、生物残体及土

① 《辞海》。上海：上海辞书出版社，2009年（缩印本），第2295页。

② 黄昌勇、徐建明：《土壤学》。北京：中国农业出版社，2010年，第3页。

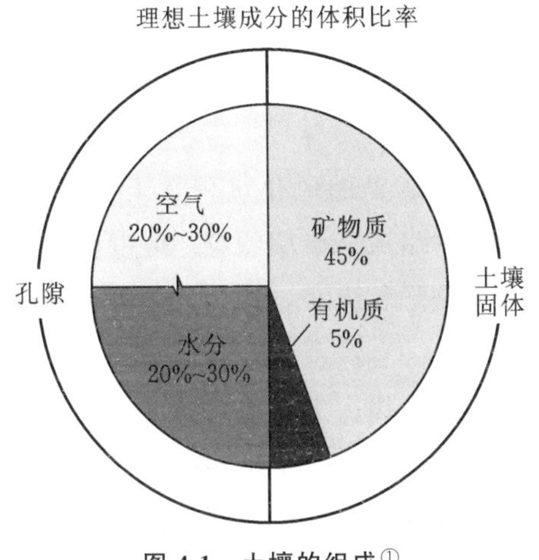

图 4-1 土壤的组成[①]

壤生物，一般仅占土壤很小一部分，最高也不过 10%左右。土壤有机质与矿物质紧密结合在一起，其含量的多少是衡量土壤肥力高低的一个重要标志。

土壤液相。指土壤水分，主要由地表进入土中，其中包括许多溶解物质。

土壤气体。绝大部分是由大气层进入的氧气、氮气等，小部分为土壤内的生命活动产生的二氧化碳和水汽等，与土壤中水分经常处于相互消长的运动过程。土壤气体是作物生长发育不可缺少的条件，其数量和组成可直接影响种子的萌发、根系的生长、微生物活动以及土壤养分状况。

土壤中这三类物质构成了一个矛盾的统一体，相互联系，相互制约，为植物提供必需的生活条件。此外，土壤中还有各种动物、植物和微生物，土壤微生物种类繁多，数量庞大，随成土环境及其土层深度的不同而变化，通常 1 g 土壤中就有几亿到几百亿个。

二、土壤的特征

《淮南子·说林训》曰：“土壤布在田，能者以为富。”[②] 即是说，肥沃的土壤分布在田地里，有能力的人能依靠种田过上富足的生活。可见，土壤最显著的特性便是具有肥力，能够不断地为植物生长提供营养物质，而这也是其与成土母质的本质区别。不同质地的土壤，其孔隙率、通气性、透气性等性质明显

① 黄昌勇、徐建明：《土壤学》。北京：中国农业出版社，2010 年，第 4 页。
② （汉）高诱注：《淮南鸿烈解》，卷十七，《说林训》。四库全书本。

不一样，这些性质不仅影响土壤的保水和蓄肥能力，而且影响土壤的自净能力、土壤微生物活性及其有机物含量，继而对土壤的环境健康状况产生影响。

1. 物理学特征

土壤颗粒。指在岩石、矿物的风化过程及土壤成土过程中形成的碎屑物质，是构成土壤固相的基本组成。土壤颗粒一般以矿物质颗粒为主，但也有少量植物降解的碎屑。据土壤颗粒大小，可分为石砾、沙粒、粉粒和黏粒四个基本粒级。

土壤质地。指土壤中各粒级占土壤重量的百分比组合，是土壤最基本的物理性质之一，对土壤的通透性、保蓄性、耕性以及养分含量等都有很大的影响。按土壤质地，还可分为沙土、黏土和壤土。一般质地较粗、结构性好、孔隙较大、湿度较小的土壤，渗水较为容易。

土壤水分。指包气带土壤孔隙中存在的和土壤颗粒吸附的水分，通常有4种形式：吸着水（吸附在土壤颗粒表面，又称强结合水）；薄膜水（在吸着水外表形成的，又称弱结合水）；毛细管水（依靠毛细管吸引力被保持在土壤孔隙中的，可被植物根系全部吸收）；重力水（受重力作用而移动，具有一般液态水的性质）。土壤水的增长、消退和动态变化与降水、蒸发、散发和径流有密切关系。

土壤空气。存在于土体内未被水分占据的孔隙中，随土壤含水量而变化，与土壤水分相互消长。在一定容积的土地内，如果孔隙度不变，土壤含水量多了，空气含量必然减少，反之亦然。通气良好的土壤，其空气组成接近于大气，一般愈接近地表的土壤气体与大气组成愈相近，土壤深度越大，土壤气体组成与大气差异也愈大。

2. 化学特征

土壤胶体性质。土壤是吸附力很强的复杂胶体系统，土壤颗粒中直径小于0.001 mm的细微粒子都具有胶体性质。土壤胶体分为有机胶体、无机胶体和有机无机复合胶体，有机胶体以土壤腐殖质为主体，无机胶体则主要为土壤黏粒，包括铁、铝、硅等含水氧化物类粘土矿物及层状硅酸盐类黏土矿物。土壤胶体具有凝集和分散作用，可与土壤溶液进行离子交换，既能吸收、保存离子态养分，减少流失，又能交换出离子态养分，供植物吸收利用，同时对重金属等污染物的迁移转化也有较大影响。

土壤酸碱度。常用土壤溶液的pH值表示，有酸性、中性和碱性之分，是气候、植被、成土母质及人为作用等多种因子共同作用的结果。我国土壤大多数 pH 在 4.5—8.5，在地理分布上有“东南酸西北碱”的规律性。一般在湿润地区，土壤多呈酸性或强酸性，pH<6.5；干旱地区土壤多呈碱性或强碱性，pH>7.5；半干旱半湿润地区，pH 则介于两者之间。土壤酸碱度决定着土壤中离子交换和各种矿物质养分的有效性。

土壤氧化还原反应。土壤中有许多有机和无机的氧化性或还原性物质，常见的氧化剂如氧气、NO_3^- 等，还原剂如有机质和低价金属离子。土壤的氧化还原反应主要影响土壤有机质的分解和矿物质养分有效性的程度。

3. 生物学特征

土壤微生物。土壤中存在着由土壤动物、原生动物和微生物组成的生物群体，是养分转化、物质迁移、污染物降解、转化和固定的重要参与者。尤其，土壤微生物作为土壤的活跃组成分，其在土壤形成发育、物质循环和肥力演变等方面具有重大影响。土壤微生物严格意义上包括细菌、古菌、真菌、病毒、原生动物和藻类，一般以细菌数量最多，其次为真菌、放线菌、原虫等。土壤微生物功能多样，它们在土壤中参与氧化、硝化、氨化、固氮、硫化等诸多过程，促进土壤有机质的分解和养分的转化[①]。

有益微生物。大多数的土壤微生物是有益的，直接参与土壤中有机物和无机物的氧化、还原、分解以及腐殖质的形成等各种反应过程。利用土壤微生物的生物降解作用，还可将土壤中残留的有机污染物分解成低害甚至无害的物质，从而促进土壤自净和净化污水、粪便和垃圾等的能力，提高人类环境的卫生条件。

致病微生物。土壤中还含有一些土著或外来的致病微生物，如被人畜排泄物和尸体污染的土壤中可能含有肠道致病菌、炭疽杆菌、破伤风杆菌、产气荚膜杆菌和肉毒杆菌等病原菌。同时土壤也是一些蠕虫卵或幼虫生长发育所必需的环境，人体直接或间接接触被生活污水或粪便等污染的土壤，则有可能感染肠道传染病和寄生虫病。

4. 放射性特征

天然放射性元素。如铀、镭、钍等，其含量取决于地壳的成土母岩，如由

---

① 胡君利、林先贵：《土壤微生物与土壤健康：生物指示与生态调控》，全国土壤生物与生物化学学术研讨会暨第二次全国土壤健康学术研讨会，2014 年 5 月 15 日。

岩浆岩形成的土壤中放射性元素含量较多。天然的微量放射线对人体不构成伤害，属于本底水平。

外源性放射性物质。核爆炸的放射尘埃，工业上或科研中利用原子能所排出的液体或固体放射性废物，主要依靠元素自身衰变而不能自行排除。

5. 卫生学特征

在自然因素作用下，土壤具有一定的自净功能，即在土壤矿物质、有机质和土壤微生物的作用下，进入土壤的污染物经过一系列的物理、化学及生物化学反应过程，降低浓度或改变形态，从而降低或消除污染物毒性。土壤的自净作用根据其原理可分为物理自净、物理化学自净、化学自净和生物自净。

物理自净。需要依赖日光、温度、风力等使污染物挥发扩散，依赖机械阻挡等使污染物难以流动，通过淋溶使污染物脱离生物循环体系等。例如曾风靡一时的农药六六六主要靠挥发作用散失。

物理化学自净。土壤颗粒表面具有很大的吸附作用，能吸附溶于土壤水中的气体、胶体微粒及其他物质，并将它们聚集或浓缩在土壤颗粒表面。

化学自净。污染物进入土壤后，发生凝聚与沉淀反应、氧化还原反应、络合-螯合反应、酸碱中和反应、水解、分解化合反应，或者发生由太阳辐射能和紫外线等引起的光化学降解作用等，从而降低毒性。例如铜在碱性条件下生成难溶性的氢氧化铜，生物活性下降。

生物自净。土壤中存在大量依靠有机物生存的微生物，它们具有氧化分解有机物的巨大能力。有机污染物在各种土壤微生物（细菌、真菌、放线菌）的作用下，将复杂的有机物质逐步无机化或腐殖质化。有机物腐殖质化后形成的腐殖质，不但无害，还可向植物提供养料，改善土壤物理性质，促进微生物活动。

然而，土壤的自净作用是有限的，且净化速度也比较缓慢，超过了限度就会造成危害。当污染物的数量或污染速度超过了土壤的净化能力时，便会破坏土壤本身的自然动态平衡，使污染物的积累过程逐渐占优势，从而导致土壤正常功能失调，土壤质量下降。

三、土壤质量的评价

土壤与人类健康息息相关，土壤质量影响人类的生活质量和发展状态。

土壤质量。一般定义为：土壤在生态系统的范围内，维持生物生产力、保护环境质量以促进动植物与人类健康行为的能力[①]。美国土壤学会把土壤质量定义为：在自然或管理的生态系统边界内，土壤具有动植物生产持续性，保持和提高水、空气质量以及支撑人类健康与生活的能力[②]。

（1）土壤物理指标：包括土壤质地及粒径分布、土层厚度、土壤容重和紧实度、孔隙度、土壤结构、土壤温度、土壤含水量、田间持水量、渗透率和导水率等；

（2）土壤化学指标：包括土壤有机碳和全氮、矿化氮、磷和钾的全量和有效量、盐基饱和度、碱化度、土壤阳离子交换量（CEC）、酸碱度（pH 值）、电导率、各种污染物存在形态和浓度等；

（3）土壤生物学指标：包括微生物生物量碳和氮、总生物量、土壤呼吸量、微生物种类与数量等。

土壤质量评价。是对土壤内部属性变化的总体描述，发展经历了定性到定量的过程，融合了多学科的特征。其评价的方法和模型比较多样，与水质评价相类似，也涉及物理、化学和生物学 3 个方面的一系列指标。因此，土壤质量的评价一般包括三个方面的内容：①土壤提供植物养分和生产生物物质的土壤肥力质量，②容纳、吸收、净化污染物的土壤环境质量，③维护保障人类和动植物健康的土壤健康质量。

目前，土壤质量的评价方法在国际上尚无统一的标准，国内外学者采用的评价指标体系也不尽一致。纵观国内外土壤质量评价方法及其研究成果，指数法简单易行，但是带有主观性，会掩饰土壤性质某些质的变化；动态评价方法比较真实地反映土壤质量动态变化的过程，同时还可以将评价结果用于经济学分析，研究范围拓宽；生命周期评价法完整研究土壤发生发育的周期，时间尺度上考虑全面，但是没有考虑空间尺度；GIS（地理信息系统）用于土壤质量评价，能将定量分析与空间分析结合起来，评价结果更具科学性[③④]。但不管采用何种评价方法，首先都需要确定有效、可靠、敏感、可重复及可接受的指标，建立全面评价土壤质量的框架体系。

---

① 陈怀满：《环境土壤学》。北京：科学出版社，2005 年，第 14 页。

② Karlen D, Mausbach L. Soil quality: a concept, definition, and framework for evaluation, Soil Science Society of America Journal. 1997, 61: 4—10.

③ 张贞、魏朝富、高明等：《土壤质量评价方法进展》，《土壤通报》，2006 年第 5 期，第 999—1006 页。

④ 岳西杰、葛玺祖、王旭东：《土壤质量评价方法的应用与进展》，《中国农业科技导报》，2010 年第 6 期，第 56—61 页。

第三节 土壤对健康的影响

一、土壤微量元素与健康

俗语说“一方水土养一方人”，可以理解为不同地域，由于土壤的差异造成了人体的差异。如第二章环境与健康的关系中所述，人与环境具有相同的物质构成，人体中存在的化学元素，几乎都能在地壳中找到。一般常量元素不会缺乏，而微量元素的含量在地区间的差异却非常明显。微量元素在人体中含量极少，却对人体健康至关重要，有着不可替代的极大作用。如碘元素可参与甲状腺激素及其辅助因子的合成，硒元素是构成谷胱甘肽过氧化物酶和酶的激活剂的必需成分，调控自由基水平及抗氧化作用，铁元素可与血红素、蛋白质等形成血红蛋白和肌红蛋白运输和贮存氧气等等。微量元素在人体中无法自身合成，必须直接或间接地由土壤供给，同时人体对各种微量元素的需求量也是一定的，摄入过量或不足都会不同程度地引起人体生理异常或发生疾病。因此，微量元素在土壤中的分布状况将通过食物链直接影响到当地人群的健康状况。

1. 土壤微量元素与地方病

在地球演变过程中，由于自然或人为的原因，某些微量元素在地球表面的分布并不均衡。当对人体健康有影响的某些元素，在某一地区土壤中少到不能满足人体生理的需要，或多到有碍人体健康，亦即环境和人体间某些元素的交换和动态平衡遭到破坏时，这一地区的人群中就会出现一些特异的疾病，这就是化学性地方病。

我国是世界上地方病病种最多、分布最广的国家之一，也是世界上受地方病危害最严重的国家之一。地方病多发在山区、农村、边疆和少数民族地区，并已成为一些地方致残、致贫、阻碍社会发展的主要因素。从病种上看，我国共有70余种地方病，较为典型的因化学元素分布不均导致的地方病有：地方性甲状腺肿（地甲病）、克山病、大骨节病、地方性氟中毒、地方性砷中毒，前四种还被列为国家重点防治病种。

地方性甲状腺肿。俗称“大脖子病”，是碘缺乏病（iodine deficiency disorders，IDD）的主要表现之一，是一种因缺碘引起的甲状腺增生肿大。我国古籍中提到的“瘿”即为此病，因此地方性甲状腺肿也是人类最古老的疾病之一。与之相伴生的还有一种疾病“地方性克汀病”，简称地克病，俗称“呆小病”，是小儿时期因缺碘导致甲状腺功能减退引起的疾病，主要表现为发育迟缓、智力低下、动作迟缓、四肢粗短等症状。据世界卫生组织儿童基金会1999年提供的资料显示，全球共有碘缺乏病流行的国家130个，受威胁人口达22亿，由缺碘造成的智力低下约3亿人，占病区人口数的18.7%；由于母体缺碘，每年至少有3万胎儿流产或死胎，每年约有12万新生儿发生不同程度的智能损伤①。

地甲病的发生与土壤环境中碘元素含量失调有直接关系，具有明显的地区性特征，几乎是住在病区内就容易发病，离开病区即可痊愈（中度、轻度肿大者），而返回病区又可复发。从已有的有关碘缺乏病空间分布的结果看，该病连续分布于北半球的高纬度地带及世界几大著名山脉，如喜马拉雅山区、阿尔卑斯山脉、安第斯山脉等，自海岸向内陆碘缺乏病发病率越来越高；在中国，山区是地甲病的主要流行区，严重病区主要集中在东北大小兴安岭、长白山、燕山、秦岭、大别山、喜马拉雅山和云贵高原等的山地、丘陵地带②。可见，无论是中国还是世界范围内，许多受碘缺乏病危害的区域都是离海远且水土流失较严重的地区。

从地球化学角度看，碘主要存在于海水中，岩石和沉积物中碘含量非常低，海水是地球上巨大的碘库，而陆地上的碘则主要是通过大气传输进入生物圈和土壤圈的。因此，在区域上，土壤中的碘含量有自海洋至内陆逐渐减少的趋势。大多数情况下，进入土壤圈的碘大部分被土壤强烈吸附，而大量有关土壤中碘元素供给和持留能力的研究结果表明，土壤持留和供给能力明显受土壤有机质含量、铁铝氧化物含量、土壤pH、土壤质地、母质类型、氧化还原条件、微生物活动等因素影响。因此，土壤的性质决定了碘在生态环境中的分异，而正是由于土壤性质在空间上的强烈分异，导致食物中碘的分布变异较大，进而影响人体摄入碘的差异。因此，碘的土壤地球化学和生物有效性是碘缺乏病发生的一个重要因素，甚至在许多情况下，碘缺乏问题仅与土壤中碘的生物可利用性有关，而与碘的外部供给没有直接联系。

克山病与大骨节病。克山病（Keshan disease）亦称地方性心肌病，于1935年在我国黑龙江省克山县发现，由此得名，患者主要表现为急性和慢性心功能不全，心脏扩大，心律失常以及脑、肺和肾等脏器的栓塞。大骨节病

① World Health Organization. Assessment of iodine deficiency disorders and monitoring their elimination: a guide for programme managers. 2001, 2nd ed.

② 龚胜生：《2000年来中国地甲病的地理分布变迁》，《地理学报》，1999年第4期，第335—346页。

(Kaschin-Beck disease)是指一种地方性、变形性骨关节病，典型临床表现为侏儒、骨端增大、关节运动受限和疼痛。

克山病与大骨节病在我国黑龙江、吉林、辽宁、河北、陕西、四川、甘肃、青海、西藏等14个省、市、自治区均有不同程度的分布。这两种病的病因均尚未明确，但从病区分布情况看，二者具有明显的地区性分布特点，且均与土壤中元素硒的分布关系密切。地理流行病学研究表明[①②]，我国克山病和大骨节病均分布于自东北（黑龙江）至西南（云南）方向，而这一区域恰是我国自然低硒环境的分布范围，位于这一区域的土壤、粮食、人群普遍处于低硒循环状态。后来，人们通过对病区实施换粮、改水等补硒措施，发现可有效控制和预防克山病与大骨节病的暴发。

微量元素硒是人体必需的一种生命微量元素，硒被看作重要的食源性抗氧化剂，硒缺乏引起含硒酶活性降低，氧自由基清除受阻，生物膜损伤，解毒和免疫功能减退等一系列机体功能障碍，从而导致疾病发生[③]。人体对硒的摄入量很大程度上取决于食物中硒的含量，食物链中的硒主要来源于植物并最终来源于土壤，因此硒在土壤中的分布将直接影响人体硒营养健康状况。低硒或缺硒表现出一定的地带性规律，全球低硒带主要分布于南北纬30°— 60°，该带与一定土壤气候带相吻合，属于灰土和淋溶土地带。一般来说，湿润偏酸性的还原环境有利于硒的淋溶迁移，土壤中的硒较缺乏[④]。另外，土壤中过量的硒也可导致人体硒中毒，如我国湖北恩施、陕西紫阳等地流行的硒毒病是该地区分布的高硒母岩导致土壤富硒造成的。

地方性氟中毒。氟是地理环境中广布的元素，亦是人体必需微量元素之一，是构成牙齿和骨骼的主要成分。过量氟摄入，会使人体内钙、磷代谢平衡受到破坏，抑制某些酶的活性（如骨磷化酶）、损害细胞原生质、抑制胶原蛋白合成。氟因为对钙有很强的亲和力，当大量氟进入人体后，钙与氟化合成氟化钙，沉积于骨组织中，造成骨质脱钙，继而发生骨骼变形，甚至出现瘫痪。

---

① Tan J A, Zhu W Y, Wang W Y, et al. Selenium in soil and endemic diseases in China. Science of the Total Environment. 2002, 284: 227—235.

② 王婧、李海蓉、杨林生：《青藏高原大骨节病流行区环境、食物及人群硒水平研究》，《地理科学进展》，2020年第10期，第1677—1686页。

③ 熊咏民、杨晓莉、张丹丹等：《硒的生物学效应与环境相关性疾病的研究进展》，《土壤》，2018年第6期，第1105—1112页。

④ 杨林生、吕瑶、李海蓉等：《西藏大骨节病区的地理环境特征》，《地理科学》，2006年第4期，第466—471页。

由于一定地区环境（岩石、土壤）中的氟元素过多，导致生活在该环境中的居民经饮水、食物和空气等途径摄入过量氟所引起的慢性全身性疾病，又称地氟病（endemic fluorosis）。其基本病症是氟斑牙和氟骨症，严重者导致瘫痪。

地方性氟中毒也是地球上分布最广的地方病之一，在亚洲、欧洲、非洲、美洲和大洋洲的40多个国家有不同程度的流行。我国是地氟病分布面最广，病情流行较严重的国家之一，目前除上海市、海南省以外，其余各省、直辖市、自治区中均有地方性氟中毒病区存在[①]。长期摄入过量的氟是发生该病的主要原因，土壤中的氟通过降雨、淋溶等过程进入水体后，直接或间接地进入人体；高氟岩风化后形成高氟土壤，进而使得种植的植物富氟。在我国地方性氟中毒主要有3种类型：饮水型、燃煤污染型和饮茶型。但不论哪种类型，氟的最终来源都是地壳或土壤，均是由于元素氟在地质结构中分布不均所致的。

由于长期的地质作用和化学地理过程演变，导致地表氟的分布在不同的地理环境中呈现区域差异性，形成氟的富集和缺乏两种不同的生物地球化学区域。我国氟中毒的土壤环境大体包括4大类型：①盐渍土地区，碱化土壤如碱化棕钙土和碱化盐渍土等；②碳酸盐土区；③北部沿海的滨海盐渍土地区，其高氟地下水主要是海水氟进入引起；④南方铁铝土区[②]。通常在碱性及元素富集的干旱、半干旱地带，土壤水溶性氟含量较高，土壤氟的活性高，对水体影响也较大。此外，还有非地带性的地氟病区，如浙江经福建龙溪至广东梅州、惠阳等地与局部富氟环境影响的温泉型氟中毒病区[③]。同样，如果土壤中氟缺乏又会引起另一种地方病——龋齿。氟缺乏引起的地方病也表现出地带性，主要分布于土壤元素强烈淋溶的地区，如华南沿海的铁铝土区，一些山地硅铝土区也有分布。

2. 土壤微量元素与区域性长寿

土壤中化学元素的区域性差异会引发地方性疾病，但也可促使有益的健康后果。当环境中的化学元素含量，尤其是与人体健康息息相关的某种或几种微量元素的含量，在人体正常需要临界范围内时，便能使机体组织的结构与功能

---

① 孙殿军、高彦辉：《我国地方性氟中毒防治研究进展与展望》，《中华地方病学杂志》，2013年第2期，第119—120页。

② 李永华、王五一、侯少范：《我国地方性氟中毒病区环境氟的安全阈值》，《环境科学》，2002年第4期，第118—122页。

③ 谢正苗、吴卫红：《环境中氟化物的迁移和转化及其生态效应》，《环境工程学报》，1999年第2期，第40—53页。

得到正常维持，从而获取健康长寿。

我国有很多知名的长寿之乡，如广西巴马、海南澄迈、江苏如皋、河南夏邑、湖北钟祥等，其中广西巴马更被列入世界长寿之乡，是百岁老人分布率最高的地区。第五次全国人口普查时，巴马有80—99岁老人3160位，百岁以上寿星74位，其中年龄最大的116岁，每万人中百岁老人达到3.1人。依据长寿乡在全国的分布情况，中科院地理所勾画出了中国五大长寿带，分别是：广西巴马-都安-东兰长寿带，广东三水-佛山长寿带，四川都江堰-彭山长寿带，云南潞西-勐海-景洪长寿带，新疆阿克陶-阿克苏-吐鲁番长寿带。可以发现，我国长寿区域特别集中于西南地区。

近年来，国内外学者对我国不同长寿地区或长寿老人聚居地区环境及人体中的微量元素进行了调查，研究发现长寿老人头发及长寿地区土壤中的微量元素具有相似的特点，即百岁老人头发及其居住的自然环境中通常存在着一个与一般地区不同的“优越的微量元素谱”[①]。如新疆长寿老人均生活在富含微量元素锰的红、黄土地带，他们体内含锰高于一般人的6倍，锰有利于防治心血管病的发生，是抗衰老和抗癌元素，有“长寿金丹”之誉[②]。湖北省1983年调查也发现，百岁老人头发中具有相对富锰、富硒和低镉的特点，而这一地区硒的含量比一般地区高2—3倍。云南省白族长寿区岩石、饮水含17种元素，土壤中含19种元素，它们均含有人体必需的钙、镁、钠（钾）、磷、硫5种常量元素及铁、锌、铜、锰、钼、铬、锶、硒8种微量元素，该地区自然环境中这一优越的微量元素谱的综合作用有利于抗衰防老，延年益寿。再如广西巴马盘阳河流域长寿带的水田、旱地土壤中，蕴藏着人体需要的丰富微量元素，据国际自然医学会研究表明，巴马百岁老人聚居区耕地里的土壤、山泉水源中富含锰、锌、硒、镍、硼、溴、碘等10多种对人体健康有益的微量元素，其中锰、锌、硒等含量比一般地区高3—7倍，百岁老人血液中的硒含量也高出正常人的3—6倍[③]。

经研究发现，高锰锌、低铜镉的土壤分布，与心血管发病率呈负相关，与长寿老人密度呈正相关。世界卫生组织认为，锰对于血管有保护作用，锰还是

---

① 蔡慧、付小竹、葛淼：《百岁老人与自然地理环境的关系》，《国外医学·医学地理分册》，2006年第2期，第88—92页。

② 赵立：《漫议环境与长寿》，《陕西环境》，1998年第2期，第37—39页。

③ 广西富硒产业网：《长寿和硒：广西巴马县土壤、谷物中的硒含量高于全国平均水平10倍》，http://www.gxcounty.com/gxse/bk/92419.html，2014-04-17.

人体多种酶的激活剂，对血糖、血脂、血压均有影响，同时锰还有助于提高超氧化物歧化酶，消除自由基，起到延年益寿的作用；锌被誉为是“生命之火花”，它与人体80多种酶的活性有关，是维持机体正常代谢所必需的元素；硒也被誉为是一种重要的抗衰老元素，是抗氧化剂谷胱甘肽过氧化物酶的活性成分，能有效清除自由基、抗氧化、提高机体免疫调节能力，对于维持健康状况、延缓衰老具有重要意义。土壤中的微量元素通过食物和饮水进入人体，随血液运送到各个器官组织，参与体内各种酶及生物活性物质的代谢，在适当的浓度范围内使人体组织的结构与功能的完整性得到正常维持。还有一些学者认为，某些百岁老人聚集区居住的房屋多是木制结构或以土壤夯制而成，富含微量元素的土壤能够长年累月地释放对人体有益的放射能，也可使吸收这些“自然能”的人们在不知不觉中延年益寿。由此可见，土壤中微量元素的分布及含量与人体长寿是密切相关的。

二、土壤化学成分与道地药材

道地药材概念。我国的中医药十分讲究药材的产地，所谓“道地药材”，又称“地道药材”，它是一种典型的土特产品，是优质中药材的代名词，是指药材质优效佳。其正常生长发育对自然地理条件、地质地球化学背景有着近于苛刻的要求①。通俗的认为，道地药材就是指在特定自然条件和生态环境的区域内所产的药材，并且生产较为集中，具有一定的栽培技术和采收加工方法，质优效佳，为中医临床所公认。

早在秦汉时期，我国现存最早的药物学著作《神农本草经》就有道地药材的记载；南梁时期，陶宏景《名医别录》明确指出，“诸药所生，皆有境界”；至于明代，李时珍《本草纲目》进一步强调，药材“土地所出，真伪陈新，并各有法”②。他们都强调区分药材产地、使用道地药材的重要性。许多中药材随产地的不同，其性质和药效都会有明显的区别。我国土地辽阔，地形错综复杂，气候条件多种多样，不同地区的地形、土壤、气候等条件，形成了不同的道地药材，如内蒙古的黄芪、甘肃的当归、宁夏的枸杞、青海的大黄、四川的黄连、广东的砂仁、云南的三七、茯苓等。这些地区自然条件的不同，不仅会

---

① 宫进忠、张瑞春、李广平：《中国地道药材产区土壤地球化学》，《物探与化探》，2009年第4期，第448—452页。

② （明）李时珍：《本草纲目》，卷一上，《序列上·历代诸家本草》。四库全书本。

改变药材的外形，而且还会改变其药用成分，而其中起关键作用的即是土壤中的化学成分。道地药材与其他植物一样，生长也需要氮、磷、钾等十几种无机元素，土壤中大量元素或微量元素的缺少或不足都影响着道地药材的生长发育和品质，进而影响道地药材的药性[①]。陈铁柱等对东三省地区不同产地平贝母生长环境的研究发现，平贝母主要生长在酸性土壤上，对氮、磷、钾养分的吸收能力较强，土壤微量元素同全国土壤元素平均值相比，硼、钙含量较高，铁、镁、锰、锌含量相对较低[②]。由于水土环境中化学元素的差异，中药材的产品质量具有很强的地域选择性，即“易地而竭，隔界不长”，许多药材在异地引种后，药材中的有效成分也明显下降。如产在甘肃天水一带的当归（秦归），品质要远远优于云南产的当归（云归）；内蒙古的黄芪被移植到湖北后，其中的有效成分便失去了微量元素硒[③]。还有学者研究了苍术[④]、虎杖[⑤]、丹参[⑥]、怀山药[⑦]等其他品种中药材的生长规律，结果也都发现药材的品质和产量与土壤肥力状况及土壤微量元素水平有着密不可分的关系。

道地药材区划。道地药材呈明显的区域性或地带性分布。根据道地药材的空间差异，可以把中国划分成不同的药材产区。按地理区域划分，可将中国分为九个药材产区：东北区、华北区、华东区、西南区、华南区、内蒙古区、西北区、青藏高原区和海洋中药区。按主要药材划分，又可将中国分为十大道地药材产区：关药产区、北药产区、怀药产区、浙药产区、江南药产区、川药产区、云贵药产区、广药产区、西药产区和藏药产区[⑧]。

---

① 钟霞军、谈远锋：《土壤因素对道地药材品质影响的研究进展》，《南方农业学报》，2012 年第 11 期，第 1708—1711 页。

② 陈铁柱等：《不同产地平贝母及其生境土壤矿质元素研究》，《特产研究》，2007 年第 1 期，第 23—26 页。

③ 金鑫、郑洪新：《中药“道地”药材与地理环境》，《长春中医药大学学报》，2010 年第 2 期，第 287—288 页。

④ 郭兰萍、黄璐琦、邵爱娟等：《苍术根际区土壤养分变化规律》，《中国中药杂志》，2005 年第 19 期，第 28—31 页。

⑤ 马云桐、万德光、黄清龙：《不同土壤因子与虎杖主要成分的相关性分析》，《时珍国医国药》，2009 年第 6 期，第 1520—1522 页。

⑥ 韩建萍、梁宗锁：《氮、磷对丹参生长及丹参素和丹参酮ⅡA 积累规律研究》，《中草药》，2005 年第 5 期，第 756—759 页。

⑦ 张重义、谢彩侠：《怀山药无机元素的特征分析》，《特产研究》，2003 年第 1 期，第 41—44 页。

⑧ 陆兆华、叶万辉、乔滨杰等：《我国道地药材的产区分布和区划》，《国土与自然资源研究》，1994 年第 1 期，第 54—60 页。

学习思考

1. 为什么说土壤是生命之基？
2. 什么是土壤健康？如何评价？
3. 如何理解土壤微量元素对人体健康的两面性？
4. 土壤化学成分与道地中药材有着怎样的关系？

拓展阅读

1. 闵九康主编：《土壤与人类健康》。北京：中国农业科学技术出版社 2013 年版。

2. 杨维东、刘洁生、彭喜春主编：《微量元素与健康》。武汉：华中科技大学出版社 2007 年版。

3. 杨林生、韦炳干、李海蓉等主编：《地方性砷中毒病区砷暴露和健康效应研究》。北京：科学出版社 2020 年版。

4. 黄璐琦、张瑞贤主编：《道地药材理论与文献研究》。上海：上海科学技术出版社 2016 年版。

5. 张小波、黄璐琦主编：《中国中药区划》。北京：科学出版社 2019 年版。

第五讲　气象与健康

气象、天气、气候三个概念，常被混为一谈，其实，三者既有较大的区别，又有密切的联系。

气象是大气中的各种物理状态和物理现象的统称，如大气温度的变化、大气压力的高低、空气湿度的大小、大气的运动、大气中的水汽凝结及由此而产生的云、雾、雨、雪、霜等。

天气是某一地区在某一瞬间或某一短时间内大气状态（如气温、湿度、压强等）和大气现象（如风、云、雾、降水等）的综合[①]。

气候是大气物理特征的长期平均状态[②]，是某一地区长期天气状况的综合表现，时间尺度为月、季、年、数年到数百年以上。

人类生存于大气层的底部，时刻被大气所环绕，气象条件是组成人类生活环境的重要因素，对人类健康有持续和显著的作用。气象因素通过人体的感觉器官影响到人体，各种天气气候的变化，都会引起人体的生理反应。合适的气象条件可使人的机体始终处于良好的、舒适的状态，当气象条件的变化超过了人的机体调节能力的范围，例如酷暑、严寒、高湿、低压、暴风雨等，均能引起人的机体生理代偿能力下降，从而引起人体许多疾病的发生或加重[③]。尤其是生理调节系统还不健全的儿童，或调节系统功能减退的老人，或调节系统功能有病灶的病人，如果遇到外界气象因素发生剧烈的变化，他们就会出现各种病症，严重时还会死亡。

人类很早就发现气象条件与健康有关。我国盛行大陆性季风气候，冬冷夏热、冬燥夏湿，气象条件变化幅度大且特别急剧，即天气气候与健康的关系在我国特别显著。正是在这种条件下，诞生了世界文明中的瑰宝——中医药学（包括中医养生理论）。中医病因学说中的“六淫”，即“风、寒、暑、湿、燥、

---

① 周淑贞、张如一、张超：《气象学与气候学》。北京：高等教育出版社，1997 年，第 1 页。

② 孔锋、王一飞：《透视全球气候变化的多样性及其应对机制》，《第 35 届中国气象学会年会论文集》，2018。

③ 安爱萍、郭琳芳、董蕙青：《我国大气污染及气象因素对人体健康影响的研究进展》，《环境与职业医学》，2005 年第 3 期，第 280 页。

火”，是外感病的主要原因，它们都与气象条件相关。

第一节　气象因子对人体健康的影响

气象的各种因素可以单独或协同地对人体产生影响。我们可以列出很多能对人体正常生理过程和健康起作用的因素，如大气成分及悬浮颗粒物、太阳天空及大地的辐射、空气温度、大气中的水汽含量、风向与风速、气压及间接影响人体健康的降雨量等。我们也不能忽视大气活动的直接危害，如猛烈的风暴每年都引起许多重大伤亡事件，洪水暴发也是造成死亡的主要灾害，沿海地区由于飓风和台风引起的暴雨和巨浪往往也造成重大人员伤亡。这里不讨论大气活动直接的猛烈的危害，仅讨论单一气象因子对人体健康的影响。

一、气温对健康的影响

气象因子中，对人体健康影响最大的是气温①。

人是恒温动物，为了适应自然界的温差变化，人的机体通过漫长进化，具备了一套非常完善而精确调节体温的机构，这就是人体大脑中的下丘脑。有了它，人体无论是在严冬还是在盛夏，都能将体温维持在 36 ℃—37 ℃（通常是指腋下或口腔测定的基础体温。其实，身体的不同部位、不同性别年龄，其体温均有一定差异，早晚体温也有所不同），从而保证身体内的其他组织器官能在不同温度环境下有条不紊地正常工作。

一般而言，人体感到舒适的气温为，夏季 19 ℃—24 ℃，冬季 12 ℃—22 ℃。人体对周围环境温度变化范围和持续时间有一个耐受程度，如果长期置于高温或低温环境中，大脑中调节体温的下丘脑会因超负荷运行而“罢工”，人体健康就会受到不同程度的影响，严重的甚至危及生命。

1. 热环境对健康的影响

在影响人体健康的气象因子中，热的影响可能是最重要的。

过热时，体内温度全靠出汗来调节，由于出汗消耗体内大量水分和盐分，血液浓度上升②，心脏负担加重，机体由于大量出汗而失水甚至出现水、盐代谢障碍，心脏血液供应不足，可逐渐造成心脑血管、泌尿、消化、免疫、神经、内分泌等系统的功能紊乱和病变。长时间处于热环境时，体温升高；水

---

① 郭新彪、王欣、卢秀玲等：《环境健康学基础》。北京：高等教育出版社，2011 年，第 7 页。

② 吴智杰：《气候变化威胁人类健康》，《第 34 届中国气象学会年会论文集》，2017 年，第 330 页。

分、氯化钠、多种常量和微量元素、蛋白质和生物活性物质、尿素氮、氨氮、肌酐氮、葡萄糖、乳酸等会流失；心血管系统有不适症状，心率平均增加20%—40%，血压会变化，心肌缺氧；消化系统不适，热应激时，交感肾上腺系统广泛兴奋，消化系统功能呈抑制反应；由于血液重新分配，引起消化道贫血；消化道分泌减弱，尤其是胃液分泌减少，胃的收缩和蠕动减弱，引起食欲减退和造成消化不良；神经系统会出现注意力不集中、反应迟钝、疲乏、失眠等症状；泌尿系统不适，热环境下肾血流量平均减少51%，由于尿液浓缩，尿量减少，肾脏负担很重，可导致肾缺氧，有时可出现轻度肾功能不全等。

虽然人体对高温有一定的适应调节能力，但超过一定的极限，人的机体就会产生病变，导致疾病的发生或加重[①]，甚至死亡。人到底能耐受多高的温度呢？这个极限值根据每个人的体质情况有所不同。一般人在静止状态，体温调节极限温度为31 ℃（相对湿度85%）、38 ℃（相对湿度50%）和40 ℃（相对湿度30%）。儿童、年老体弱者、慢性病患者，由于他们的体温调节功能不健全，或功能减退，或功能障碍等，都将使其耐热极限下降[②]。

中暑。中暑是在高温和热辐射的长时间作用下，人的机体体温调节出现障碍，水、电解质代谢紊乱及神经系统功能损害等症状的总称，是热环境的常见病。中暑可分为先兆中暑、轻症中暑和重症中暑，它们之间的关系是渐进的。重症中暑又可分为热痉挛、热衰竭、热射病[③]。

热浪。近几十年来，热浪已引起大多数国家的广泛重视。热浪通常指持续几天或几周的高温酷热天气。各国定义不统一。美国国家气象观测组织提出，当出现至少持续2天的白天最高和夜间最低热指数值超过阈值时，就是热浪；不同地域应采用不同的阈值。世界气象组织建议日最高气温高于32 ℃且持续3天以上的天气过程为热浪。荷兰皇家气象研究所认为，热浪为一段最高温度高于25 ℃，持续5天以上，其间至少有3天高于30 ℃的天气过程[④]。中国气象局则规定，日最高温度35 ℃以上为高温天气，持续不少于3天即为热浪。

热浪对人体健康的主要影响是引起中暑以及诱发心脑血管疾病，并可导致

---

① 袁业畅：《室内气温和相对湿度的观测与分析》，《第三届湖北省科技论坛气象分论坛暨2005年湖北省气象学会学术年会论文集》，2005年，第80页。

② 方研：《你知道吗？高温也是一种气象灾害》，《生命与灾害》，2020年第8期，第5页。

③ 郭新彪、尹先仁、王振刚等：《环境健康学》。北京：北京大学医学出版社，2006年，第384页。

④ Huynen, Martens, Schram, et al. The impact of heat waves and cold spells on mortality rates in the Dutch population. *Enviromental Health Perspectives*, 2001, 109: 463.

死亡[1]。在夏季闷热的天气里，还易出现热伤风、腹泻和皮肤过敏等疾病。高温酷热还直接影响人们的心理和情绪，容易使人疲劳、烦躁和发怒，各类事故相对增多，甚至犯罪率也有所上升。

【知识窗 5-1】

中暑的类型

1. 先兆中暑。在高温环境下，出现头痛、头晕、口渴、多汗、四肢无力且发酸、注意力不集中、动作不协调等，体温正常或略有升高。

2. 轻症中暑。体温往往在 38 ℃以上，伴有面色潮红、大量出汗、皮肤灼热，或出现四肢湿冷、面色苍白、血压下降、脉搏增快等表现。

3. 重症中暑。(1) 热痉挛，是突然发生的活动中或者活动后痛性肌肉痉挛，通常发生在下肢背面的肌肉群，也可发生在腹部。(2) 热衰竭，由于大量出汗导致体液和体盐丢失过多，大汗、极度口渴、乏力、头痛、恶心呕吐，体温高，可有明显脱水征如心动过速、直立性低血压或晕厥，无明显中枢神经系统损伤表现。(3) 热射病，是一种致命性急症，分为劳力性和非劳力性热射病。前者主要是在高温环境下内源性产热过多，高热、抽搐、昏迷、多汗或无汗、心率快，它可以迅速发生。后者主要是在高温环境下体温调节功能障碍引起散热减少，它可以在数天之内发生。

——资料来源：王振、王建安：《内科学》。北京：人民卫生出版社，2015 年版，第 1271 页。

热浪对心脑血管病人影响最大，原因有五个方面：一是高温能使人体代谢加快，使心脑血管血容量增加，导致血压迅速升高，心跳加快，引发心绞痛、心肌梗死等；二是为了散热，人体体表血管会扩张，血液更多地集中于体表，使心脏、大脑血液供应减少，加重人体的缺血缺氧反应；三是天热出汗多，如未及时补充水分，会导致血液黏稠，血黏度升高，易形成血栓；四是天气闷热，人易急躁，易发生植物神经紊乱，引发心律失常；五是夏天人的睡眠质量大打折扣，人因缺乏休息而容易发病。

热浪还会导致高的额外死亡，全球每年因此死亡的人数超过 10 万人。美

---

① 张宏伟：《高温如何影响你的健康?》，《中国气象报》，2017 年 8 月 1 日。

国1980年由于热浪的影响，至少有1 250人死亡；1995年7月中旬的热浪导致全美国830人死亡。由热导致死亡的人数已经超过威胁生命安全的其他天气条件，如雷电、暴雨引起的洪涝、飓风、龙卷、冰雹、寒冷等[①]。在欧洲，热浪与高的发病率和死亡率联系在一起，已成为由气候导致死亡的“夏季第一杀手”。据联合国政府间气候变化专门委员会（IPCC）第四次评估报告，2003年发生在欧洲的热浪导致额外死亡人数达3.5万[②]。法国在2003年8月出现了破纪录的热浪事件，直接导致超过1.1万人额外死亡[③]，发生在法国的热浪事件最终由公众的健康危机变成了一场政治危机。2018年7月初，加拿大魁北克省至少70人因高温死亡；日本2018年夏天持续高温天气，造成5.7万人中暑进医院，70多人死亡；2018年夏季，印度超过5 000人因热浪死亡。2019年夏季，法国遭遇两波热浪袭击，造成约1 500人死亡。

目前，许多国家已建立起预警监测系统来保护易受攻击人群，并通过及时发布适当的公众安全提示来减少热浪对人体健康的影响。2015年7月，世界气象组织和世界卫生组织联合发表了一份有关开发热浪预警系统的指南，以帮助各国建立统一的热浪卫生预警系统，希望通过早期预警系统的建立，有效保护人们免遭热浪所带来的各种危险。

预防热浪的方法。在最热的时段尽量待在室内、待在凉快的房间，并饮用足够的水、补充盐分和身体所需的矿物质，穿着适当，尽量减少户外运动，注意营养和休息。

2. 冷环境对健康的影响

冬季，当环境温度过低时，人体受寒，会发生一些生理功能衰退，容易患感冒、咳嗽等呼吸道疾病；易生冻疮；寒冷刺激可使血管收缩，动脉压升高，心肌需氧量增多，诱发心脏病；可诱发关节炎、风湿病、消化道疾病、肾炎等。

当冷强度超过人体的生理调节能力，或冷暴露时间过长时，将引起人体局部乃至全身体温下降，并呈现一系列病理反应，心血管系统、呼吸系统、神经系统均会有不适症状，严重的可导致死亡。人的机体受冷后，首先是毛细血管

---

① Changnon S.A., Kunkel K.E., & Reinke, B.C. Impacts and responses to the 1995 heat wave: A call to action, Bulletin of the American Meteorological Society, 1996, 77(7): 1497—1506.

② 高广生：《全球气候变化问题及其应对策略》，2008年12月7日中国可持续发展教育项目（ESD）第九次国家讲习班上所做的主题报告。

③ 王军：《法热浪致死万人责任在谁？媒体破解三大原因》，《北京青年报》，2003年9月10日。

收缩皮肤血流量减少，导致皮肤温度与环境气温的温差减少，有利于减少机体散热量，这是一种保护性反应。但因末梢血管收缩可使血压升高，容易引起高血压患者发生脑意外，这也是寒冷地区脑中风发生率较高的原因之一①。血压上升，心率加快，心脏负担加重，冠状动脉阻力增高，心肌供血减少，诱发或加重左心室功能异常，有诱发心绞痛的危险。冷空气的吸入使气道阻力增大，肺静脉收缩。寒冷可通过对中枢和外围神经系统以及肌肉、关节的作用影响肢体功能，使皮肤感觉敏感性降低，肌肉收缩力、协调性、操作灵活性减弱。

对于普通人来说，两个主要的危险就是局部冻伤和体温过低。

局部冻伤。容易受到冻伤的部位有手指、脚趾和耳朵。开始时这些部位会产生冷的感觉，如果皮肤的温度持续下降，就会开始有疼痛感，再后来就会引起知觉麻痹，最后形成组织冻结，皮肤会变成蜡白色。

体温过低（冻僵）。体温过低会导致血管收缩，身体组织将会缺氧，最终导致死亡。体温降至 36 ℃，机体代谢反射性增强（产热量增加），这是人体保护性反应；体温降到 35 ℃时，可出现明显寒颤，称为体温过低；体温降到 34 ℃时血压出现下降，意识受到影响；体温下降到 33 ℃时，呼吸次数、心率减少，血压下降，称为重症低体温；体温下降到 32 ℃—31 ℃时，血压测不到，意识不清、寒颤消失，瞳孔散大；体温下降到 30 ℃—29 ℃时，意识逐渐消失，肌肉僵直，脉搏、呼吸减弱、减少；体温下降到 28 ℃时可出现心室纤颤，生命垂危。

寒冷天气的防护措施。加强耐寒锻炼，注意膳食结构，提高耐寒力，增强服装保暖性能，尽量待在室内、待在温暖的房间等。

二、湿度对健康的影响

湿度是空气的潮湿程度。气象上通常用相对湿度描述，它是大气中实际水汽压与同温度下饱和水汽压之比，用百分数表示。相对湿度的百分数越大，表示空气湿度越大。大气中若没有水汽，相对湿度为零；当大气中水汽压与同温度下的饱和水汽压相等时，表示大气中水汽含量已经饱和，相对湿度则为 100%。

湿度变化对人体健康的影响也不能忽视。中医学认为，湿为阴邪，亦好伤

---

① 张煜、贾群林、卢杰等：《高寒地区救援适应性训练初探》，《中国应急救援》，2017 年第 2 期，第 29—34 页。

人阳气[①]，因其性重浊黏滞，故易阻遏气机，病多绵缠难愈。

研究表明，湿度过大时，人体中松果腺体分泌出的松果激素量也较大，使得体内甲状腺素及肾上腺素的浓度相对降低，细胞就会"偷懒"，人就会无精打采，萎靡不振。长时间在湿度较大的地方工作、生活，还容易患湿痹症[②]。湿度过小时，水分蒸发加快，干燥的空气容易夺走人体的水分，此时使皮肤干燥、鼻腔黏膜受到刺激，此时呼吸道疾病、肺心病发生率最高。

夏季三伏时节，由于高温高湿，人体汗液不易排出，出汗后不易被蒸发掉，因而会使人烦躁、疲倦、食欲不振。冬季湿度有时太小，空气过于干燥，上呼吸道黏膜的水分大量丧失，人感觉口干舌燥，甚至出现咽喉肿痛、声音嘶哑和鼻出血，并诱发感冒。

此外，空气湿度过大或过小时，都有利于一些细菌和病毒的繁殖和传播。科学测定，当空气湿度高于65%或低于38%时，病菌繁殖滋生最快；当相对湿度在45%—55%时，病菌死亡较快[③]。

那么，湿度多大合适呢？相对湿度通常与气温、气压共同作用于人体。现代医疗气象研究表明，对人体比较适宜的相对湿度为：夏季室温25 ℃时，相对湿度控制在40%—50%比较舒适[④]；冬季室温18 ℃时，相对湿度控制在60%—70%较为舒适[⑤]。

致人死亡的高温指标与空气湿度也有很大关系。当气温和湿度高达某一极限时，人体的热量散发不出去，体温就会升高，当超过人体的耐热极限时，人便会死亡。因此，我国规定灾害性天气标准为，长江以南最高气温高于38 ℃，或者最高气温达35 ℃同时相对湿度高于61%；长江以北地区最高气温达35 ℃，或者最高气温达30 ℃同时相对湿度高于64%。

研究还表明，高温时，高湿使人体感受到的温度比实际温度高，如当相对湿度达90%以上，26 ℃会让人感觉31 ℃似的，因为，干燥的空气能以与人体汗腺制造汗液的相等速度将汗液吸收，使人体感觉凉快。而湿度大的空气却由于早已充满水分，因而无力再吸收水分，于是汗液只得积聚在人体的皮肤上，

---

① 杜兰屏：《"夏季养阳"选膏方》，《上海中医药报》，2016年7月1日。

② 谷红军、刘海志、赵征：《苏丹热带环境对人体生理功能的影响》，《职业与健康》，2011年第10期，第1182—1184页。

③ 吴云帆、滕玥：《多肉植物在商务办公环境中降辐射及增湿作用的研究》，《上海农业科技》，2014年第4期，第106—108页。

④ 程继前：《公共气象服务产品"气象热点"编写的探讨》，《浙江气象》，2012年第3期，第25—28页。

⑤ 袁长焕：《空气湿度对健康的影响》，《中国气象报》，2004年4月8日。

使体温不断上升，让人心力不胜负荷。

体感温度。指人体感觉到的环境温度高低。人们的体感温度往往与实际气温感觉上不一样。体感温度实际上就是人通过皮肤与外界环境接触时在身体上或精神上所获得的一种感受，受温度、湿度、风和太阳辐射等影响[①]，目前并没有一个统一的计算公式。在相同的温度下，相对湿度越大，体感温度的变幅就越明显。天冷时，湿度越大体感温度就越低；天热时，湿度越大体感温度就越高。2015 年 7 月 31 日伊朗某地体感温度达到了 74 ℃，这只是美国国家海洋和大气管理局（NOAA）综合考量了温度和湿度后推算出的数值，并不是实际气温。当天，当地实际气温达到 46 ℃，相对湿度 47%。根据美国炎热指数的标准（图 5-1），在相同的温度下，相对湿度越大，体感温度的增幅就越明显。比如，同样是 30 ℃，当相对湿度只有 50%时，体感温度达到 31.1 ℃，与实际气温相比上升了 1.1 ℃；而当相对湿度达到 90%时，体感温度飙升至 40.6 ℃，比实际气温高出 10.6 ℃。可见，夏季湿度越大，体感温度和实际温度差异越大。

气温：℃

相对湿度（%）	26.7	27.8	28.9	30.0	31.1	32.2	33.3	34.4	35.6	36.7	37.8	38.9	40.0	41.1	42.2	43.3
40	26.7	27.2	28.3	29.4	31.1	32.8	34.4	36.1	38.3	40.6	42.8	45.6	48.3	51.1	54.4	57.8
45	26.7	27.8	28.9	30.6	31.7	33.9	35.6	37.8	40	42.8	45.6	48.3	51.1	54.4	58.3	
50	27.2	28.3	29.4	31.1	32.8	35.0	37.2	39.4	42.2	45.0	47.8	51.1	54.4	58.3		
55	27.2	28.9	30.0	31.7	33.9	36.1	38.3	41.1	44.4	47.2	51.1	54.4	58.3			
60	27.8	28.9	31.1	32.8	35.0	37.8	40.5	43.3	46.7	50.6	53.9	58.3				
65	27.8	29.4	31.7	33.9	36.7	39.4	42.2	45.6	49.4	53.3	57.8					
70	28.3	30.0	32.2	35.0	37.8	40.6	44.4	48.3	52.2	56.7						
75	28.9	31.1	33.3	36.1	39.4	42.8	46.7	51.1	55.6							
80	28.9	31.7	34.4	37.8	41.1	45.0	49.4	53.9								
85	29.4	32.2	35.6	38.9	43.3	47.2	52.2	57.2								
90	30.0	32.8	36.7	40.0	45.0	50.0	55.0									
95	30.0	33.9	37.8	42.2	47.2	52.8										
100	30.6	35.0	39.4	44.4	49.4	55.6										

警惕　严重警惕　危险　严重危险

图 5-1　美国 NOAA 炎热指数

http：//news. weather. com. cn/2015/08/2366471. shtml

---

① 钱锋、汤朔宁：《绿色建筑自然通风设计研究——以同济大学嘉定体育中心为例》，《建筑科学》，2018 年第 8 期，第 106—111 页。

在任何气温条件下，潮湿的空气对人体都是不利的。在热环境中，相对湿度太大时，有碍于机体蒸发散热。汗水聚集在人体表面，会抑制人体散热功能的发挥，造成体温升高、脉搏加快，使人感到闷热难受，食欲下降，容易出现眩晕、皮疹、风湿性关节炎等疾病。在低温时，潮湿加强了空气对热的传导作用，使体热大量散失，故在低温潮湿的情况下，机体更易受寒冷的损害，易发生风湿病和支气管炎。同时，使人觉得更加阴冷、抑郁。此外，潮湿环境对结核病、肾脏病、风湿性关节炎、慢性腰腿痛等病患者都有不良的影响。

三、气压对健康的影响

在日常生活中，人们比较关心气温、湿度的变化及其对人体健康的影响，而很少关心气压的变化及其影响。人体对气压的变化有较强的适应能力，但短时间内气压变化太大，人体便很难适应。研究表明，气压的微小变化与各种身体及精神情况之间有对应关系。当气压过低、过高或短时间内气压变化过大时，对人体健康的不利影响都比较明显[①]。

低气压对健康的影响。低气压主要影响人体内氧气的供应。人每天需要大约750毫克的氧气，其中20%为大脑耗用，因大脑需氧量最多[②]。在低压环境中，由于空气稀薄，空气中的氧分压也降低，致使血色素不能被氧饱和而出现血氧不足，导致人体发生一系列生理反应。当机体内氧的储备降至正常储备的45%时，将危及生命。一般认为在319百帕（相当于海拔8500米高度）时，体内只有正常气压下45%的血色素和氧结合成血氧，因此称这个气压（或高度）为生命的生理界限[③]。在低压缺氧状况下，轻者感到口、鼻、眼干燥、头晕，气喘，但经过7天至3个月后，高山反应就逐渐消失；重者会出现胸闷、呼吸急促、恶心呕吐，以至神经系统发生显著障碍，甚至会发生高原肺水肿或脑水肿，而高原肺水肿、脑水肿发病快，死亡率高[④]。

低气压还会影响人的心理变化，使人产生压抑、郁闷的情绪。例如，低气压下的雨雪天气，尤其是夏季雷雨前的高温、高湿天气（此时气压较低），心肺功能不好的人会异常难受，正常人也有一种抑郁不适之感。而这种憋气和压抑，又会使人的植物神经趋向紧张，释放肾上腺素，引起血压上升、心跳加

① 曹志斌：《气象因素对急性冠脉综合征发病率影响的流行病学研究》，天津医科大学学位论文，2018年。

② 苏航月、魏明英、程相改等：《浅析气压变化对人们生活的影响》，《农村实用科技信息》，2010年第9期，第42页。

③ 方如康、戴嘉卿：《中国医学地理学》。上海：华东师范大学出版社，1993年，第35页。

④ 格央：《高原气候环境与人类健康》，《西藏科技》，2006年第4期，第50—51页。

快、呼吸急促等；同时，皮质醇被分解出来，引起胃酸分泌增多、血管易发生梗塞、血糖值也可能急升。

此外，月气压最低值与人的死亡高峰出现有密切关系。有学者研究了 72 个月的当月气压最低值，发现出现气压最低值后的 48 小时内，共出现死亡高峰 64 次，出现概率高达 88.9%[①]。

高气压对健康的影响。正常情况下，人的生活工作环境气压都不会太高，但是有的工作场所却与正常工作环境的气压相差甚远，如潜水作业、高压氧舱、加压舱和高压科学研究舱等，气压过高会对人体造成伤害。高气压条件下工作常见的职业危害是减压病。减压病是由于在高气压下工作一定时间后，在转向正常气压时，由于减压过速所导致的职业病。在高气压的环境工作 5—6 小时后，肌体各组织就逐渐被氮饱和[②]。当人体重新回到标准大气压时，体内过剩的氮便随呼气排出，但这个过程比较缓慢，如果从高压环境突然回到标准气压环境，则脂肪中蓄积的氮就可能有一部分停留在肌体内，并膨胀形成小的气泡，阻滞血液和组织，易形成气栓而引发病症，严重者会危及人的生命。

气压变化对健康的影响。气压变化对人体健康的影响，更多表现在高压或低压所代表的环流天气形势的生成、消失或移动方面。在低压环流形势下，大多为阴雨天气，风的变化比较明显；而在高压环流形势下，多为晴天，天气比较稳定。日本的医疗气象专家经过数年的研究发现，大多数肺结核患者咳血、血痰加重的程度与低压环流天气有密切的关系；患者病情恶化时，有 90%是在低压环流形势下发生的，有半数以上是在低压过境时发生的。而在高压环流形势下，支气管炎、小儿气喘病较容易发作。当高压环流移向日本时，日本的喘病患者开始增加；当高压通过时，发病人数便达到高峰值；待高压过后，日本国内的喘病患者便显著减少。因为在高压控制下，空气干燥，天晴风小，夜间的辐射冷却容易形成贴地逆温层，尘埃、真菌类、花粉、孢子等过敏源容易在近地层停滞，从而诱发喘病的发作[③]。

气压不仅直接影响身体的健康，气压的变化往往还伴随着其他气象要素的变化，这些要素的综合作用对人们身体的健康也有很大的影响。当气压下降配合气温上升、湿度变小时，最容易诱发脑溢血和脑血栓。气压陡降、风力较大，易患偏头痛。一般而言，低压及气压突然下降，对人体更不利。据统计，

---

① 吴大权：《气压与健康》，《中国气象报》，2000 年 2 月 21 日。

② 霍寿喜：《气压与人体健康》，《中国医药报》，2002 年 12 月 22 日。

③ 胡向文：《极端气候条件下新生儿感染性肺炎发生规律和病原学研究及其 TNF-a、IL-6、sIL2R 水平的变化》，南昌大学学位论文，2012 年。

80%的心脑血管病患者的死亡是在气压突然下降时发生的。

四、风对健康的影响

我们祖先对风与人体健康的关系有独到的认识和见解，早在2000多年前，《黄帝内经素问》中就有了“风者百病之长也”“风者，善行而数变”“伤于风者，上先受之”[①] 等观点，指出一旦预防不及时，被风邪所犯，则可出现多种疾病，如感冒、咳嗽、关节炎、麻木、中风等。

现代医疗气象学研究表明，风与人类身心健康息息相关。

大风对健康的影响。人体对风的忍受力极小，风速达到每小时32 km以上时，人便会感到不安。大风呼啸时，风声会直接影响人体的神经中枢系统，从而使人产生包括恐惧在内的一些心理障碍。当狂风肆虐时，人们会感到心慌意乱、脾气暴躁；在刮大风的日子里，人们打架、自杀以及心脏病发作的机会较平时增多。在以色列的春季，刮得较多的是干热风，会令人感到暴躁、头痛、呼吸困难甚至呕吐。在冬季，当法国刮起干冷的西北风，德国、瑞士刮起“浮思焚风”时，都会令人的胸口感到一阵阵隐痛。在夏、秋两季，当美国加利福尼亚州南部刮起“圣安娜风”时，就会使人的情绪萎靡不振，食欲和性欲大大降低，夫妻反目、家庭破裂的情况增多。在瑞士日内瓦，只要干冷的东北风一刮，交通事故就会增多。

微风对健康的影响。由于微风也能携带尘土和空气中的污染物，所以对患有呼吸系统疾病的人来说，温柔的微风也有可能诱出大问题来。对患过敏症的人而言，风的危害在于能传播花粉，每年樱花时节日本得花粉病的人很多，就是风的作用。

无风对健康的影响。绝对平静的空气也影响绝大多数人的心理，影响一部分人的身体状况。特别敏感的人在室外无风条件下也会感到呼吸困难，因为大气的平静往往是风暴先兆。

风与气温联合作用的影响。风对健康的影响还不仅仅局限于风的单独作用，在低温条件下，风使人们感受到的温度比实际温度更低。高速强风能吹透人们赖以御寒的服装，吹走层层衣服之间以及衣物与皮肤之间积聚起来的暖气。科学实验证实，当空气温度低于0 ℃时，风力每增加2级，就相当于气温下降6 ℃—8 ℃（体感温度）。所以，隆冬时节的风总给人以刺骨般的寒冷。

---

① （唐）王冰次注，（宋）林億等校正：《黄帝内经素问》，卷六，《玉机真藏论》；卷十二，《风论》；卷八，《太阴阳明论》。四库全书本。

每逢寒潮来临时，风速骤增，气温骤降，冷风会使人体呼吸道局部温度降低，毛细血管收缩，黏膜上皮的纤毛活动减慢，气管排出细菌的功能减弱，故容易诱发呼吸道疾病（常见的是感冒、咳嗽），慢性气管炎、支气管炎、肺气肿病人在冷风吹拂下，病情极易复发；一些发热病症，一遇冷风势必加重。冷风的刺激还使得动脉平均压升高，心肌需氧指数也相应增高，所以冠心病患者一般都视冷风为自己的“天敌”。夏季吹干热风时，脑中风病例增加；而吹湿热风时，心脏病和关节炎患者的病情明显加重。

五、日照对健康的影响

日照即太阳辐射，是预防疾病、增进人体健康不可缺少的自然因素之一。一般情况下，它对人体健康产生良好的作用。某些疾病，如骨结核、风湿性关节炎、佝偻病、皮肤病等，在一定的条件下均要利用太阳辐射进行治疗，称为日光疗法。研究显示，适当地晒晒太阳，能促进人体的新陈代谢，对人体产生一系列的生理和物理化学过程，它可以改善睡眠，增强肌肉系统的功能，使人心情舒畅，提高劳动效率。在太阳辐射的作用下，可以使红血球及血红蛋白增加，并能引起皮肤充血，加速其再生过程，因此有利于伤口愈合，对机体的生长和发育有着良好的作用。但是，太阳辐射过多、过强，容易引起眩晕、日射病、皮肤灼伤等症状，所以在进行日光浴，应该适度①。

太阳辐射光谱主要有可见光、红外线和紫外线（图 5-2）。

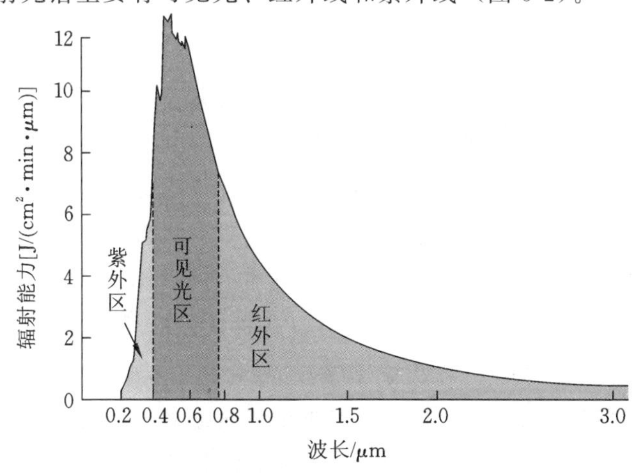

图 5-2　太阳辐射光谱②

---

① 石云强：《浅谈高原气象要素对人体健康的直接影响》，《西藏科技》，2001 年第 5 期，第 52—57 页。

② 周淑贞、张如一、张超：《气象学与气候学》。北京：高等教育出版社，1997 年，第 25 页。

可见光。电磁波谱中人眼可以感知的部分。可见光谱的波长在 0.4—0.76 μm，主要是影响眼睛的视野，还可影响人的植物神经系统，刺激某些激素的分泌。光照强度的变化还能引起心理反应，缺少阳光可以导致精神抑郁。可见光有改善人的感觉、提高情绪、驱散忧郁和兴奋机体等功能，对预防冬季抑郁症大有益处。阴云笼罩的日子容易让人产生愁烦，阳光普照的日子往往使人感到心情比较舒畅。

红外线。对人体的主要作用是热效应。人体通过皮肤吸收红外线所产生的热量，可以加快人体组织的各种物理化学过程，使机体深层组织温度升高，血管扩张，血流加快，从而促进新陈代谢，提高杀死体内细菌和多种病原体的能力，因此可以起到消炎、镇痛等作用，对治疗冻伤、皮肤病、神经痛有较好的效果。但过强的红外线会使人体体温调节功能失调，甚至还会灼伤皮肤。过量的红外线对眼睛伤害很大，可以引起视网膜炎、白内障等。所以，长时间在日光或高温下工作时应戴好防护眼镜、白色宽檐帽等。

紫外线。不但对细菌有破坏作用，而且对某些病毒也有破坏作用，如白喉和破伤风等病毒，因此，紫外线可以作为消毒剂，消毒空气和饮水。紫外线还能使皮肤里的去氢胆固醇合成为维生素 D，促使骨基质钙化和骨骼发育，帮助钙、磷吸收，这对预防小儿佝偻病（软骨病）有着决定性的意义。现代科学证实，在一定程度上，日照时间的长短与人体身材的高矮成正比，其原因除紫外线合成维生素 D 以促进骨骼发育外，紫外线还能促进机体免疫反应，增强机体的抗病能力，并加强甲状腺素的分泌功能，从而促进人体发育和长高。所以，多晒太阳，对处于生长发育旺期的少年儿童是十分有利的。充足的光照会对维生素 D 的生成及钙质吸收起到非常关键的作用。一旦维生素 D 缺乏，人体对钙质吸收不足，骨骼将变脆，易骨折。而女性因为雌激素的影响，患骨质疏松的概率比男性高出很多，是骨质疏松病的重灾人群。因此，从青少年时期就要开始注意晒太阳的问题。日照对人体健康的最大作用是能在体内合成维生素 D，而维生素 D 是人体钙质吸收的必要条件，没有维生素 D 的参与，再多的钙质也不能被人体吸收。维生素 D 在正常食物中难以得到补充，必须在日照的条件下才能在体内合成，因此，长期缺乏日照对人体最大的损害就是产生钙缺乏症。而接受过量的紫外线照射可引起日晒性皮炎、皮肤红斑、水泡、水肿、色素沉积、皮肤角质增生、皮肤癌等，并可出现头痛、体温升高等现象。某些波长的紫外线对于眼睛的危害较大，容易引起结膜炎、角膜炎等，这在高山地区和雪地容易发生。

一天晒多长时间太阳才合适呢？卫生部组织专家编写的《防治骨质疏松知识要点》[①] 提示：平均每天至少 20 分钟日照才能满足人体需要。

第二节 与健康有关的气象指数

20 世纪末，“贴近实际、贴近生活、贴近群众”被列入我国气象部门的工作要求，在此背景下，气象部门开始预报气象指数。气象部门为满足人们对气象预报的不同需求，把观测到的各种气象要素，运用数理统计方法综合给出各种量化的预测指标，即为气象指数。气象指数将原本看不见、摸不着的气象要素具象化，表现为数字和等级，能提高和加深人们对气象条件的感受和认识，提高生活质量。气象指数是对天气预报的进一步深化。

与人体健康相关的气象指数有很多，如穿衣指数、晨练指数、紫外线指数、舒适度指数、中暑指数、风寒指数、支气管哮喘指数、感冒指数、过敏性鼻炎指数、一氧化碳指数、心脑血管疾病指数等。

一、穿衣指数

穿衣指数是根据自然环境对人体感觉温度的影响，以及对天气状况、气温、湿度、风等气象要素的分析研究，从中总结出的一种旨在提醒人们看天穿衣的气象指数。一般来说，温度较低、风速较大，则穿衣指数级别较高。穿衣指数共分 8 级，指数越小，穿衣的厚度也就越薄。

二、晨练指数

晨练指数是气象部门根据气象因素对晨练人身体健康的影响，综合了天空状况、风、气温、空气污染程度、前一天的降水情况等条件建立的晨练外界环境气象要素的标准。晨练的人特别是中老年人，应根据晨练指数，有选择地进行晨练，这样才能保证身体不受外界不良气象条件的影响，真正达到锻炼身体的目的。晨练指数一般分为 4 级，级数越低，越适宜晨练。

三、舒适度指数

舒适度指数是结合温度、湿度、风等气象要素对人体的综合作用，表征人

---

① 卫生部办公厅：《防治骨质疏松知识要点》，2011 年 6 月 9 日。

体在大气环境中舒适与否，提示人们可以根据天气的变化来调节自身生理及适应冷暖环境以及防范天气冷热突变的指数。便于人们了解在多变的天气下身体的舒适程度，预防由某些天气造成的人体不舒适而导致的疾病等。一般而言，气温、气压、相对湿度、风速四个气象要素对人体感觉影响最大，人体舒适度指数就是根据这四项要素而建成的非线性方程。舒适度指数分为9级，级数越高，气象条件对人体舒适感的影响越大，舒适感越差。

四、中暑指数

气温、湿度等气象因素对人体的影响是综合性的，中暑指数是综合了气温、空气湿度、光照等天气因素对人体热承受力的影响进行的评述，以帮助人们注意防暑降温，提示人们避免在易中暑的环境下工作。中暑指数一般分为5级，级数越高，中暑概率越大。

五、风寒指数

由于秋冬季节气温变化起伏较大，人体感觉受风雪天气、湿度等因素的影响较暖季更为敏感。风寒指数综合考虑阴晴、风、温、湿度和气压等气象要素，给出人们对寒冷的主观感觉的指标。风寒指数一般分为6级，级数越高，人们的防寒意识应越强。

六、感冒指数

感冒指数是气象部门就气象条件对人们发生感冒的影响程度，根据当日温度、湿度、风速、天气现象、温度日较差等气象因素提出来的，以便市民们，特别是儿童、老人等易感冒人群可以在关注天气预报的同时，用感冒指数来确定感冒发生的概率和衣服的增减及活动的安排等。感冒指数一般分为4级，级数越高，感冒发生率就越高。

七、紫外线指数

紫外线指数是对紫外线强度由弱到强进行分级。由于过量的紫外线照射可使人体产生红斑、色素沉着、免疫系统受到抑制，患皮肤黑瘤、皮肤癌及白内障等，因此参照紫外线指数的预报能够帮助人们在日常生活中避免在紫外线辐射最强烈的那一段时间里晒太阳或外出披长袖衬衣、涂抹防晒油等，防止强烈的紫外线过度照射危害人体健康。紫外线指数分为5级，级数越高，紫外线越强烈，对人体的伤害也越大。

八、空气污染扩散气象条件指数

空气污染扩散气象条件指数是不考虑污染源的情况下，从气象角度出发，对未来大气污染物的稀释、扩散、聚积和清除能力进行评价，主要考虑的气象因素是温度、湿度、风速和天气现象，对气象条件进行分级。空气污染扩散条件指数分为5级，级数越高，气象条件越不利于污染物的扩散。

我国幅员辽阔，气候复杂，各地气象部门发布的气象指数预报可能略有差异。同时，气象指数还受季节和地域的影响。

第三节　季节变化与疾病

气象条件具有季节性变化，人体某些生理参数随着季节交替也表现出不平衡，这往往成为影响人体健康的因素；各种致病的细菌、病毒及其传播者（如蚊、蝇）都有其各自适应的气象条件，因此，不少疾病的发生与季节有关，不同季节的常见病也不尽相同。

一、气象病和季节病

健康的机体对外界气象条件有适应性的反应，当气象条件急剧变化，超过了人体调节机能的一定限度或是由于人体调节机能失常，就会引起身体不适，导致生病或使旧病复发加重，医学上把这类疾病称为气象病，也就是指与气象条件变化有关的疾病。如天气变化时，支气管哮喘、支气管扩张、鼻炎、慢性气管炎、肺气肿等的发病率比正常天气情况下增加十几倍。

季节病是指那些发生或复发与一年四季周期性气候变化有直接或间接关系的疾病。例如痢疾、中暑、脑炎、猩红热、麻疹、肺气肿、风湿热等，这些疾病的流行期都有一定的季节特征。像脑炎、痢疾的发病与病原媒介如蚊、蝇特定的生长繁殖季节有关。

气象病与季节病，二者有时很难区别①，因为某些气象现象常集中在某个季节，而且某种疾病又呈季节性多发性。如活动性风湿病、支气管哮喘，既可称气象病又可称为季节病。

---

① 曾庆佩：《漫谈“气象病”与“季节病”》，《家庭医学》，2008年第3期，第34页。

按照发病原因来分，一类疾病直接与天气气候有关，气象因素是引起该疾病的物理原因，也就是气象因素在一定条件综合影响下引起发病，如中暑、冻伤等；另一类疾病间接与天气气候有关，天气气候变化并非是病因，仅能影响疾病的复发和病情的波动，或者通过病原体间接发挥作用，如哮喘、关节炎及一些传染病等①。

目前已知的季节病和气象病数以百计，几乎包括临床的各种疾病。如，冠心病与高血压脑溢血的发作，以冬春季节多见，夏季很少；支气管炎和哮喘，最易在立秋时节发作；慢性肾炎、溃疡病，多发于11月至翌年3月；幼年型糖尿病，7—8月发病率最低，而11月则显著增多；精神抑郁症患者，冬季严重抑郁，夏季则变为狂躁；关节痛，每逢天气变化，常提前发作，因而有“随身气象台”之称；乙脑，多发于夏秋；麻疹，流行于冬春；伤疤痛，发生在天气变化之时；长江中下游地区流行的俗谚“菜花黄，痴子忙”，说的也是在每年春末夏初的季节转换时节，精神病容易发作②。

有关气象病和季节病的内容，祖国医学文献中早有丰富的记载。如中医古籍《黄帝内经素问》载有：“春善病鼽衄，仲夏善病胸胁，长夏善病洞泄寒中，秋善病风疟，冬善病痹厥。”③ 东汉医学家张仲景所著《金匮要略》亦载：“劳之为病，其脉浮大，手足烦，春夏剧，秋冬瘥，阴寒精自出，痠削不能行。”④ 这些记载与现代医学气象学研究所观察到的某些疾病的发病规律是相符的。

二、四季变换与疾病

春季是由冬季风向夏季风转换的过渡季节，冷暖空气频繁交替出现，气温忽高忽低，这往往降低了人体上呼吸道的抗病能力，容易引起感冒、咳嗽等上呼吸道疾病的发作。春季紫外线辐射增强，对人体的内分泌系统特别是对脑下垂体产生影响，精神病患者易复发。

夏季是一年中最炎热的季节，气温高，湿度大，风速小，人往往感到闷热、气促、易倦，体质弱的人在阳光下曝晒或在温度高而又不透风的房间里待久了，还会引起中暑。另外，夏季气温高、湿度大、蚊蝇多、病菌传播快，因而容易引起消化道传染病或其他疾病的流行。

---

① 郑有飞：《气象与人类健康及其研究》，《气象科学》，1999年第4期，第424—428页。

② 霍雨佳：《季节更替与旧病复发》，《湖北气象》，2006年第3期，第7页。

③（唐）王冰次注，（宋）林億等校正：《黄帝内经素问》，卷一，《金匮真言论》。四库全书本。

④（汉）张机撰，徐彬注：《金匮要略论注》，卷六，《血痹虚劳》。四库全书本。

秋季是由夏季风向冬季风转换的过渡季节，冷暖空气活动频繁，因而患慢性气管炎、支气管哮喘的病人，病情将加重。

冬季是一年中最冷的季节，气温下降，哮喘病发作增多。气温突降时支气管哮喘极容易发作。在强冷空气的刺激下血压波动，易诱发急性闭角性青光眼。冬季严寒，容易诱发心、脑血管疾病，严重威胁着中老年人和体弱多病者的身体健康。

春夏秋冬四季的气候变化，之所以能加重或诱发某些疾病，是因为破坏了人体的内环境平衡。主要使内分泌腺功能异常，机体的应激性增强，免疫功能减低，过敏反应和炎症反应过程加速，招致了气象病和季节病。当然，过敏性体质的人、植物神经和内分泌功能失调的人、情绪不稳定的人，身体内外环境本就不稳定，对外界变化应变力差，更容易患病。

三、节气变换与疾病

中医在临床时非常重视节气的转换，尤其是春分、夏至、秋分、冬至这四个节气，被认为是旧病复发或重病转危的关键时刻。一年之中的节气更替反映了气候的变化，不少疾病的发生与节气关系密切。

立春之后，是人体内激素变化最强的时期，人们过敏性疾病增多，皮肤容易发痒或出现湿疹，鼻炎患者病情加重[①]；人体内血液循环旺盛，很容易上火，血压也容易升高，痔疮患者容易发生出血。

谷雨到端午节是阳气越来越旺盛的时期，人体头、胸部血流上冲，不少人会出现心悸、眩晕等症状。

小满、芒种到夏至期间，南方为雨季，干燥性皮肤病患者症状有所改善，湿性皮肤病和风湿热、久治不愈的神经痛患者的病情多数加重。

小暑、大暑到处暑，天气转热，腹泻和痢疾等肠胃病增多，体质弱的人容易出现中暑。

白露到秋分期间，早晚温差变化大，易引起鼻炎及哮喘。

寒露、霜降到立冬期间气温逐渐下降，哮喘会越来越重，慢性扁桃腺炎患者易引起咽痛，痔疮患者也较前加重。

冬至到小寒、大寒，是一年中最冷的季节，患心脏病和高血压的人往往会病情加重，中风患者也会增加。

---

① 王智宽：《疾病追着节气走》，《民防苑》，2006年第5期，第36页。

【知识窗 5-2】

二十四节气与四季

二十四节气指我国农历中表示季节变迁的 24 个特定节令，分别为立春、雨水、惊蛰、春分、清明、谷雨、立夏、小满、芒种、夏至、小暑、大暑、立秋、处暑、白露、秋分、寒露、霜降、立冬、小雪、大雪、冬至、小寒、大寒。二十四节气反映了太阳的周年视运动，是中国历法的独特创造，2016 年 11 月 30 日，被正式列入联合国教科文组织人类非物质文化遗产代表作名录。

我国古代的四季，以立春（2 月 4 日或 5 日）作为春季开始，立夏（5 月 5 日或 6 日）作为夏季开始，立秋（8 月 7 日或 8 日）作为秋季开始，立冬（11 月 8 日或 9 日）作为冬季开始，全国各地都在同一天进入同一个季节。

我国气候学上的四季，春季是指候（5 天为一候）平均气温 10 ℃至 22 ℃的时段，夏季是指候平均温度高于 22 ℃的时段，秋季是指候平均温度 22 ℃至 10 ℃的时段，冬季是指候平均温度低于 10 ℃的时段，这样划分出来的四季同各地物候现象大体相符。

四、气象病和季节病的预防措施

要做好气象病和季节病的预防，应该注意收听当地气象台、气象站的天气预报，看气象指数，在天气即将骤变时，做好防寒保暖、防暑降温工作，减少户外活动时间，调整饮食，增加营养，保持天气变化前后的体能平衡。另外，一定要注意心理调节，若在冬季，则要多晒太阳。适当的体育锻炼，能从根本上增强体质，增强身体对气候变化的适应能力，是对季节病和气象病最好的预防措施。目前，国内外很多气象台在编发天气预报时，都开展了这种和气象变化密切相关的疾病预报内容，被称为“健康预报服务”，以此提醒患者注意防病。

第四节 利用气候防病治病养生

天气气候因素一方面影响人们的身体，使人体生病，另一方面也可以治疗人们的疾病。因时制宜是中医治病的一大特色。中医养生强调人应该顺应四季气候的变化。

一、利用气候条件防病治病

利用气候条件的防病治病服务可直接在有利健康的自然气候环境中进行，也可以在医院的气候舱中进行。自然气候防病治病主要有气候疗养、日光浴、沙疗、避暑避寒等。人工气候条件主要有人工气候室、高气压舱、低气压舱、气雾治疗、负离子、光疗（红外线、紫外线等）。

高山气候。高山区氧气稀薄，太阳辐射强烈，空气中离子较多，负氧离子浓度大，适于治疗结核病、肺病（心肺机能不全除外）、哮喘、糖尿病等。精神病患者在高山地区，其行为障碍也可得到改善。高山区对高血压、动脉硬化等心血管疾病也有一定疗效。世界上长寿地区多位于海拔 1 500 m 左右的山区，与高山气候有很大的关系。许多平原地区医院都有“低压舱”设备，也能起到一定的治疗作用。而且舱内气象条件可以调节，制造出高山上不可能有的条件。例如，在相当于海拔 2 000—2 500 m 高度的气压和 30 ℃气温舱内，可以很快缓解关节炎和鼻炎等症状。人工高压舱（一般不大于 3 个大气压）对治疗煤气中毒、昏迷苏醒后脑缺氧等的效果都很好[①]。

海滨气候。海滨气候疗养区空气湿度大，而且含有盐的成分，有利于改善呼吸系统疾病，如肺结核、慢性鼻炎和喉炎。研究表明，海滨疗养对贫血病疗效较好，对白细胞减少亦有益。医疗心理学家发现，宽阔的海面、奔涌的波浪、清新的海风及海鸥的鸣啼，会使人心旷神怡。独特的海滩气味能使严重的忧郁症患者的心情趋于平静、病情大为好转。对单纯性甲状腺肿病人疗效也较显著。海水浴对许多皮肤病也有疗效。

森林气候。森林能调节气候，吸收和净化大气污染物，且空气中富含负氧离子，具有一定的医疗保健作用，适合于呼吸道疾病、神经官能症、心血管疾

---

① 林之光：《天气气候与健康——兼论中国气候与中医养生文化》，《气象》，1999 年第 3 期，第 3—7 期。

病的病人疗养[1]。森林中有些树木，如桉树和松树，还能释放杀菌消毒的气体成分。森林的宁静环境对神经系统疾病的疗养尤为有利。

干燥气候。沙漠和半沙漠气候区，夏季冗长而且炎热，干燥气候下人体汗多而尿少，有利于肾脏休养，适于治疗一般肾病。中亚干燥地区就有多所肾病疗养院。沙疗（图 5-3）是干燥气候区常见的治疗方式，沙子中含有钙、镁、钾、钠、硒、锌、锶等微量元素及丰富的磁铁矿物质，磁铁矿物质经过烈日照射，产生磁场作用于人体，与微量元素协同作用，成为集磁疗、热疗、光疗和按摩于一体的综合疗法，因此能治疗疲劳、肢体酸困、慢性腰腿痛、坐骨神经痛、脉管炎、慢性消化道疾病、肩周炎、软组织损伤、高血压等。尤其是沙子中的微量元素，对治疗风湿性疾病起到了关键的作用，据统计，治疗后病情明显好转者占 60%—80%。

图 5-3　新疆吐鲁番市沙疗中心

避暑和避寒。夏季避暑，冬季避寒。避暑有四“向”，即向北、向海、向高山、向地下。例如哈尔滨、大连和江西庐山三地最热时月平均气温基本相同，都是避暑的好地方。向地下是指进山洞避暑，例如桂林的芦笛岩和七星岩，洞内恒温在 20 ℃，而洞外夏日午后常可达 35 ℃以上。避寒主要是向南，冬季北方冰天雪地，但南方的广州、南宁照样百花齐放。

二、中医治病——因时制宜

人体作为自然界中的一个开放系统，受到自然界错综复杂致病因素的影

① 聂树人：《医学地理学概论》。西安：陕西师范大学出版社，1988 年，第 295 页。

响，因时、因地、因人制宜，是中医治病的一个最大特色。

切脉是中医诊病最主要手段之一。人的脉象因四季而有显著不同。从脉波图形说，主波振幅夏季最高，冬季最低；脉率则冬季较夏季为快。从中医脉象说，春天应为弦脉，夏天呈钩脉，秋天应是浮脉，冬季应见营脉。因此切脉诊病时必须考虑季节因素。如果脉顺四时（正常脉象），即有病亦易治，原因在于病未深入；如果脉相与四时相逆，则一般来说，沉疴已到了难治或不治的地步了。

中医常用针灸治病。针灸也讲究四时，不同季节取不同穴位，即春取络穴，夏取俞穴，秋取合穴。冬季因气在内，体表组织对外界反应迟钝，疗效差，一般多用药而不用针灸。针灸时进针深浅也要“以时为齐”。春夏宜浅刺，秋冬要深刺才有明显疗效。

李时珍在著名药典《本草纲目》中专门有一篇“四时用药例”，说明他用药讲究季节。《内经》中亦有专门论述和具体指导[①]。同一种病症，不同季节发病，中医的用药不同。如，感冒，冬季宜用麻黄汤、桂枝汤散寒发汗；夏季气候炎热，宜用香薷饮、白虎人参汤；秋季因气候偏燥，宜用桑杏汤、杏苏散。

三、中医养生——顺应气候

中医养生是中国传统文化的瑰宝。中医养生强调人与自然的关系，认为人应顺应自然环境、四季气候的变化，主动调整自我，保持与自然界的平衡以避免外邪的入侵。现举两例。

1. 春夏养阳，秋冬养阴

春夏阳光直射地面，气温升高，天地之间阳气偏盛，人体的阳气也会随着气温升高而旺盛。白天长，夜间短，人的活动量增加，消耗的阳气会增多；加之人们贪饮纳凉，避热就寒，也会消耗一部分阳气。所以，就阴阳的平衡而言，阳气消耗多，阴气消耗少；而人们对于天气的炎热，往往只知补充水分，而不知守护阳气，夏季的寒性腹泻就是这样产生的。这个道理看似简单，但却常被人忽略。所以先哲们提醒后人，春夏季节要注意养阳气。不要滥用苦寒清热药物，也不可常在空调房间久坐，要少食或不食冰镇食品。适量吃一些生姜或辣椒，以散体表和胃肠内的湿寒之气。阳气不但可以增加人的动力，还可以

---

① 林之光：《中国气候与中医养生文化》，《医学与社会》，2000年第4期，第21、24页。

温化体内的阴分，从而使阴阳保持平衡，不至于产生“阴寒独盛于内”的疾病。冬病夏治也是同理，在夏天阳气最旺时进行治疗，促使体内阳气旺盛，去除体内陈寒，使哮喘、老年性慢性支气管炎、关节炎、胃病等寒病在冬季不再发生。

进入秋冬季节，气温逐渐下降，天地间阴气偏盛，人体的阳气也收敛在内，不过多消耗，以便保持脏腑的正常生理机能。而阳气要收敛在内，需要阴气的含包。秋冬季节人们为了祛寒就温，会过食辛辣食物以及饮酒，居处近火避寒，衣着也裘衣裹身，这样就会消耗过多的阴气。阴气消耗过多，阳气自然会耗散在外。阴阳不平衡，就会产生“阴虚生内热”的疾病，冬季的热感冒或“上火”就是这样产生的[①]。所以先哲们告诫后人，秋冬季节不要单纯食辛就温，要补充一定的阴分，阴分充足了，不但可以含包阳气，还可以不断为阳气补充营养，人体的机能就可以保持平衡了。饮食避害即不要过食辛辣刺激性食物，而要多喝一些白开水，吃一些水果、青菜，以此补充体内的阴津；锻炼也不要过度，以微微汗出为宜，以免汗出过多，耗散阳气。

2. 春捂秋冻

人类在长期的进化过程中，受春夏秋冬循环变化的影响，体内形成了一种生理性散热和保暖功能。

冬天，为抵御寒冷，人的表皮汗腺和毛孔都呈现出闭锁状态。冬去春来，皮肤开始活跃，汗毛孔闭锁程度相应降低。因而，春风较大的时候，尽管不是很冷，却能长驱直入肌体内部，人就可能感冒或并发其他疾病[②]。再加上春天的天气不稳定，过早地脱掉棉衣或穿得太少，一旦气温下降，就会难以适应，使身体抵抗力下降，病菌乘虚而入，容易引发各种呼吸系统疾病及冬春季传染病。所以，人们在初春季节要有意捂着一点，慢慢地减衣服。

秋季适宜的凉爽刺激，有助于锻炼耐寒能力，在温度逐渐降低的环境中，经过一段时间的锻炼，能促进身体的物质代谢，增加产热，提高对低温的适应力，从而为即将到来的寒冬腊月做准备。秋季过早地穿上棉衣，就会使身体得不到对冷空气的锻炼，使防寒能力降低，不利于人体功能的调节。秋天是养阴的季节，如果穿得太多，就会助长阳气，对身体不利。所以，秋季应该冻着

---

① 张浩、吕荣菊：《从〈内经〉浅谈春夏养阳秋冬养阴》，《中华中医药学会第十六次内经学术研讨会论文集》，2016年，第255页。

② 姜晨：《乍暖还寒时　养生正当时》，《中国商贸》，2013年第7期，第42页。

点，衣服要慢慢地增加。

春捂秋冻要因人而异，老年人、儿童和体质较弱者、慢性心脑血管疾病和呼吸道疾病患者，要根据气温和身体状况，及时增减衣物。

学习思考

1. 气象条件如何影响人类健康？

2. 人类应该如何顺应气候、获得健康？

拓展阅读

1. 郭新彪主编：《环境健康学》。北京：北京大学医学出版社2006年版。

2. 聂树人：《医学地理学概论》。西安：陕西师范大学出版社1988年版。

3. 方如康、戴嘉卿：《中国医学地理学》。上海：华东师范大学出版社1993年版。

4. 王振国、董少萍：《季节与健康》。北京：人民卫生出版社2003年版。

5. 徐帮学：《四季养生——春夏秋冬的健康祝福》。青岛：青岛出版社2006年版。

第六讲　生物与健康

生物，指自然界中具有生命的物体，包括植物、动物和微生物三大类[①]。本讲从植物、动物和微生物三个方面讲述生物与健康的关系。

第一节　植物与健康

一、植物可以提供营养

植物性食物是人类主要的食物来源，包括谷类、豆类、薯类、蔬菜、水果、坚果、茶叶等，植物性食物为人类提供人体所必需的蛋白质、碳水化合物、脂类三大营养素，以及大多数维生素、矿物质和膳食纤维。

谷类。包括大米、小米、小麦、玉米、高粱、莜麦、荞麦等，谷类包含人体所需大部分的营养素，以碳水化合物为主，大部分碳水含量在70%以上，比例最高的一般为大米，小麦随后，玉米比较低。谷类蛋白质含量一般为7%—12%，并非优质蛋白。谷类脂肪含量大部分在0.4%—7.2%，主要为不饱和脂肪酸，是名副其实的优质脂肪。谷类维生素主要以维生素B为主，主要存在于糊粉层和谷皮中，因此加工越精细，其维生素损失就越多。谷类矿物质含量一般在1.5%—3%，也主要存在糊粉层和谷皮中。

豆类及豆制品。富含蛋白质、脂肪、碳水化合物、矿物质，是蛋白质含量较高的植物性食物，其蛋白质含量为20%—36%。豆类蛋白质含有人体所需全部氨基酸，属于优质蛋白。豆类脂肪以不饱和脂肪酸为主，属优质脂肪酸，是高血压、动脉粥样化等心血管疾病患者良好的脂肪来源选择。大豆含碳水化合物在34%左右，其他豆类大部分在60%以上。相较于谷类，豆类的维生素E和胡萝卜素较高，维生素B_1较低。矿物质含量为2%—4%，大豆比其他豆类矿物质含量略高。大豆中含有抗胰蛋白酶因子，能抑制蛋白酶的消化作用，经过加热煮熟后这种因子被破坏，消化吸收率随之提高，所以建议豆类和豆制

---

① 夏征农、陈至立主编：《辞海》。上海：上海辞书出版社，2009年，第2022页。

品食物应加热做熟后食用。

蔬菜。可分为叶菜类、根茎类、瓜茄类、鲜豆类和菌藻类。富含维生素、矿物质和膳食纤维，各类蔬菜所含营养成分差异较大。水果是碳水化合物、维生素和矿物质的良好来源，碳水化合物是其主要成分，包括葡萄糖、果糖和蔗糖、淀粉、膳食纤维、果胶、低聚和多聚糖类。

水果。因常见水果类含简单碳水化合物较多，所以不建议将其作为碳水化合物主要来源。水果虽然富含维生素和矿物质，但不建议将其完全作为蔬菜的替代。

二、植物可以净化环境

植物对大气环境、水环境、土壤环境均具有净化作用，对于维系生态系统平衡具有特殊地位。

1. 植物对大气环境的净化作用

植物通过光合作用吸收二氧化碳（CO_2）制造氧气（O_2）。绿色植物是吸收 CO_2，制造 O_2 的天然加工厂。通常，1 hm^2 阔叶林在生长季节内通过光合作用，一天可吸收 1 t CO_2，释放出 0.73 t O_2。一片生长良好的草坪，在进行光合作用时，每 m^2 每小时可吸收 1.5 g CO_2[①]。

植物可以吸收有害气体。绿色植物吸收有害气体主要是靠叶片进行的，叶片面积同净化能力成正比，叶片面积越大，净化能力就越强。1 hm^2 高大森林，其叶面积可达 75 hm^2；1 hm^2 草坪，其叶面积为 22—25 hm^2。但如果空气中有害气体的浓度超过了绿色植物所能承受的浓度，植物本身也会受害，甚至枯死。二氧化硫（SO_2）是危害性较大的一种污染物，主要来源于原煤及化石燃料燃烧和化肥、硫酸等工业生产。大气中的 SO_2 往往与飘尘结合在一起，通过呼吸道进入人体，并大部分在上呼吸道与水生成亚硫酸和硫酸，对黏膜产生强烈的刺激作用。若长期接触，可引起慢性结膜炎、鼻炎和咽炎等疾病。SO_2 遇水形成的酸雨和酸雾，其毒性比 SO_2 大 10 倍，能烧伤植物，酸化土壤、水质，加速金属腐蚀过程，对人类、动植物、自然环境，尤其是农业生产危害较大。吸收 SO_2 能力较强的常见树种（即 1 g 干叶能吸收 10 mg 以上硫）有垂柳、加杨、山楂、洋槐、臭椿、榆树、苹果、刺槐、桃树、蓝桉、夹竹桃等。1 亩（约 667 m^2）柳杉林 1 年内约能从大气层吸收 454 kg 的 SO_2，100 亩紫花

① 郭平：《绿色植物对大气环境的净化作用》，《有色金属加工》，1999 年第 2 期，第 29—32 页。

苜蓿1年内也可以使空气中SO_2减少154 kg以上①。光化学烟雾是由汽车等排出的氮氧化物（NO_X）、碳氢化合物和一氧化碳（CO）等污染物，在阳光照射下发生一系列光化学反应所形成的一种刺激性的、浅蓝色的混合性烟雾，其中主要含有臭氧（O_3，约占90%）和过氧乙酰硝酸酯（PAN）等氧化剂。光化学烟雾对人的眼睛和呼吸道有很明显的刺激作用，可使呼吸系统疾病加重。1955年发生在美国洛杉矶的光化学烟雾事件中，两天内就造成400余位65岁以上的老人死亡。绿色植物则对CO及NO有较强的吸收作用，当污染源附近NO浓度为0.22 mg/m^3时，在距污染源1 000—1 500 m处，绿化带处浓度为0.07 mg/m^3，非绿化带处浓度为0.13 mg/m^3，即绿化带处比非绿化带处NO浓度低近一倍。冬青、法国梧桐、连翘、杨槐、刺槐、银杏等对光化学烟雾产生的O_3有较强的吸收能力。氯气（Cl_2）是一种具有强烈臭味且令人窒息的黄绿色气体，主要来自化工厂、制药厂和农药厂等。Cl_2对人体上呼吸道、眼鼻黏膜及皮肤具有刺激性，长期生活在具有一定浓度Cl_2的环境中，可使慢性支气管炎发病率增高，且对牙齿也有腐蚀性。植物对Cl_2具有一定的吸收和积累能力，在Cl_2污染地区选择种植一些对Cl_2吸收性较强的植物，可起到净化空气的作用，以下树木每公顷林地的年吸氯量分别为：柽树140 kg、皂荚80 kg、刺槐42 kg、银桦35 kg、蓝桉32.5 kg、华山松30 kg、垂柳9 kg。

植物具有减尘滞尘作用。植物对烟尘、粉尘有阻挡、过滤和吸附作用。林木的减尘作用表现在两方面：第一，林木树冠茂密，具有强大的降低风速作用。随着风速的降低，空气中携带的烟尘和较大粉尘迅速降落。第二，树叶表面多绒毛，能分泌黏性油脂及汁液，可吸收大量飘尘。吸附了大量尘埃的树木经雨水冲洗后，又可恢复其滞尘作用。据研究，水泥厂附近的黑松林，在一个生长季内，每公顷可滞尘44 kg，白杨林为53 kg，白柳林为34 kg。在植物生长期内，树下的含尘量比旷地少42.2%，在落叶期，也比旷地少37.5%。无论春夏秋冬，树木始终保持一定的滞尘能力。叶面积大，叶面粗糙多绒毛，能分泌黏性油脂或汁浆的树种，如核桃、毛白杨、板栗、臭椿、侧柏、华山松、刺槐、泡桐等，都是较理想的防尘树种②。

植物具有杀菌作用。通常，空气中的尘粒上附有不少细菌，绿色植物可通过减尘作用减少空气中的细菌含量。某些树木还能分泌植物杀菌素，具有杀菌

① 杨慧、聂丰：《绿化植物对环境污染的防治作用》，《中国环保产业》，2004年第6期，第46页。

② 储小感：《浅析城市植被对城市环境污染的植物修复作用》，《内蒙古林业调查设计》，2012年第4期，第6—8，16页。

能力。在绿化带或公园中，空气中的细菌量一般为 1 000—5 000 个/m^3，在公共场所或闹市区，空气中细菌量高达 20 000—50 000 个/m^3，基本没有绿化的闹市区比树枝繁叶茂的闹市区空气中细菌量要高 0.8 倍左右。油松、核桃、白皮松、云杉、紫薇、侧柏、梧桐、茉莉、旱柳、花椒、毛白杨等树种均是杀菌能力较强的树种。

植物对室内空气污染具有净化作用。在甲醛起始浓度为 0.5 mg/m^3 的条件下，常春藤在 120 小时内吸收 0.48 mg/m^3[①]。马拉巴栗在甲醛浓度分别为 0.24 mg/m^3（超国标 1.75 倍）、0.40 mg/m^3（超国标 4 倍）和0.53 mg/m^3（超国标 6 倍）时，分别经过 10 小时、14 小时和 11 小时后甲醛质量浓度降为 0[②]。吊兰、芦荟、虎耳兰、金边吊兰、密叶蔓绿绒等 5 种室内种植物均可净化甲醛污染，吊兰和金边吊兰对甲醛的吸收净化能力强，密叶蔓绿绒次之，芦荟及虎耳兰的净化能力较差[③]。

植物对水环境的净化。水体污染物主要有金属污染、农药污染、有机物污染、非金属如氮、磷、砷、硼等污染及放射性元素如锶、镭、铀等污染。水生植物对这些污染物的净化包括附着、吸收、积累和降解几个环节。水生高等植物芦苇是国际上公认的处理污水的首选植物。100 g 的芦苇，一天可将 8 mg 的酚分解为二氧化碳。芦苇对氨氮、硝态氮和活性磷的吸收率分别为 21%、20.12%和 13.7%[④]。目前，芦苇床人工湿地在我国已用于处理乳制品废水、铁矿排放的酸性重金属废水等。水生植物能降低水体的富营养化水平。植物的皮、壳等对重金属废水也有净化作用，如棉秆皮、棉铃壳对重金属 Cu、Cd、Zn 离子有明显的吸附作用，谷子谷壳中的黄原酸酯对重金属 Hg、Pb、Ca、Cu、Co、Cr、Bi 离子等有良好的捕集效果，松木对 Cu 有脱出作用等。微齿眼子菜、篦齿眼子菜、苦草、黑藻、金鱼藻等 9 种水生植物对重金属 Zn、Cr、Pb、Cd、Co、Ni、Cu 有很强的吸收积累能力，其中吸收的 Zn 的含量最高，平均质量分数为 30.9 μg/g，最高达到 99 μg/g（长湖篦齿眼子菜）[⑤]。

植物对土壤环境的净化。土壤污染主要有重金属污染和有机物污染等类型。

---

① 王佳佳、施冰、刘晓东等：《3 种木本植物对室内空气净化能力的研究》，《北方园艺》，2007 年第 11 期，第 142—143 页。

② 郭平：《绿色植物对大气环境的净化作用》，《有色金属加工》，1999 年第 2 期，第 29—32 页。

③ 王利英：《室内甲醛污染的植物响应、监测与净化》，广西大学硕士学位论文，2007 年。

④ 罗坤、张饮江、徐姗楠等：《上海白莲泾沿岸水生植物资源调查及三种大型挺水植物净化水质能力的研究》，《水产科技情报》，2007 年第 6 期，第 243—246 页。

⑤ 黄亮、李伟、吴莹等：《长江中游若干湖泊中水生植物体内重金属分布》，《环境科学研究》，2002 年第 6 期，第 1—4 页。

有机物污染主要是农林业中喷洒农药和工业中有机物和石油泄漏等造成的。植物对污染土壤的净化是植物对污染物的吸收与富集、根系分泌物以及土壤微生物对污染物的降解等因素综合的结果。蜈蚣草对污染土壤中的As和Pb都具有原位去除效果，每年刈割2次蜈蚣草，As、Pb分别能够去除15.5 $kg \cdot hm^{-2} \cdot a^{-1}$和8.5 $kg \cdot hm^{-2} \cdot a^{-1}$[①]。在长江中下游地区，海州香薷和鸭拓草是铜矿区普遍生长的优势植物，海州香薷叶部铜含量最高达391 mg/kg（烘干重），茎部最高达304 mg/kg，根部最高达2 288 mg/kg；鸭拓草叶部铜含量最高达587 mg/kg，茎部最高达831 mg/kg，根部最高达6 159 mg/kg[②]。刺槐、紫穗槐、水杉和刚竹等对淤泥质海岸具有降盐改土的功能，这些林分内的土壤含盐量都小于1.0 g/kg，不具有典型盐渍土的特性[③]。在镉污染土壤中种植吸收镉能力强的植物，可逐步减轻土壤的污染程度，如种植油菜，可在6年内将受镉污染土壤中的镉含量降到警戒值之下[④]。

三、植物可以美容护肤

许多天然植物具有保湿、防晒、美白、抗衰老的功效，起到良好的美容护肤作用。

植物的保湿作用。保湿是皮肤护理的关键，当肌肤缺水时，细胞代谢和信息传递等受到影响，皮肤的生理结构发生变化，出现皮肤干燥、粗糙、失去光泽、弹性减低、皱纹增多或加深、色素增多等问题。从天然植物中提取具有保湿效果的天然产物，制备绿色天然化妆品，可以最大限度地降低一般化妆品带来的对皮肤的刺激。一些植物提取物由于含有丰富的多糖、蛋白质和氨基酸等成分，其结构含有大量的羟基，能够以氢键的形式与水结合，同时具有良好的成膜性，能够在皮肤的表面形成锁水膜防止皮肤水分的流失，达到持久保湿效果[⑤]。从白及中提取的白及多糖，能够有效地防止皮肤冻疮和皲裂。从竹子中提取的竹子精华素EZR2005具有显著的保湿性能。燕麦β-葡聚糖、麦冬多糖、

---

① 谢景千、雷梅、陈同斌等：《蜈蚣草对污染土壤中As、Pb、Zn、Cu的原位去除效果》，《环境科学学报》，2010年第1期，第165—171页。

② 唐世荣：《重金属在海州香薷和鸭跖草叶片提取物中的分配》，《植物生理学通讯》，2000年第2期，第128—129页。

③ 胡海波、梁珍海：《淤泥质海岸防护林的降盐改土功能》，东北林业大学学报，2001年第5期，第34—37页。

④ Leendertse P C, Pak G A. Greensoilclean-upbyfarmers: achallenge. Contaminated Soil'98, London: Thomas, 1998, 1107-1108.

⑤ 李楚忠、高红军、丛琳：《天然植物保湿成分在护肤品中的应用概况》，《日用化学品科学》，2014年第7期，第24—26页。

枸杞多糖和芦荟多糖等都具有良好的保湿效果，可作为保湿剂直接添加到润肤霜配方中，增加其保湿效果。

植物的防晒作用。具有防晒作用的植物成分主要有黄酮类化合物、有机酸类化合物、醌类化合物、萜类化合物等。芦丁是天然的黄酮类化合物，槐米中芦丁含量极为丰富。槐米提取液在 200—400 nm 区间内均具有较强的吸光能力，具有优异的广谱防晒性能。黄芩根提取物可以强烈吸收紫外线辐射，且可清除 DPPH（1，1-二苯基-2-三硝基苯肼）和 ABTS［2，2-联氮-二（3-乙基-苯并噻唑-6-磺酸）二铵盐］自由基，防晒的同时能够起到一定的抗氧化作用，金银花中的绿原酸、葡萄中的白藜芦醇、苹果中的根皮素等活性物质也具有优异的防晒性能①。

植物的美白作用。人的皮肤颜色与人体内黑色素含量直接相关。酪氨酸酶是一种广泛存在于动植物及人体内的氧化还原酶，是引起果蔬变褐和产生黑色素的关键因子。阻止酪氨酸酶产生黑色素的进程可有效阻止黑色素的生成，以此来达到美白、润肤的效果。传统中草药的丹参、益母草、红花、当归、枸骨叶、红景天等提取物对酪氨酸酶的抑制能力较强②。芦根、甘草等的植物提取物具有清热解毒的作用，能有效修复因外界刺激过量、微循环不通等导致的皮肤黑色素分泌增多的问题。当皮肤细胞营养不足时，使用山茱萸、枸杞根等滋补类植物提取物，可使肌肤细胞得到全面养护，不但可以美白去痕，而且能促进新陈代谢，焕发细胞活力。

植物的抗衰老作用。传统植物如人参、雪莲、红景天等的提取物中具有消除细胞自由基和抗氧化特性。银杏叶、铁皮石斛等的提取物有强力的抗衰老成分（如黄酮类物质），能有效地清除细胞内的自由基，保护细胞内部不受自由基过度氧化作用。这些植物提取物中富含的单宁、木脂素、多糖、皂苷和糖苷等都有一定的抗自由基攻击、抑制过氧化反应的作用。此类物质随着浓度的提高，对自由基的清除作用也会增强。

四、植物是中药材资源

据普查统计，我国中药资源种类有 12 807 种，药用植物占 87%，药用动物占 12%，矿物不足 1%，植物药是中药资源的主体，我国古代称之为“本

---

① 李芳华、王菁、高淑婷等：《植物成分在护肤型化妆品中的功效研究进展》，《应用化工》，2020 年第 3 期，第 735—740 页。

② 李振玉、李东阳、程劲芝等：《天然产物在护肤品中的应用研究进展》，《轻工科技》，2018 年第 5 期，第 50—53 页。

草”。《神农本草经》载有植物药252种，《新修本草》载有植物药625种，《证类本草》载有植物药1 123种，《中华本草》载有植物药7 849种，各年代植物药种类数占全部药材种类数的70%以上。目前我国药用植物资源共有11 146种，包括藻类（115种）、菌类（292种）、地衣类（52种）、苔藓类（43种）、蕨类（456种）和种子植物类（10 188种），其中苔藓类、蕨类和种子植物占90%以上。藻类植物药用部位通常为整个藻体，菌类植物药用部位主要为菌核和子实体，地衣和苔藓药用部位为全草，蕨类植物主药用部位为根茎、全草，种子植物种类繁多，药用部位较为复杂[①]。

青蒿素是从中国传统药物青蒿中提取的抗疟药物。青蒿素及其衍生物、复方的应用为全球疟疾耐药性难题提供了有效的解决方案。青蒿素及其衍生物作为全球疟疾治疗的首选药物，解除了数百万疟疾患者的病痛，因此在青蒿素研制中作出了突出贡献的屠呦呦成为中国首位获诺贝尔科学奖的科学家[②]。

五、植物有毒威胁健康

“神农尝百草，一日遇七十毒”，植物中有不少是有毒甚至剧毒的。美国生命科学网评出了十大观赏有毒植物，即紫藤、洋地黄、八仙花、山谷百合、花烛、菊花、夹竹桃、小叶橡胶树、杜鹃花、水仙花。据调查，我国有毒植物约1 300种，其中在居住区绿化中经常应用的有毒植物主要分布于毛茛科、杜鹃花科、夹竹桃科、芸香科、大戟科、茄科、百合科、豆科等科[③]。住区绿化中常见的有毒植物有以下10种。

女贞。木樨科，女贞属，常绿乔木，别名白蜡树、冬青等，为亚热带观赏树种，在庭园常有栽培。其根和茎皮所含女贞甙和紫丁香甙等有毒。

枇杷。蔷薇科，枇杷属，常绿小乔木，是我国南方特有果树和庭园绿化树种。枇杷种子和叶有毒，幼叶毒性较强，小孩食生、熟枇杷仁20—40粒就可引起中毒，有毒成分主要为苦杏仁甙。

酢浆草。酢浆草科，酢浆草属，多年生草本，别名老鸭嘴，中国各地皆有分布，由于其低矮，生长快，开花时间长，花开时节十分壮观，因此在园林绿化中应用较多。酢浆草全草有毒，人大量食后会出现流涎、呕吐、腹泻症状，

---

① 孟祥才：《中药资源学》。北京：中国医药科技出版社，2017年，第3页。

② 黎润红、张大庆：《青蒿素：从中国传统药方到全球抗疟良药》，《中国科学院院刊》，2019年第9期，第1046—1057页。

③ 查勇星、胡青青：《浅议居住区中的有毒植物》，《华东森林经理》，2011年第1期，第50—53页。

全草含多量草酸盐约7%。

牵牛花。旋花科，牵牛属，一年生蔓性缠绕草本花卉，别名喇叭花，原产美洲热带，我国各地庭园普遍栽培。全草有毒，种子毒性较大，中毒后有呕吐、腹痛、腹泻等症状，种子含有牵牛子甙和麦角生物碱等。

水仙。石蒜科，水仙属，多年生草本植物，别名水仙花、雅蒜，原产中国，为中国传统名花之一，各地常见盆栽。全株有毒，鳞茎因含生物碱而毒性较大，误食后有呕吐、腹痛、体温上升、昏睡虚脱等症状。

龟背竹。天南星科，龟背竹属，常绿藤本植物，别名蓬莱蕉、电线草等，是著名的室内盆栽观叶植物，原产墨西哥，我国引种栽培较为广泛。其汁液有刺激和腐蚀作用，皮肤接触会引起疼痛和灼热。

石榴。石榴科，石榴属，落叶灌木或小乔木，原产伊朗及其周边地区，我国南北各地除极寒地区外均有栽培分布。其根皮有毒，石榴皮通常用于杀蛔虫、蛲虫等，内服可刺激胃肠道，剂量过大则致中毒，其症状为呕吐、腹痛、腹泻。

花叶万年青。天南星科，花叶万年青属，常绿灌木状草本，别名黛粉叶，为观赏植物。原产南美洲，我国南方热带城市普遍栽培。全株有毒，茎毒性最大，其次是叶柄和叶，为天南星科最毒的植物，其汁液与皮肤接触时可引起瘙痒和皮炎。

夹竹桃。夹竹桃科，夹竹桃属，常绿大灌木，原产伊朗，在我国栽培历史悠久，遍及南北城乡各地，是常见的园林树种。其茎、叶、花朵都有毒，它分泌出的乳白色汁液含有一种叫夹竹桃苷的有毒物质，误食会中毒。

国槐。豆科，苦参属，落叶乔木树种，别名槐树，是我国庭院绿化常用的特色树种。其花、叶、茎皮和荚果有毒，人食花和叶中毒会出现面部浮肿，皮肤发热、发痒等症状，生食叶子和果实，会引起肠胃炎。

第二节 动物与健康

一、动物是人类的食物

动物性食物的种类极为丰富，是人类获取蛋白质、脂肪、热量以及多种矿物质和维生素的重要来源。动物性食物包括猪肉、牛肉、羊肉、兔肉等畜肉类，鸡、鸭、鸽子等禽肉类，水产中的鱼、虾、贝类以及以上食物的副产品如蛋、奶类等。人体组织大约20%是由蛋白质组成的，人体生长需要22种氨基酸来配合，其中只有14种能够由人体自身来产生，其余8种氨基酸（色氨酸、亮氨酸、异亮氨酸、赖氨酸、缬氨酸、苏氨酸、苯丙氨酸和蛋氨酸）必须从食物中获得。肉类中所有的食物都含有人体必需的氨基酸。除了蛋白质之外，肉类中还有其他种类的营养物质，但肉类最大的缺点之一是它含有饱和脂肪。

二、动物是中药材资源

《神农本草经》载有动物药65种，《新修本草》载有动物药128种，《本草纲目》载有动物药461种，《本草制目拾遗》载有动物药160种，历代本草共计载有动物药600余种。《中药大辞典》（1977年）收载动物药740种。《中国药用动物志》（1979—1996年）收载药用动物1 257种。《中国动物药》（1981年）收载动物药564种。《中国动物药志》（1995年）收载动物药975种，药用动物1 546种。《中华本草》（1998年）收载动物药1 257种。据《中国动物药资源》（2007年）统计，我国现有药用动物2 165种，主要为脊索动物门、节肢动物门、软体动物门。

动物药按入药的部位来划分，全身入药的有全蝎、蜈蚣、海马、地龙、白花蛇等；部分组织器官入药的有虎骨、鸡内金、海狗肾、乌贼骨等；分泌物、衍生物入药的有麝香、羚羊角、蜂王浆、蟾酥等；排泄物入药的有人中黄（甘草末置竹筒内于人粪坑中浸渍后的制成品）、人中白（人尿自然沉结的固体物）、夜明砂（蝙蝠的干燥粪便）、望月砂（野兔的干燥粪便）、五灵脂（鼯鼠的干燥粪便）、鸡矢白（鸡粪便上的白色部分）等；生理的、病理的产物入药的有紫河车（人的胎盘）、蛇蜕、牛黄、马宝等[①]。

三、动物是人类的伴侣

猫、狗等动物是人类的宠爱动物和伴侣。狗自石器时代就是人类的伙伴，猫早在埃及法老王朝时期就和人类共同生活。宠物对人类健康有很多益处。

养宠物有益于心脏健康。养宠物的人血压和胆固醇更低，因此，他们心脏病发作的风险低于不养宠物的人。养猫的人感受到的压力和紧张更少，因此，他们心脏病发作的概率比不养猫的人低40%。

养宠物增强人体免疫力。经常暴露在有猫或有狗的环境中，可能会降低一个人患非霍奇金淋巴瘤的风险，暴露于猫、狗等宠物的过敏原可能增强了他们的免疫力。适度地暴露于过敏原会增强人体免疫力，生在养猫、狗等宠物家庭

① 孟祥才：《中药资源学》。北京：中国医药科技出版社，2017年，第4—5页。

中的儿童，患哮喘的可能性更小。在 65 岁以上老人中，养宠物的老人比不养宠物的老人看病的次数低近三分之一。

养宠物可以发出健康预警。普通家犬经过训练，可以通过嗅患者的呼吸发现早期乳腺癌和肺癌，准确率高达 88%至 97%。专家认为，这两类癌症的癌细胞发出少许挥发性气味，家犬可通过这种气味进行判断。

养宠物能够增强自信、减少抑郁。养宠物的人的自信心可能更强，患孤独症和抑郁症的可能性更小。饲养宠物的经常化和常态化有助于遭受打击的人尽快渡过难关。与不养宠物的人相比，在亲朋好友死后，养宠物的人更容易调节自己的悲痛情绪，从失去亲人的痛苦中走出来[①]。

四、动物威胁人类健康

世界上有许多种动物对人类生命健康构成直接威胁，它们小到身长只有 2.5 cm的毒镖蛙，大到几吨重的大象。美国生命科学网评选出全世界最致命的十种动物，排名第一的为疟蚊，它们会传播疟疾和寄生虫，每年导致 200 万人死亡。排名第二的为亚洲眼镜蛇，其毒液会给肌肉组织造成永久性损害，有时不得不截肢，它是世界上咬死人最多的蛇。排名第三的为澳大利亚箱形水母，它有一个绰号叫“海洋黄蜂”，因为它有大黄蜂毒刺那样的触须。箱式水母有 60 条约 4.5 m 的触须，每条触须上有 5 000 个毒刺细胞，足够杀死 60 个人。一旦被触须刺中，几乎没有生还的希望。排名第四的为大白鲨，每年都发生上百起鲨鱼袭击人的事件，其中 1/3—1/2 是大白鲨袭击的。排名第五的为非洲狮，饿极了的狮子经常袭击人，在非洲草原上，时常发生狮子咬死人的事情。排名第六的为澳洲咸水鳄，澳洲咸水鳄是世界上体型最大的爬行动物，雄性咸水鳄最长可达 10.6 m，它也是世界上最富攻击性、最危险的鳄鱼种类。排名第七的为大象，成年公象的体重可达 7.3 t，身长 7.3 m，高度可达 4 m，每年全世界有约 500 人死于大象的袭击。排名第八的为北极熊，它们巨大的熊掌在一击之下就可以把人的脖子扭断。排名第九的为非洲岬水牛，它们是非洲草原上移动的“坦克”，成年之后体重可以超过 680 kg，头上有两个尖锐又锋利的牛角。它们被人们称作“非洲死神”。非洲岬水牛不仅经常攻击狮群，也经常成群结队地到人类生活区活动，在非洲经常有非洲岬水牛伤人的报道。排名第十的为毒镖蛙，它虽然体形不大、颜色很漂亮，但一只小的毒镖蛙就能分泌出足以夺去 10 个人生命的毒液，只需 136 微克就能毒死一个体重 68 千克

---

① 董轶：《宠物与人类健康的关系》，《中国比较医学杂志》，2010 年第 1 期，第 160—162 页。

的人。

五、动物可以传播疾病

动物在瘟疫传播中起到媒介的作用。日本脑炎是以蚊子为媒介传播的中枢神经系统急性传染病。鼠疫中最常见的发病类型为腺鼠疫，它主要通过鼠—蚤—人的接触传播。跳蚤除了寄居在啮齿类动物身上之外，也会在人类和猪、猫、狗、牛、母鸡等畜禽上生存。在腺鼠疫高发期，当啮齿类动物寄主死亡之后，跳蚤会不断寻找新的寄主，因此也可以通过人—蚤—人这一途径传播感染。跳蚤是腺鼠疫在人类之间广泛传染的关键传播载体。腺鼠疫是鼠疫中致命性最低的类型，但是其病死率也不容小视，患者的死亡率为30%—90%，即使采用了现代的医护措施，感染者的平均死亡率仍为60%—70%[①]。

自2001年以来，世界卫生组织（WHO）已确认了1100多起具有全球影响的传染病事件，其中超过70%是人兽共患传染病，经证实其中71.8%的病原来自野生动物。野生动物是马尔堡出血热、拉萨热、西尼罗河病毒脑炎等病原体的宿主。鼠疫、莱姆病、肾综合征出血热等病原体的宿主是鼠类。猫抓病、疯牛病、禽流感等疾病与畜禽有关。动物体内携带的病毒有些可能与动物和平共处，但对人类来说却足以致命。

禽流感。1983—1984年美国东部几个州在高度致病性禽流感出现之后不久，有个家庭发生了一种类似流感的疾病，但喉头培养和血样检查都不能证实有禽流感病毒。对那些捕捉、扑杀病鸡的人进行采样检查，在100人中曾分离到2株H5N2禽流感病毒，但是同一检查者在第二天早上取样检查中并没有发现病毒，从有呼吸道症状的工作人员中没有分离到病毒，工作人员的血清中也未获得任何感染过H5N2禽流感病毒的证据。研究表明，同患鸡接触的儿童及成人对H5N2禽流感病毒是不易感的，但是进过患病鸡舍的人，该病毒可以在他们的鼻道中停留5—6小时，并且可以成为这些病毒的机械传播者[②]。

艾滋病。艾滋病的自然宿主是生活在非洲中部和东部的绿猴或黑猩猩。非洲气候炎热，居住环境潮湿，流行各种人畜共患病。艾滋病高流行区的居民还有一种世代相传的习俗，即将公猴血和母猴血分别注入男人、女人的大腿处或耻骨区，以刺激人的性欲或治疗男性阳痿症和妇女的不孕症。病毒学者对200只非洲绿猴的末梢血液进行检验，并成功地从其中70只末梢血液中检出与人

---

① 黄晓翠：《论中世纪晚期英格兰瘟疫及其对人口之影响（1350—1510）》，陕西师范大学硕士学位论文，2014年。

② 吴红专、刘福安：《禽流感与人类健康》，《中国家禽》，1998年第2期，第6—7页。

类艾滋病病毒极为相似的病毒，而这种绿猴多生活在人类居住地附近，它们成群结队在旅游胜地及公园等场所觅食或与人们嬉戏，有时会咬伤游客，这样就将猴艾滋病病毒传给人（尤其是原居住于扎伊尔的海地人），又由移民将病毒传到美国，并进一步传播到世界[①]。这种猴艾滋病病毒进入人体后可产生突变，成为人类的艾滋病。

鼠疫。鼠疫是由鼠疫杆菌所致的烈性传染病。所有的鼠疫，包括淋巴腺病不明显的病例，皆可引起败血性鼠疫，经由血液感染身体各部位，包括脑膜。肺的次发性感染可造成肺炎、纵隔炎或引起胸膜渗液。次发性肺鼠疫在疫情的控制上特别重要，因为其痰的飞沫传染是原发性肺鼠疫及咽鼠疫之来源。更进一步的人与人之间传染可造成局部地区的暴发性或毁灭性的大流行。未治疗的腺鼠疫其致死率为50.0%—60.0%，很少出现短期而局部的感染（轻微鼠疫）。未经治疗的原发性败血性鼠疫及肺鼠疫患者一定会死亡，现代医疗已可显著降低腺鼠疫之致死率。及早发现和治疗可降低肺鼠疫及败血性鼠疫的致死率。

狂犬病。狂犬病是一种古老的自然疫源性疾病，由狂犬病病毒感染所致。全球每年5.5万人左右死于狂犬病，亚洲每15分钟有1人死于狂犬病，其中50%为15岁以下儿童。我国狂犬病死亡人数居世界第2位，近年来狂犬病发病和死亡人数居高不下，其中犬、猫为狂犬病主要传播者，占人狂犬病传染源的95%。

弓形虫病。刚地弓形虫是一种专性细胞内寄生的原虫，弓形虫病为人兽共患病。弓形虫可致先天性弓形虫病，如通过胎盘感染，可造成流产、早产、死产或引起胎儿畸形、智力障碍、眼病等。也可致后天获得性弓形虫病，如急性患者可有淋巴结肿大，全身不适，低热，严重者可出现脑炎、肺炎、心肌炎等。猫科动物是弓形虫的终宿主，人和哺乳动物是中间宿主，其中，猫及猫科动物为重要传染源。

第三节 微生物与健康

微生物包括细菌、霉菌、支原体、衣原体、病毒等，是一群型体微小、构造简单的单细胞或多细胞生物。微生物遍布于土壤、水、空气、各种有机物及生物体内和体表。微生物被广泛应用于农业生产、食品发酵、污水处理、疫苗

---

① 张劲硕、梁冰、张树义：《浅议野生动物与人类共患疾病》，《动物学杂志》，2003年第4期，第123—127页。

研制等人类生活的各个领域。有害微生物的存在和传播，也可能造成人类和动物疾病、植物病害等。

一、微生物与食品制作

微生物在食品制作方面发挥着极为重要的作用，它作为一种媒介，将一些物质成分改变，从而为人们的食品加工提供了便利。在食品制作方面最常见的是发酵技术，起到最重要作用的发酵生物是酵母菌，它作为一种起到催化作用的微生物，能够通过消耗大量的氧气不断繁殖，也可以在无氧的条件下大量繁殖，生成酒精，人们可以将酒精加入一定的水中制作酒。用于制作腐乳的微生物是毛霉，它通过将蛋白质分解成容易消化吸收的氨基酸，将脂肪变成甘油和脂肪酸，获得丰富可口的腐乳。微生物改变了人们的生活习惯，也处处影响着人们的饮食方式，与人类生活息息相关①。

二、微生物与污染治理

微生物可应用于污水治理，在污水中投加菌种，它们可以利用水体中的有机物从而降低水体污染。利用生物膜法去除污染物氨氮的生物降解速率很快，只需较短的水力停留时间，就能达到很高的氨氮去除率。利用微生物可分解固体废弃物中的有机物，从而实现其无害化或综合利用，生物处理方法包括好氧处理、厌氧处理、兼性厌氧处理等。微生物与重金属具有很强的亲合性，它们可通过带电荷的细胞表面吸附重金属离子，例如，微生物多糖、多肽、糖蛋白上的官能团直接把重金属作为必要的营养元素主动吸收，或将重金属离子富集在细胞表面或内部，使重金属的移动性降低，从而减少对人体的毒性。微生物能通过氧化还原、甲基化和去甲基化作用转化重金属，还能以其他形式如离子交换、分泌有机配体、激素等间接作用影响植物对重金属的吸收。能降解石油烃的微生物现已发现 70 多属 200 多种，它们广泛存在于土壤、海洋、地下水、湖泊等环境中。许多微生物将石油烃作为唯一碳源和能源。微生物烟气脱硫技术在部分发达国家得到应用。日本利用氧化亚铁硫杆菌进行工业废气脱硫，硫化氢脱除率达 99.99％。微生物还可将恶臭污染物转化为简单无害的无机物及微生物细胞质，从而实现除臭效果②。

---

① 谢梁毅：《浅析微生物与人类生活的联系》，《科技风》，2018 年第 34 期，第 83 页。

② 王晓芳：《微生物应用于环境污染治理的新进展》，《经济研究导刊》，2012 年第 2 期，第 276—278 页。

三、微生物与疫苗研制

微生物作为疫苗研制的原始材料，极大加快了疫苗研制的进程。常规疫苗是由细菌、病毒、螺旋体和支原体等完整微生物制成的疫苗，可由一种病原微生物或多种病原微生物按免疫学原理培养而成[①]。通常来说，微生物对人体有一定的致病性，但人类编码微生物的毒力因子，或编码关键代谢途径的酶基因突变，或控制微生物在体内生存的调节基因失活，均可使微生物减毒且保留高度的免疫原性。基于这样的原理，人们构建了鼠伤寒沙门氏菌、葡萄球菌嗜热四膜菌、腺病毒、牛痘病毒等减毒株，并以之作为疫苗载体[②]。例如，牛型结核分枝杆菌的减毒株卡介苗，可用于结核病的预防。我国研制的疫苗如脊髓灰质炎减毒活疫苗、麻疹减毒活疫苗、肾综合征出血热疫苗、痢疾疫苗等，填补了多项世界预防医学空白，惠及了亿万人民群众。应用基因工程研制的艾滋病疫苗已进入临床验证阶段。转基因可食疫苗是将病原微生物抗原编码基因导入植物，人或动物食用含有该种抗原的转基因植物后，产生对病毒、寄生虫等病原菌的免疫能力，这类疫苗目前正处于研究阶段[③]。

四、微生物与瘟疫传播

能够直接损害人体健康的微生物被称为病原微生物，如寄生虫、大肠杆菌、病毒等，人体一旦接触到这些病原体微生物，就容易被感染。在病原体的毒性不大或是人体免疫功能较强的情况下，人体不容易患病，但病原体毒性过大或是人体免疫功能下降的情况下则非常容易得病。这些病原微生物对人体健康的危害较大，一旦发生严重的感染，则难以治疗，且不断地侵蚀人体健康，使人们苦不堪言。导致瘟疫流行的急性、烈性传染病都是病原微生物引起的，如鼠疫、天花、霍乱等甲类传染病，前述动物传播的禽流感、艾滋病、鼠疫、狂犬病等也都是病原微生物所致。2003 年以来，全球范围内相继出现了多次重大疫情，包括传染性非典型肺炎、甲型 H1N1 流感、寨卡病毒疫情、埃博拉出血热、中东呼吸综合征、新型冠状病毒肺炎等。

---

① 李文桂、陈雅棠：《微生物介导的恶性疟原虫疫苗的研制现状》，《国外医学·医学地理分册》，2018 年第 2 期，第 89—97 页。

② 于大伟、孟志刚、薛爱红：《开辟制药新天地——转基因微生物》，《生命世界》，2018 年第 5 期，第 12—13 页。

③ 王磊：《动物疫苗种类及其简介》，《农业知识》，2020 年第 7 期，第 31—33 页。

【知识窗 6-1】

新冠疫苗研发的主要策略

新冠疫苗研发的主要策略有灭活疫苗、减毒活疫苗、腺病毒载体疫苗、重组蛋白疫苗、核酸疫苗等。

1. 灭活疫苗是指通过对具有感染性的完整病毒采用加热、辐射或化学药品处理等方式进行灭活，使其失去侵染能力但保留免疫原性，经纯化后制得疫苗。

2. 减毒活疫苗是指通过对野生毒株进行实验室连续传代培养，由获得的致病性大为下降的减毒毒株制成的疫苗。

3. 腺病毒载体疫苗是指把病毒的抗原基因插入无毒害的腺病毒载体中形成的疫苗。

4. 重组蛋白疫苗是将病毒的目的抗原基因重组构建在载体上，再将基因表达载体转化到受体细胞（如细菌、酵母或动物细胞）中，利用细胞的蛋白表达系统生产抗原蛋白，经纯化而制成的疫苗。

5. 核酸疫苗包括DNA疫苗和mRNA疫苗。DNA疫苗是将病毒抗原基因的DNA通过质粒导入人体细胞中，使抗原基因在人体细胞中表达产生抗原，从而激发人体的免疫反应。mRNA疫苗是把体外合成的编码抗原的mRNA直接送入人体细胞，细胞以此mRNA为模板翻译形成抗原蛋白，从而激发人体的免疫反应。

——资料来源：廖盼、肖义军：《新冠病毒疫苗研发策略与进展概述》，《生物教学》，2021年第5期，第8—10页。

传染性非典型肺炎。传染性非典型肺炎，即严重急性呼吸综合征（Severe Acute Respiratory Syndromes，SARS），简称“非典”，是一种因感染SARS冠状病毒而导致的急性呼吸系统疾病，以发热、干咳、胸闷为主要症状，严重者出现快速进展的呼吸系统衰竭，具有极强的传染性，病情进展快速。其主要传播方式为近距离飞沫传播，还可以通过接触患者呼吸道分泌物、体液、排泄物等污染的物品而传播，易感人群集中在青壮年人中，其中20—29岁人群最多。2002年11月16日，首个“非典”病例在广东佛山出现。2003年2月，

"非典"传入香港地区，同时，更多病例在世界各地被发现。3月6日，北京接报第一例输入性"非典"病例。3月12日，WHO发布"非典"全球警报。3月15日，WHO将"非典"改称SARS。4月15日，WHO将我国广东、山西和香港、台湾地区，以及新加坡、加拿大多伦多、越南河内列为疫区。7月13日，全球"非典"患者人数、疑似病例人数均不再增长，疫情结束。据WHO 2003年8月15日公布的统计数字，全球累计"非典"病例共8 422例，涉及32个国家和地区。全球因"非典"死亡人数919人，病死率近11%。中国内地累计病例5 327例，死亡349人；中国香港1 755例，死亡300人；中国台湾665例，死亡180人；加拿大251例，死亡41人；新加坡238例，死亡33人；越南63例，死亡5人。

甲型H1N1流感。甲型H1N1流感是一种因甲型H1N1流感病毒引起的人畜共患的呼吸系统疾病。流感病人为主要传染源，无症状感染者也具有传染性。传播途径主要通过飞沫经呼吸道传播，也可通过口腔、鼻腔、眼睛等处黏膜直接或间接接触传播，人群普遍易感。2009年3月底，甲型H1N1流感首先在墨西哥和美国加利福尼亚州、得克萨斯州出现，并引起传播。4月25日，WHO发出全球紧急预警，宣布这次疫情为"国际关注的突发公共卫生事件"。4月27日，WHO将警戒级别从第三级提升至第四级，宣布这种新型流感病毒可在人与人之间传播。4月29日，WHO将警戒级别从第四级提升至第五级，强烈提示即将发生流感大流行。5月，WHO将这种新型流感病毒命名为"新甲型H1N1流感病毒"，6月11日，WHO再次将警戒级别提升至最高的第六级，宣布流感大流行已经发生。截至2009年12月27日，全球有208个国家或地区共报告超过50万例甲型H1N1流感病例，其中死亡超过11 500人。实际病例数和死亡数远超过报告数。截至2010年3月31日，中国累计报告甲型H1N1流感12.7万余例，其中境内感染12.6万例，境外输入1 228例，死亡800例。2010年8月10日，WHO宣布甲型H1N1流感大流行结束。据WHO 2013年公布的一项研究称，当年全世界基本上每5个人中就有1个感染甲型H1N1流感，但死亡率仅0.2‰。

寨卡病毒疫情。寨卡病毒（Zika Virus）属于黄病毒家族，是一种虫媒病毒，它的主要传播媒介是一种叫埃及伊蚊的蚊子。除此之外，患者、隐性感染者也可成为该病毒的可能传染源。早在1947年，科学家就在非洲乌干达的猴子中发现了这种病毒，因为发现的那片森林被当地人称为寨卡，所以命名为寨卡病毒。1954年，尼日利亚首先证实了3例人类寨卡病毒感染病例。2007年以前，被证实的人类感染病例仅有14例。2007年，西太平洋密克罗尼西亚的雅浦岛上出现49例寨卡确诊病例，59例疑似病例，首次出现大规模人类感染寨卡病毒疫情。2013—2014年，法属波利尼西亚寨卡病毒疫情暴发。2015年5月，巴西报告首例确诊本地感染寨卡病毒病例，随后的一年时间里，疫情在巴西以及美洲多个国家迅速流行开来，包括多个太平洋岛屿及东南亚也都有疫情。WHO 2016年2月1日宣布寨卡病毒正在美洲地区“爆炸性传播”，巴西密集出现的新生儿小头畸形和其他神经系统病变构成“国际关注的突发公共卫生事件”。2016年11月，WHO宣布寨卡疫情紧急阶段结束，据WHO美洲办事处通报，这次寨卡疫情导致了美洲53.2万例感染，确诊17.5万例，但大部分为轻症。

埃博拉出血热。埃博拉出血热（EBHF）是由埃博拉病毒（EBV）引起的一种急性传染病，是当今世界上最致命的病毒性出血热。主要通过接触病人或感染动物的血液、体液、分泌物和排泄物等而感染，临床表现主要为突起发热、呕吐、腹泻、出血和多脏器损害，病死率高。埃博拉病毒对人群普遍易感。蝙蝠极有可能是埃博拉病毒的自然宿主。埃博拉出血热最早发现并暴发于1976年的苏丹南部和扎伊尔北部，此后40多年里，非洲共发生10起大大小小的埃博拉疫情，每一次出现都导致巨大的恐慌和人员死亡。2013年12月，西非几内亚确诊首个埃博拉病毒感染病例，从此拉开了长达两年多的埃博拉出血热疫情大流行。据WHO统计，截至2016年1月14日西非埃博拉疫情的结束，共发生28 637例，死亡11 315人，病死率高达近50%，局部地区最高临床致死率达71%。2018年8月，刚果（金）暴发第10次埃博拉疫情，疫情持续19个月，共有超过4 500人感染，导致2 264人死亡，死亡率超过65%。2020年6月1日，非洲刚果（金）西北暴发了新一轮埃博拉疫情，这是自1976年以来刚果（金）第11次发生埃博拉疫情，直至11月18日才正式宣告结束。

中东呼吸综合征。中东呼吸综合征（Middle East Respiratory Syndrome，MERS），是一种由中东呼吸综合征冠状病毒（MERS-CoV）引起的发热呼吸道疾病。该病毒于2012年9月在沙特阿拉伯首次被发现，目前发现的病例主要集中在中东与欧洲。MERS病毒来源于单峰骆驼等动物的可能性比较大。MERS症状包括发热、咳嗽和呼吸困难、肺炎、肾功能衰竭和腹泻等消化道症状。目前尚无可用的疫苗和特异性治疗方法，主要采用对症治疗和支持性治疗。据2015年5月25日WHO公布的数据显示，全球累计确诊MERS病例

1 139例，其中431例死亡，病死率为37.8%。这些病例来自24个国家和地区，病例多集中在沙特阿拉伯、阿联酋等中东地区。截至2019年6月底，全球共报告确诊病例2 449例，死亡845例，病死率为34.5%，其中沙特阿拉伯2 058例，死亡767例，病死率为37.2%。

新型冠状病毒肺炎。新型冠状病毒肺炎（Corona Virus Disease 2019，COVID-19），简称“新冠肺炎”，是指2019新型冠状病毒感染导致的肺炎。该病以发热、干咳、乏力等为主要表现，重症病例多在1周后出现呼吸困难，严重者快速进展为急性呼吸窘迫综合征、脓毒症休克、难以纠正的代谢性酸中毒和出凝血功能障碍及多器官功能衰竭等。主要的传播途径有呼吸道飞沫传播、接触传播，人群普遍易感。病毒由蝙蝠冠状病毒变异而来的可能性极大。

学习思考

1. 植物如何影响人类健康？
2. 宠物对人类健康有哪些益处？
3. 哪些疾病是人畜共患病？
4. 微生物如何应用于污染治理？
5. 从瘟疫防控视角谈一谈如何协调人与环境的关系。

拓展阅读

1. 陈松、杨紫陌编著：《有益健康的128种室内植物》。哈尔滨：哈尔滨出版社2009年版。

2. 王芳宇、曹丽敏主编：《生命与健康》。上海：华东师范大学出版社2012年版。

3. 杨文博编著：《微生物与健康》。天津：南开大学出版社1992年版。

4. 邓功成、吴卫东主编：《微生物与人类》。重庆：重庆大学出版社2015年版。

5. 芭芭拉·纳特森·霍洛威茨、凯瑟琳·鲍尔斯著：《共病时代 动物疾病与人类健康的惊人联系》。北京：生活·读书·新知三联书店2017年版。

第七讲　环境污染与健康

环境是人类生存的空间，不仅包括自然环境，日常生活、学习、工作等社会环境，还包括现代生活用品的科学配置与使用。随着科技的发展和人民生活水平的提高，人们对生活环境中出现的许多不定因素以及环境问题对人体健康的影响也越来越关注。

环境污染指有害物质或因子进入环境，使环境系统的结构和功能发生变化，以及由此衍生的各种环境效应（如温室效应、酸雨和臭氧层破坏等），从而对人类和生物的生存与发展产生不利影响的现象[①]。环境中常见的污染物及污染因素对人体健康会产生众多不良影响。环境污染按照污染要素主要分为大气污染、水体污染、土壤污染及噪声污染等。

第一节　大气污染与健康

大气污染指大气环境中污染物质的浓度达到有害程度，以至破坏生态系统和人类正常生存和发展的条件，对人或物造成危害的现象。大气污染对人的健康和精神状态、生活、工作、建筑设备以及动植物生长等方面产生直接或间接的影响和危害。大气中常见的污染物主要有粉尘、碳氧化物、氮氧化物（NO_X）、碳氢化合物（CH_X）、病毒、病菌等。其中典型大气污染物包括总悬浮颗粒物（TSP）、一氧化碳（CO）、二氧化硫（SO_2）、二氧化氮（NO_2）、臭氧（O_3）等。

大气污染物可分为自然污染物和人为污染物两类。人为污染物的来源主要有工业生产、农业生产和交通运输等过程中排入大气中的废气、泄漏物等，尤其是来自煤和石油燃烧以及工业生产产生的废气。天然污染源如火山喷发、森林火灾、自然尘、海浪飞沫等。

---

① 郭怀成主编：《环境科学基础教程》。北京：中国环境科学出版社，2003年，第136页。

一、总悬浮颗粒物的健康危害

总悬浮颗粒物（Total Suspended Particulate，TSP）是飘浮在空气中的固态和液态颗粒物的总称，其粒径范围为0.1—100微米。

总悬浮颗粒物的来源。总悬浮颗粒物的来源主要包括自然源及人为源。自然源主要为土壤、扬尘及沙尘等；人为源主要来自燃煤、燃油及其他工业生产过程。

TSP中粒径大于10微米的物质，几乎都能够被人体的鼻腔和咽喉所捕集，故不能进入肺泡。其中对人体危害最大的是粒径在10微米以下的浮游状颗粒物，即可吸入颗粒物，目前研究最多的两类为PM_{10}及$PM_{2.5}$。PM_{10}是飘浮在空气中的空气动力学当量直径小于等于10微米的固态和液态颗粒物的总称。其中一些颗粒物主要来自污染源的直接排放，比如煤炭燃烧与机动车尾气；另一些颗粒物则是由环境空气中硫氧化物、氮氧化物、挥发性有机化合物及其他化合物互相作用形成的细小颗粒物。$PM_{2.5}$指存在于环境空气中空气动力学当量直径小于等于2.5微米的颗粒物，也称细颗粒物、可入肺颗粒物，其直径不足人的头发丝粗细的1/20。$PM_{2.5}$能较长时间悬浮于空气中，其在空气中含量（浓度）越高，就代表空气污染越严重。

【知识窗7-1】

雾　霾

雾霾天气是一种大气污染状态，雾霾是对大气中各种悬浮颗粒物含量超标的笼统表述，尤其是$PM_{2.5}$被认为是造成雾霾天气的元凶。随着空气质量的恶化，阴霾天气现象出现增多，危害加重。

2013年1月，4次雾霾过程笼罩30个省（区、市），在北京仅有5天不是雾霾天。有报告显示，中国最大的500个城市中，只有不到1%的城市达到世界卫生组织推荐的空气质量标准。2016年12月，入冬来最持久雾霾天气来临，多个城市已达到严重污染，雾霾最严重的时段，甚至影响包括京津冀、山西、陕西、河南等11个省市在内的地区。

——资料来源：穆泉，张世秋：《2013年1月中国大面积雾霾事件直接社会经济损失评估》，《中国环境科学》，2013年第33期第11卷，第2087—2094页。

颗粒物对人体健康的影响。$PM_{2.5}$颗粒可突破人体鼻腔绒毛以及痰液的阻隔，顺利进入支气管以及肺泡，从而被人体吸收。进入肺泡的微尘会迅速地被吸收，并且不经过肝脏解毒迅速进入血液循环，遍布全身，损害血红蛋白的输氧能力，使人体丧失血液，并且引发全身各系统疾病[①]。$PM_{2.5}$会刺激肺内迷走神经，造成自主神经系统紊乱而波及心脏，发生心脏毒害；$PM_{2.5}$也易造成凝血异常，血黏度增高，导致心血管病症发生；$PM_{2.5}$上还附着很多重金属及多环芳烃等有害物，造成孕妇胎盘血毒性，易导致胎儿宫内发育迟缓和出生低体重，毒物还可以通过胎盘，直接毒害胎儿，特别是在妊娠早期。

由WHO、美国华盛顿大学等全球50个国家303个研究单位历时5年完成的《2010年全球疾病负担评估》报告指出，对全球死亡人数有负担的67个主要风险因子中，大气中的$PM_{2.5}$位居第7位，而在中国位居第4位，仅次于高血压、饮食习惯和吸烟。2010年在全世界范围内，$PM_{2.5}$导致了约320万人过早死亡，在中国很大程度上导致了约120万人的过早死亡[②]。

二、一氧化碳的健康危害

一氧化碳（CO），无色、无臭、无刺激性的有毒气体，是煤、石油等含碳物质不完全燃烧的产物。一氧化碳极易与人体血液中的血红蛋白结合形成碳氧血红蛋白，使血红蛋白丧失携氧、运氧的能力和作用，造成组织缺氧引发窒息，严重时可致人死亡。CO在空气中不易与其他物质产生化学反应，故可在大气中停留2—3年之久，如局部污染严重，对人群健康会带来危害。

CO的来源。环境中的CO有自然来源和人为来源两种。自然来源如火山爆发、森林火灾、地震等都可能造成局部地区CO浓度增高。人为来源则更为广泛，凡是含碳的燃料不完全燃烧都会产生CO，如炼钢、炼铁、炼油过程中煤炭、石油燃烧等。大气中的CO主要来源是工矿企业、交通运输、采暖锅炉、燃放烟花爆竹等。

CO对人体健康的危害。CO与血红蛋白的结合，不仅会降低血球携带氧的能力，而且还抑制、延缓氧血红蛋白的解析与释放，导致机体组织因缺氧而坏死，严重者甚至可能危及人的生命安全。

---

① 吴丹、曹双、汤莉莉等：《南京北郊大气颗粒物的粒径分布及其影响因素分析》，《环境科学》，2016年第9期，第3268—3279页。

② 王庚辰、王普才：《中国$PM_{2.5}$污染现状及其对人体健康的危害》，《科技导报》，2014年第26期，第72—78页。

CO中毒按照程度可分为轻度、中度和重度中毒。轻度中毒者出现头晕、恶心、乏力及意识模糊、朦胧等反应，离开中毒场所吸入新鲜空气或氧气数小时后，会逐渐恢复正常。中度中毒者除上述症状外会出现心律失常，感觉和运动分离，可出现嗜睡、昏迷、多汗、脉快等系列反应，及时移离中毒场所并经抢救后可逐渐恢复正常，一般无明显并发症或后遗症。重度中毒表现为中毒者迅速进入昏迷状态，患者面色转为苍白或青紫色，并且出现血压下降、瞳孔散大的症状，更重者会因呼吸麻痹而死亡。此外，重度中毒患者经抢救存活后可能伴随严重并发症及后遗症，还会出现其他脏器的缺氧性改变或并发的现象。

三、二氧化硫的健康危害

二氧化硫（SO_2）无色有毒，有强烈刺激性气味，易溶于水，是大气主要污染物之一。它是形成酸雨的主要物质，是最常见、最简单的硫氧化物。含有大量SO_2的烟气在大气中逐渐氧化成酸性氧化物后，再与大气中的水汽结合成雾状的硫酸，并随雨一起降落下来形成酸雨。酸雨中含有多种无机酸和有机酸，绝大部分是硫酸和硝酸，多数情况下以硫酸为主。酸雨具有腐蚀性，不仅对人体健康产生危害，还能对建筑物、雕塑、室外艺术品等造成损害。

SO_2的来源。SO_2污染源可归纳为三个方面：①硫酸厂尾气中排放的SO_2。②有色金属冶炼过程排放的SO_2，如铜、铅、锌、钴、镍、金、银等矿物，都含硫化物，在冶炼过程中排放出大量的SO_2。③燃煤烟气中的SO_2。煤炭直接燃用，燃烧过程中排放出大量的SO_2，燃煤SO_2排放量占总SO_2排放量的85%以上，是造成大气污染的主要因素[①]。

SO_2对人体健康的危害。SO_2对人体健康的危害主要表现在SO_2进入呼吸道后，因其易溶于水，故被阻滞在上呼吸道，在湿润的黏膜上生成具有腐蚀性的亚硫酸、硫酸和硫酸盐，引起呼吸系统疾病。SO_2可被吸收进入血液，对全身产生毒副作用，它能破坏酶的活力，从而明显地影响碳水化合物及蛋白质的代谢，对肝脏有一定的损害[②]。此外，SO_2与大气中的烟尘有协同作用。当大气中SO_2浓度为0.21 ppm，烟尘浓度大于0.3 ppm，可使呼吸道疾病发

---

① 刘东生、李凤起：《二氧化硫污染治理及其资源化利用新途径》，《辽宁城乡环境科技》，2006年第4期，第61—64页。

② 陈娟、崔淑卿：《空气中二氧化硫对人体的危害及相关问题探讨》，《内蒙古水利》，2012年第3期，第174—175页。

病率增高，慢性病患者的病情迅速恶化[1]。

四、氮氧化物的健康危害

氮氧化物（NO_X）是大气中的主要污染物之一，指的是只由氮、氧两种元素组成的化合物。NO_X 种类很多，如表 7-1 所示，作为空气污染物的 NO_X 常指 NO 和 NO_2。除 NO_2 以外，其他 NO_X 均极不稳定，遇光、湿或热变成 NO_2 及 NO，NO 又变为 NO_2。NO_X 都具有不同程度的毒性。NO_X 对环境的损害作用极大，它是形成酸雨的主要物质之一，也是形成大气中光化学烟雾的重要物质和消耗 O_3 的一个重要因子。

表 7-1　NO_X 及其特性

氮氧化物	特性
一氧化二氮（N_2O）	气体，比空气略重，高温能引起爆炸
一氧化氮（NO）	无色无臭气体，低温下液态呈蓝色
二氧化氮（NO_2）	21.1 ℃时为红棕色刺鼻气体，21.1 ℃以下呈暗褐色液体
三氧化二氮（N_2O_3）	气体，强氧化性，高温可燃
四氧化二氮（N_2O_4）	二氧化氮的二聚体，常与 NO_2 混合构成平衡态混合物
五氧化二氮（N_2O_5）	常态下呈固体，较稳定，强氧化性

氮氧化物的来源。氮氧化物中引起大气污染的主要是 NO 和 NO_2。NO 的毒性不太大，但进入大气环境后可被缓慢地氧化成 NO_2，并且当大气中有 O_3 等强氧化剂存在时，或在催化剂作用下，其氧化速度会加快[2]。大气中的氮氧化物来源主要有两方面：一方面由自然界中的固氮菌、雷电等自然过程从空气、土壤中获取的，氮素主要来自土壤和海洋中有机物的分解，属于自然界的氮循环过程。另一方面由人类活动所产生。在人类活动产生的氮氧化物中，由各种炉窑、机动车和柴油机等燃料高温燃烧产生的约占 90%以上，主要包括火力发电、机动车尾气、采暖燃烧等。

氮氧化物对人体健康的危害。在 NO_2 污染区内，人体呼吸机能下降，尤其氮氧化物中的 NO_2 可引起咳嗽和咽喉痛，如果再加上 SO_2 的影响，会加重

① 刘玉香：《SO_2 的危害及其流行病学与毒理学研究》，《生态毒理学报》，2007 年第 2 期，第 225—231 页。

② 吴晓青：《我国大气氮氧化物污染控制对策》，《环境保护》，2009 年第 16 期，第 9—11 页。

支气管炎、哮喘病和肺气肿，使呼吸器官发病率增高①。除开这些对人体健康的直接危害，氮氧化物也通过其他方式间接对人体健康造成危害，如酸雨和光化学烟雾等。同硫氧化物类似，氮氧化物在大气中会逐渐氧化成酸性氧化物后与水汽结合形成硝酸，随雨一起降落形成酸雨。

【知识窗 7-2】

光化学烟雾

光化学烟雾是汽车、工厂等污染源排入大气的碳氢化合物和氮氧化物（NO_X）等一次污染物在紫外线作用下发生光化学反应生成二次污染物混合所形成的有害浅蓝色烟雾。

在 1952 年 12 月的一次光化学烟雾事件中，洛杉矶市 65 岁以上的老人死亡 400 多人。1955 年 9 月，由于大气污染和高温，短短两天之内，65 岁以上的老人又死亡 400 余人，许多人出现眼睛痛、头痛、呼吸困难等症状。

五、臭氧的健康危害

臭氧又称为超氧，在常温下，它是一种有特殊臭味的淡蓝色气体。臭氧主要存在于距地球表面 20—35 千米的同温层下部的臭氧层中，是由大气中氧气吸收了太阳的波长小于 185 纳米紫外线后生成的，此臭氧层可吸收太阳光中对人体有害的短波（30 纳米以下）光线。应防止这种短波光线射到地面，使人类免受伤害。

臭氧的来源。工业过程中排放的废气和汽车尾气中大量存在的挥发性有机物与 NO_X 在合适的气象条件下可生成臭氧。随着私家车数量和工业废气排放量的迅速增长，地面臭氧污染在欧洲、北美、日本以及我国的许多发达城市中普遍存在。日常所说的臭氧污染是指由汽车、工厂等污染源排入大气的与 NO_X 和碳氢化合物等一次污染物，在太阳紫外线的照射下发生光化学反应，生成臭氧、过氧乙酰硝酸酯（PAN）等二次污染物共同导致光化学烟雾。

臭氧污染对人体健康的危害。当臭氧被吸入呼吸道时，就会与呼吸道中的

① 苏涛：《大气中氮氧化物的形成及防治》，《科学咨询》，2009 年第 6 期，第 43—44 页。

细胞、流体和组织很快反应，导致机体肺功能减弱和组织损伤。超标的臭氧会引起眼睛灼热不适、干燥、刺激黏膜。臭氧还会刺激人的呼吸系统，造成呼吸短促、咳嗽、引发哮喘、胸闷，增加患呼吸道疾病的危险，甚至会造成肺炎，增加心脏负担，还会造成人的神经中毒、头晕头痛、视力下降、记忆力减退等。婴幼儿、青少年、老年人、户外工作者和肺病患者最易受臭氧污染的威胁。

第二节 水污染与健康

水污染主要是由于人类排放的各种外源性物质进入水体后，超出了水体自净作用，导致其化学、物理、生物或者放射性等方面特性的改变，从而影响水的有效利用，破坏生态环境，危害人体健康，造成水质恶化的现象[①]。

污水中的酸、碱、氧化剂，以及铜、镉、汞、砷等化合物，苯、乙二醇等有机毒物，会毒死水生生物，影响饮用水源水质，破坏风景区景观[②]。污水中的有机物在被微生物分解的过程中会消耗水中的氧，水中溶解氧耗尽后，有机物在厌氧条件下进行分解，产生硫化氢、硫醇等难闻气体，会使水质进一步恶化，并影响水生生物的生命活动。根据组成污染杂质的不同，水污染可以分为生物性污染、物理性污染和化学性污染三大类，如图 7-1 所示。

饮用污染水体或食用污染水体中产出的食物，会对人体带来健康危害。除草剂或除虫剂中如苯胺、苯并芘和其他多环芳烃等物质都可进入水体，导致水体中含有可致癌的污染物，这些污染物可以在水中悬浮物、底泥和水生生物体内积累，若长期饮用这类含污染物质的水，就可能诱发癌症。而使用污染的天然水体或使用这类污染水直接灌溉农田，会破坏土壤的形态、结构和特性，影响田间植物的生长，造成农作物减产，严重时则颗粒无收。受到污染的水体，会危及水生生物的生长和繁衍，并造成渔业大幅度减产。而且通过食物链的富集，鱼类、农作物等动植物中会积累污染水体中的污染物质，经食用后会危害人体健康。

水体污染物是指造成水体物理或化学性质、水中群落及水体底泥质量等恶化，对水中动物、植物、微生物等造成不良影响的各种有害物质，包括持久性污染物（重金属污染物、有毒有害易长期积累的有机污染物等）、非持久性污

---

① 张光华：《水体污染的环境影响》，《世界环境》，1985 年第 1 期，第 29—32 页。

② 罗兰：《我国地下水污染现状与防治对策研究》，《中国地质大学学报（社会科学版）》，2008 年第 2 期，第 78—81 页。

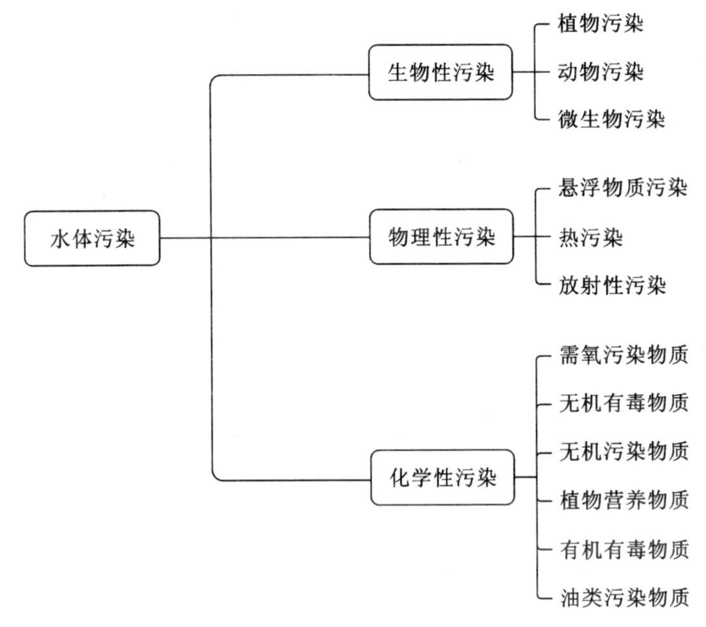

图 7-1　水体污染分类

染物（一般有机污染）、酸碱污染、热污染、悬浮物、植物营养污染物、放射性污染物质、石油类、病原体等。其中，较为常见且对人类危害较大的两类污染物为持久性有机污染物和重金属污染物。

一、持久性有机污染物对健康的危害

持久性有机污染物（Persistent Organic Pollutants，POPs）是指通过各种环境介质（大气、水、生物体等）能够长距离迁移并长期存在于环境中，具有长期残留性、生物蓄积性、半挥发性和高毒性，对人类健康和环境具有严重危害的天然或人工合成的有机污染物质[①]，属于环境激素。

环境激素类物质通常具有一个共性，即在体内或体外呈现激素样属性，可干扰生物体的内分泌活动，影响野生动物和实验动物两性生殖系统的胚胎发育和正常的生殖功能。环境激素污染物广泛存在于空气、水以及土壤等环境介质中。

POPs 的特性。POPs 具有持久性、聚集性和迁移性。POPs 在大气、土

① 员晓燕、杨玉义、李庆孝等：《中国淡水环境中典型持久性有机污染物（POPs）的污染现状与分布特征》，《环境化学》，2013 第 11 期，第 2072—2081 页。

壤、沉积物、生物群中都能存在较长的时间，即使停止使用POPs，最早也要到未来第七代人体内才不会被检出。POPs还容易通过周围媒介富集到生物体内，并通过食物链的生物放大作用达到致人中毒的浓度。此外，POPs能在大气环境中做较为远距离的迁移而不会全部被降解，通过全球蒸馏效应，会沉降到地球的偏远的极地地区，从而导致全球范围的污染传播①。如在人迹罕至的南极的企鹅、海豹，北极的北极熊，甚至在其未出生的胎儿体内均可检出滴滴涕的存在。

POPs的来源。POPs可存在于空气、土壤和水体中，可通过生物富集赋存于食物中，人类通过呼吸空气、饮食等使得POPs进入人体，对人体健康产生影响，常见的POPs及其用途或来源如表7-2所示。

表7-2 常见的POPs及其用途或来源

分类	污染物质	来源
杀虫剂	艾氏剂(Aldrin)	施于土壤中，用于清除白蚁、蚱蜢、南瓜十二星叶甲和其他昆虫
	氯丹(Chlordane)	控制白蚁和火蚁，作为广谱杀虫剂用于各种作物和居民区草坪中
	滴滴涕(DDT)	曾用作农药杀虫剂，但目前用于防治蚊、蝇传播的疾病
	狄氏剂(Dieldrin)	用来控制白蚁、纺织品害虫，防治热带蚊、蝇传播疾病，部分用于农业
	异狄氏剂(Endrin)	喷洒棉花和谷物等作物叶片杀虫剂，也用于控制啮齿动物
	七氯(Heptachlor)	用来杀灭火蚁、白蚁、蚱蜢、作物病虫害以及传播疾病的蚊、蝇等带菌媒介
	六氯代苯(HCB)	用于处理种子，是粮食作物的杀真菌剂
	灭蚁灵(Mirex)	用于杀灭火蚁、白蚁以及其他蚂蚁
	毒杀芬(Toxaphene)	棉花、谷类、水果、坚果和蔬菜杀虫剂

① 赵子鹰、黄启飞、王琪等:《我国持久性有机污染物污染防治进展》,《环境科学与技术》,2013第1期,第473—476页。

续表

分类	污染物质	来源
工业化学品	多氯联苯（PCBs）	用作电器设备高压电缆和荧光照明整流以及油漆和塑料
	六氯苯（HCB）	化工生产的中间体
生产副产品	二噁英（Dioxin）	来源于不完全燃烧与热解
	呋喃（oxole）	含氯化合物的使用

POPs 对人体健康的危害。POPs 大多具有“三致”（致癌、致畸、致突变）效应和遗传毒性，一旦进入环境就会对人类和动物产生大范围且长期的危害，并造成人体内分泌系统、生殖和免疫系统受到破坏，诱发癌症和神经性疾病等[①]。低浓度 POPs 也可以通过生物链逐渐积聚成高浓度，从而造成大的危害。

二、重金属污染物对健康的危害

重金属污染指由重金属或其化合物造成的环境污染，主要由采矿、废气排放、污水灌溉和使用重金属超标制品等人为因素所致[②]。重金属污染主要表现在水体污染中，还有一部分存在于大气环境和固体废物中。重金属能够以各种化学状态或化学形态存在，在进入环境或生态系统后，就会存留于系统中，并且随着各类生物、化学活动，重金属在系统与环境中不断积累和迁移，达到一定数量和浓度后对系统造成危害。

重金属污染主要来源于工业污染，其次是交通污染和生活垃圾污染。工业污染大多以废渣、废水、废气三种形式排入环境，其中的重金属则通过食物链在人和动物、植物中富集，从而污染环境并对人体健康造成很大的危害；交通污染主要是汽车、飞机、轮船等机动交通工具尾气的排放；生活污染主要是一

① 李光辉：《持久性有机污染物（POPs）对动物健康的危害及其对策》，《乳业科学与技术》，2005 年第 5 期，第 229—231 页。

② 王秀珍：《加强重金属污染防治刻不容缓》，《化工管理》，2012 年第 6 期，第 70—74 页。

些生活垃圾的污染，如废旧电池、没有用完的化妆品、上彩釉的碗碟等[①]。

从环境污染方面看，重金属是指汞、镉、铅以及“类金属”——砷等生物毒性显著的重金属。其中，对人体毒害最大的重金属主要有5种：铅、汞、砷、镉、铬。这些重金属在水中不能被分解，因此会长期存留于水体中，人大量饮用此类水后，人体内重金属浓度增加会放大毒性。此外，重金属物质还可与水中的其他毒素结合生成毒性更大的物质。

1. 铅的来源及危害

铅（Pb）的来源。Pb对环境的污染，一是由冶炼、制造和使用Pb制品的工矿企业，尤其是来自有色金属冶炼过程中所排出的含Pb废水、废气和废渣造成的。二是汽车排出的含Pb废气也会造成严重的大气环境污染。汽油中用四乙基铅作为抗爆剂，在汽油燃烧过程中，Pb便随汽车排出的废气进入大气[②]。

Pb对人体健康的危害。Pb能够通过皮肤、消化道、呼吸道等多种途径进入人体内与多种器官组织亲和，主要毒性效应表现为贫血症、神经机能失调和肾损伤等，会造成人体出现低钙、低锌、低铁等症状，易受害的人群有儿童、老人、免疫低下人群等。Pb中毒会出现疲劳、失眠、烦躁、头痛及多动等多种症状，严重者会出现癫痫病症甚至导致患者死亡。儿童的血液中含Pb量超过60 mg/100 mL时，会出现大脑智力发育障碍和日常行为异常。Pb中毒时，能引起高血压与心律失常，还会引起腹痛、腹泻、便秘、消化不良等胃肠机能紊乱。此外，Pb还会引起各类营养素、微量元素丢失造成酶系统紊乱，继而引发相关生理功能低下，Pb对男性生殖腺也会造成一定的损害[③]。

2. 镉的来源及危害

镉（Cd）广泛应用于电镀工业、化工业、电子业和核工业等化工领域，是炼锌业的副产品，主要用在电池、染料或塑胶稳定剂等产品上。相当数量的Cd通过电镀、采矿、冶炼、燃料、电池和化学工业等排放的废气、废水、废渣进入环境而造成污染。相对于其他重金属，Cd更容易被农作物所吸附。

---

① 陈明、蔡青云、徐慧等：《水体沉积物重金属污染风险评价研究进展》，《生态环境学报》，2015年第6期，第1069—1074页。

② 马彦：《土壤重金属污染及其植物修复研究综述》，《甘肃农业科技》，2016年第2期，第69—75页。

③ 杨晓波、闫淑芳、温晓清：《浅谈儿童铅中毒的原因和危害性及防治》，《中国健康月刊：A》，2011年第11期，第353—354页。

Cd 的来源。水体中 Cd 的污染主要来自地表径流汇入和工业废水排放。工业中用硫铁矿石制取硫酸和由磷矿石制取磷肥过程中排出的废水中含 Cd 量较高；铅、锌矿以及有色金属冶炼、燃烧，塑料制品的焚烧，形成的 Cd 颗粒排放到大气中最终都可能进入水体。以 Cd 为原料的颜料、塑料稳定剂、合成橡胶硫化剂、杀菌剂等化工制品合成过程中排放的 Cd 也会对水体造成污染。在城市用水过程中，往往由于含 Cd 容器和管道也可使饮用水中 Cd 含量增加。工业废水的排放会使近海海水和浮游生物体内的 Cd 含量高于远海，工业区地表水的 Cd 含量高于非工业区。

Cd 对人体健康的危害。Cd 及其化合物均具有毒性。Cd 中毒有急性和慢性之分，吸入含有氧化镉的烟雾可产生急性中毒。患者中毒的早期表现为咽痛、胸闷、头晕、恶心、全身无力、发热等症状，严重时可出现中毒性肺水肿或化学性肺炎，有明显的呼吸困难、胸痛、咯大量泡沫血色痰等症状，更严重者可因急性呼吸衰竭而死亡。人体长期吸入 Cd 可产生慢性中毒现象，引起肾脏损害，造成泌尿系统的功能变化。Cd 还能够取代骨中钙，使骨骼严重软化、骨头寸断，还会引起胃肠功能失调，干扰人体和生物体内锌的酶系统，导致高血压症①。矿业工作者和免疫力低下人群最易受其害。

3. 汞的来源及危害

汞（Hg）的来源。Hg 俗称水银，是地壳中相当稀少的一种元素。极少数的 Hg 在自然环境中以纯金属的单元素状态存在，是自然状态下唯一的液体纯金属。Hg 污染是指由 Hg 或含 Hg 化合物所引起的环境污染。Hg 是自然环境中毒性最强的重金属元素之一，各类 Hg 化合物的毒性差别很大。水体 Hg 污染主要来自氯碱、塑料、电池、电子等工业排放的废水以及废旧医疗器械。Hg 及其化合物属于剧毒物质，可在人体内蓄积，主要来源于仪表厂、食盐电解、贵金属冶炼、化妆品、燃煤等②。

Hg 对人体健康的危害。Hg 的毒性与其化学形态、环境条件和侵入人体的途径与方式有关。金属 Hg 蒸汽有高度的扩散性和较大的脂溶性，侵入呼吸道后可被肺泡完全吸收并经血液运至全身。金属 Hg 慢性中毒表现为头痛、头晕、肢体麻木和疼痛、肌肉震颤、运动失调等神经性症状。无机 Hg 化合物因

---

① 姜妮：《重金属污染危害凸显》，《环境经济》，2011 年第 10 期，第 10—14 页。

② 孙淑兰：《汞的来源、特性、用途及对环境的污染和对人类健康的危害》，《上海计量测试》，2006 年第 5 期，第 6—9 页。

难于被吸收，对人构成危害较小。有机 Hg 化合物的毒性较无机 Hg 大，人经口误服氯化乙基 Hg 在 3 mg/kg 左右即重度中毒。因有机 Hg 在细胞内抑制巯基，影响细胞呼吸系统，受影响的部位主要在神经系统组织。

4. 砷的来源及危害

砷（As）的来源。化工产业中 As 单质和含 As 化合物的开采、冶炼，用 As 或 As 化合物作原料的玻璃、颜料、纸张等产品的制作以及杂质煤的燃烧等过程，都可产生含 As 废水、废气和废渣对环境造成严重污染。曾经在我国广泛流传的土法炼 As，造成了 As 的持续性的严重污染，因此致癌死亡人数众多。大气含 As 污染一方面出于岩石风化、火山爆发等自然原因，另一方面主要来自工业生产及含 As 农药的使用、煤的燃烧等。特别是玻璃、木材、制革、纺织、化工、陶器、颜料、化肥等工业的含 As 原材料，均增加了环境中的 As 污染量①。As 和 As 化物一般可通过水、大气和食物等途径进入人体，对人体造成危害。

As 对人体健康的危害。单质 As 的毒性极低，但 As 的化合物均有毒性，三价 As 化合物比其他 As 化合物毒性更强。三氧化二砷（As_2O_3）俗称砒霜、鹤顶红，是一种剧毒物质，它对人体健康系统的影响主要在于神经系统和毛细血管通透性，对皮肤和黏膜也有刺激作用。As_2O_3 急性中毒表现为恶心、呕吐、四肢痛性痉挛、少尿、抽搐、呼吸麻痹等症状，严重者甚至死亡。慢性中毒表现为肝肾损害、皮肤色素沉着、角化过度或疣状增生，以及多发性周围神经炎，可致肺癌、皮肤癌②。

此外，砷化氢也属于一种剧毒物质，在半导体工业中广泛使用，也可用于合成各种有机 As 化合物，其主要毒害作用为使血球分解并伤害中枢神经③。吸入 As 化物急性中毒主要表现眼与呼吸道的刺激症状和神经系统症状，有眼刺痛、流泪、结膜充血、咳嗽、胸痛、呼吸困难等症状，严重者甚至咽喉、喉头水肿，以致窒息，或是发生昏迷、休克，其他器官损害包括中毒性肝炎、心肌损害、肾损害、贫血等。

---

① 朱贤英：《论有毒重金属污染对人体健康的危害及饮水安全》，《湖北教育学院学报》，2006 年第 2 期，第 72—74 页。

② 吕芯怡、王健、张敬等：《土壤重金属污染现状和治理办法调研》，《大陆桥视野》，2016 年第 18 期，第 107—108 页。

③ 林年丰、汤洁：《我国砷中毒病区的环境特征研究》，《地理科学》，1999 第 2 期，第 40—44 页。

【知识窗 7-3】

石门砷污染事件

在湖南省常德市石门县鹤山村，1956 年国家建矿开始用土法人工烧制雄磺炼制砒霜，直到 2011 年企业关闭，砒灰漫天飞扬，矿渣直接流入河里，以致土壤砷超标 19 倍，水含砷量超标上千倍。鹤山村全村 700 多人中，有近一半人是砷中毒患者，因砷中毒致癌死亡 157 人。

5. 铬的来源及危害

铬（Cr）的来源。 Cr 主要来自电镀 Cr 废水、制革、制药、印染业等应用 Cr 及其化合物的工业企业排放的废水，主要以 Cr（Ⅲ）和 Cr（Ⅵ）两种价态进入环境。制革工业、炼油厂、化工厂等所用的循环冷却水中含 Cr 也较高，镀铬厂的废水中含 Cr 量更高，尤其在换电镀液时，常排放出大量含 Cr 废水。

Cr 对人体健康的危害。 Cr 是有毒物质，会导致突变和致癌，侵入机体的途径主要是呼吸道和皮肤，已证实的疾患有皮炎、皮肤溃疡、黏膜损伤、支气管炎、鼻中隔穿孔等。Cr 能够从消化道过量持续摄入，可对内脏产生腐蚀，影响胃肠功能，引发患者呕吐、腹疼，严重者可引起肝、肾病变而死亡。Cr 还对胎儿起抑制和致畸作用。此外，Cr 对水中微生物有致死作用，会抑制水体自净过程。低浓度 Cr 可刺激植物生长和增产，但污灌水高于 5 ppm 会给作物造成危害。

第三节　土壤污染与健康

土壤是地球陆地的表面由矿物质、有机质、水、空气和生物组成的，是陆地上具有肥力并能生长植物的疏松表层[①]。土壤具有肥力的特征，土壤能够不断地供应和协调作物生长发育所必需的水分、养分、空气、热量和其他生活必须条件的能力。

由于城市化发展带来的快速的人口增长和迅猛发展的建筑业、化工产业，

① 朱鹤健、陈健飞、陈松林等：《土壤地理学》。北京：高等教育出版社，2010 年，第 1 页。

越来越多的固体废物被堆放和倾倒在土壤表面，大量的有害废水也不断通过径流向土壤中渗透，大气中的有害气体及飘尘也随雨水沉降在土壤中，土壤污染程度不断加深。土壤污染不但影响作物产量与品质，而且可以通过食物链危害人类的生命和健康。土壤中重金属以及病菌、病毒等污染物质对健康危害较大，能够导致人神经功能紊乱，动物实验显示还有致突变、致畸、致癌的作用。

一、土壤污染的基本概念

土壤污染是人类生产和生活活动向环境中排放的三废物质通过大气、水体和生物间接地进入土壤，造成土壤中有害物质含量过多，超过土壤的自净能力，引起土壤的组成、结构和功能发生变化的现象①。土壤微生物活动受到抑制，有害物质或其分解产物在土壤中逐渐积累，通过“土壤→植物→人体”，或通过“土壤→水→人体”间接被人体吸收，危害人体健康。

土壤污染物大致可分化学污染物、物理污染物、生物污染物和放射性污染物四类②，化学污染物又分为无机污染物和有机污染物（表 7-3）。

表 7-3 土壤污染物分类

分类	物质及来源	
化学污染物	无机污染物	酸、碱、重金属、盐类等
	有机污染物	有机农药、酚类、氰化物、石油、合成洗涤剂、污泥及厩肥带来的有害微生物等
物理污染物	工厂、矿山的固体废弃物如尾矿、废石、粉煤灰和工业垃圾等	
生物污染物	带有各种病菌的城市垃圾和由卫生设施、医院排出的废水、废物以及厩肥等	
放射性污染物	核原料开采和大气层核爆炸地区，以锶和铯等在土壤中生存期长的放射性元素为主	

二、土壤污染的特点

大气污染、水污染和废弃物污染等问题一般都比较直观，通过感官就能发

① 宋伟、陈百明、刘琳：《中国耕地土壤重金属污染概况》，《水土保持研究》，2013 第 2 期，第 293—298 页。

② 颜志明：《土壤污染及质量状况调查》，《污染防治技术》，2012 年第 2 期，第 10—13 页。

现。而土壤污染则不同，它往往要通过对土壤样品进行分析化验和农作物的残留检测，甚至通过研究对人畜健康状况的影响才能确定[①]。因此，土壤污染从产生污染到出现问题通常会滞后较长的时间。如日本的“痛痛病”经过了10—20年之后才被人们所认识。土壤污染具有累积量大、不可逆转、难治理的特性，这些都给污染治理带来了困难，同时也使土壤污染给人类健康带来的危害更加严重。

累积性。大气和水体的流动性较大，因此污染物质在土壤中更容易贮存，不便于污染物质的扩散和迁移。污染物质在土壤中并不像在大气和水体中那样容易随着介质的流动而进行扩散和稀释，因此会在土壤中不断积累而超标，这一特点同时也使土壤污染具有很强的地域性。

不可逆转性。重金属对土壤的污染基本上是一个不可逆转的过程，许多有机化学物质的污染也需要较长的时间才能降解[②]。被镉、汞等重金属污染的土壤可能要 100—200 年时间才能够恢复。

难治理性。如果大气和水体受到污染，切断污染源之后通过稀释作用和自净作用也有可能使污染问题不断逆转，但是积累在污染土壤中的难降解污染物则很难靠稀释作用和自净化作用来消除[③]。土壤污染一旦发生，仅仅依靠切断污染源的方法则往往很难恢复，有时要靠换土、淋洗土壤等方法才能解决问题，其他治理技术可能见效较慢。因此，治理污染土壤通常成本较高、治理周期较长。

三、土壤污染的类型

水体污染型。水体污染型是指利用工业废水、城市生活污水和受到污染的地表水进行灌溉而导致的土壤污染。污水内的悬浮物会在长期灌溉中与土壤凝结，破坏土壤原有的物理结构而出现结块，影响土壤对肥料的吸收能力，特别是过量盐分的存在还会降低土壤的渗透力，影响土壤微生物群的生长。

大气污染型。大气污染型是指大气污染物通过干、湿沉降过程而导致的土壤污染，如大气气溶胶的重金属、放射性元素和酸性物质等造成的土壤污染。大气沉降是土壤污染的重要来源，污染物质吸附在气溶胶上然后通过干沉降和

---

① 曲向荣、孙约兵、周启星：《污染土壤植物修复技术及尚待解决的问题》，《环境保护》，2008 年第 12 期，第 45—47 页。

② 霍海洲：《土壤污染的防治措施研究》，《内蒙古石油化工》，2011 年第 4 期，第 8—9 页。

③ 颜志明：《土壤污染及质量状况调查》，《污染防治技术》，2012 年第 2 期，第 10—13 页。

湿沉降的方式返回地表环境，并在地表土壤中进行不同程度的积累，从而引起土壤污染问题。

生物污染型。当垃圾、粪便、生活污水等污染源排入土壤时，如果不加以进一步的消毒灭菌处理，土壤常容易遭受生物污染，成为某些病原菌的疫源地。受到古老传统的养殖观念与耕种观念的影响，畜禽养殖场的一些工作人员和农民普遍认为，畜禽排泄物可以用在农作物种植当中，并且是具有更佳效果的有机肥料。但将未经科学处理的畜禽排泄物直接排放至农田，会导致硝酸盐、磷等重金属物质在农田当中不断累积，促使畜禽排泄物造成土壤污染。

固体废弃物污染型。固体废弃物污染型是指工矿企业排出的废渣、污泥和城市垃圾等物质在地表堆放或处置过程中通过扩散、降水淋溶、地表径流等方式直接或间接地造成的土壤污染[①]。其中，电子废弃物污染是常见的固体废弃物污染。生活中处理此类废弃物需注意垃圾分类，按一定规定或标准将垃圾分类储存、分类投放和分类搬运，从而转变成公共资源。

【知识窗 7-4】

电子废弃物

电子废弃物，俗称“电子垃圾”，是指被废弃不再使用的电器或电子设备，主要包括电冰箱、空调、洗衣机、电视机等家用电器和计算机等通信电子产品的淘汰品。电子废弃物的成分复杂，其中半数以上的材料对人体有害，有一些甚至是剧毒的。许多元件中均含有汞、砷、铬等各种有毒化学物质，被填埋或者焚烧时，其中的重金属渗入土壤，进入河流和地下水，将会造成当地土壤和地下水的污染，直接或间接地对当地的居民及其他生物造成损伤。

——资料来源：王小雷、贺军：《探讨电子废弃物的处置与管理》，《环境科学与管理》，2006 年第 31 期，第 19—21 页。

农业污染型。农业污染型是指农业生产中因长期施用化肥、农药、垃圾堆肥和污泥而造成的土壤污染。在农业生产发展中，盲目施肥、过量施肥和单一

---

① 贾一波、田义文：《中国耕地污染防治立法研究》，《商场现代化》，2008 年第 2 期，第 306—308 页。

使用化肥等不合理施肥会向土壤添加过量的营养盐、有害重金属等污染物质并在土壤中积累，导致土壤严重污染，有些污染物质还会通过食物链储存在人体内，危害人体健康。

综合污染型。综合污染型是指由多种污染源和多种污染途径同时造成的土壤污染。例如土壤在受到污水灌溉后，又受到大气沉降、固体废弃物、农药、化肥等污染物的长期污染，使得土壤呈现出多种污染状况，这种情况下土壤污染往往很严重且难治理。

四、土壤污染的健康危害

土壤是人类赖以生存的环境，在这个不可缺少的环境中必然要与这个生存环境接触，与土壤环境进行物质交换。因此受到严重污染的土壤环境就直接或间接地影响到人体的健康。

土壤污染对人体健康的直接影响。受污染的土壤中含有大量的有害物质，由于人类的活动，土壤中的细微颗粒会飘浮在空气当中。受污染的土壤粉尘中含有大量的细菌、病毒以及霉菌，通过大气扩散，可以导致呼吸道疾病如哮喘病的急剧增加。土壤中还有一些有毒害的挥发性有机物，如土壤中残留的有机农药进入人体后会引起急、慢性中毒、神经系统紊乱以及“三致”作用。当土壤中的有毒、有害物质和皮肤接触严重时，容易导致一些不良病症，如贫血、胃肠功能失调、皮肿等[①]。

土壤污染对人体健康的间接影响。土壤中的污染物质能够通过大气循环、水循环以及食物链进入人体，间接地影响着人体健康。土壤中含有大量的有机物，氧气充足情况下，能够在好氧微生物以及甲烷菌的作用下分解释放出CO_2、CH_4和NO_X等温室气体，影响气候的变化从而影响到人体健康。土壤中的各种物质成分，经过雨水淋漓后会通过地表径流、渗流、地下径流，有一部分进入饮用用水和娱乐用水水体中，最终到达人体内给人带来健康危害。此外，食物链通过土壤中有害物质的富集对人体健康产生的影响要比水和大气的影响更严重。土壤中的有害、有毒物质都可以通过食物链进入最高级捕食者——人的体内。土壤中的难降解有机质如DDT和狄氏剂等农药，性质稳定、脂溶性很强，即使微量也能够通过动植物累积和生物放大作用在人体中赋存，危

① 李莉、徐巍：《土壤污染对人体健康的影响》，《安徽农业科学》，2007年第10期，第2983—2984页。

害人体健康。

第四节　噪声污染与健康

人类的生活和工作环境中存在着各种各样的声音，有些是人们需要的，比如交谈的声音、欣赏的乐曲等，有些则是人们不需要的、厌烦的，比如机器轰鸣声、汽车鸣笛声等。这些对生活、工作造成影响的、令人厌烦的、我们不希望出现在耳中的声音都属于噪声。日常生活有很多噪声污染事例，如广场舞的乐曲对于习惯早睡的人们来说就是噪声，工厂中各种设备发出的声音对于附近的居民、学校的影响，也属于噪声污染。噪声无处不在，弥漫在我们的身边，给我们的日常工作、学习生活都带来不良影响。

一、噪声污染的概念

噪声。噪声从物理学的角度来看是指发声体做无规则振动时发出的声音。声音由物体的振动产生，以波的形式在一定的介质（如固体、液体、气体）中进行传播。从生理学观点来看，通常所说的噪声污染是指人为造成的，凡是干扰人们休息、学习和工作以及对人所要听的声音产生干扰的声音，即不需要的声音，统称为噪声。

噪声污染。当噪声对人及周围环境造成不良影响时，就形成噪声污染。产业革命以来，各种机械设备的创造和使用，给人类带来了繁荣和进步，但同时也产生了越来越多而且越来越强的噪声。噪声不但会对听力造成损伤，还能诱发多种致癌致命的疾病，对人们的生活、工作产生干扰①。

二、噪声污染的来源

交通噪声。指的是机动车辆、船舶、地铁、火车、飞机等交通运输过程中产生的发动机、鸣笛等一系列噪声。由于机动车辆数目显著增加，交通噪声已经成为各大城市的主要噪声源。一般来说，交通噪音能够直接影响到人们的日常学习、工作和生活，严重时可危害人们的健康，间接造成巨大的经济损失。世界卫生组织认为，交通噪声对各地居民身心健康状况的影响不容忽视，已经

---

① 刘砚华、张朋、高小晋：《我国城市噪声污染现状与特征》，《中国环境监测》，2009 年第 4 期，第 88—90 页。

成为城乡日常活动中的“隐形暴力”。

工业噪声。指的是工厂的各种设备在生产过程中产生的噪声。工业噪声的声级一般较高，对工人及周围居民带来较大的影响。工业噪声污染是影响工人健康和工作效率的主要环境因素之一，对人体有着多方面的影响，不仅可导致听觉器官受损，还会造成中枢神经系统失衡，诱发心血管疾病，造成消化系统、内分泌系统功能失调等一系列后果。

建筑噪声。主要来源于建筑机械发出的噪声。建筑噪声的特点是强度较大，且多发生在道路、街区、建筑工地等人口较为密集的地区，因此严重影响居民的休息与生活。伴随着全国各地城市化建设的快速发展，建筑施工带来的噪声污染问题也日益突出，受到广大民众的关注。部分地区建筑噪声污染尤为严重，特别是城市人口集密地区的建设项目建筑施工，对周围社区居民的正常生活产生极大影响。

社会噪声。包括人们的社会活动和家用电器、音响设备发出的噪声。这些设备的噪声级虽然不高，但由于和人们的日常生活联系密切，使人们在休息时受到影响，尤为让人烦恼，极易引起邻里纠纷①。

三、噪声污染的特性

噪声的公害特性。噪声属于感觉公害，与其他有害、有毒物质引起的公害不同。首先，它不存在污染物质，即噪声在空中传播时并未给周围环境留下什么毒害性的物质。其次，噪声对环境的影响不具有积累性、持久性，且噪声传播的距离也有限，扩散范围不广，噪声声源分散，一旦声源停止发声，噪声也就随之消失。因此，噪声不能集中处理，需用特殊的方法进行控制。

噪声的声学特性。简单地说，噪声就是声音，它具有一切声学的特性和规律。噪声对环境的影响和它的强弱有关，噪声愈强，影响愈大。衡量噪声强弱的物理量是噪声级。

四、噪声污染对健康的危害

1. 噪声对听力的损伤

噪声对人体最直接的危害是对听力的损伤。人们在进入强噪声环境时，暴

---

① 张守斌、魏峻山、胡世祥等：《中国环境噪声污染防治现状及建议》，《中国环境监测》，2015 年第 3 期，第 24—26 页。

露一段时间，会感到双耳难受，甚至会出现头痛等感觉[①]。待离开强噪声环境转到稍微安静的另外场所休息一段时间之后，听力就会逐渐恢复正常，这种现象叫作暂时性听阈偏移，又称听觉疲劳。但是，如果人们长期暴露于强噪声环境，持续性听觉疲劳且不能得到及时休息恢复，其内耳器官可能会发生器质性病变，即形成永久性听阈偏移，又称噪声性耳聋。如果人突然暴露于极其强烈的噪声环境中，其听觉器官会被强噪声刺激，发生急剧外伤，引起鼓膜破裂出血，螺旋器从基底膜急性剥离，可能使人耳完全失去听力，即出现爆震性耳聋。

一般情况下，85 分贝以下的噪声不至于危害听觉；而 85 分贝以上则可能损伤听觉，发生危险；长期工作在 90 分贝以上的噪声环境中，耳聋发病率会明显增加。

2. 噪声能诱发多种疾病

噪声能够通过内耳、外耳等听觉器官到达大脑中枢神经系统，影响到全身各个器官组织，故噪声除了会对人的听力造成损伤外，还会给人体其他系统带来危害。在高噪声中工作和生活的人们，一般健康水平逐年下降，对疾病的抵抗力减弱，从而诱发一些疾病。

噪声影响人的心血管系统。强噪音会使人出现脉搏和心率改变，血压升高，心律不齐，增加荷尔蒙的血液浓度等系列反应。即使暴露于噪声中的人处于睡眠状态，也一样会受到影响[②]。长期在高噪声环境中工作的人与低噪声环境中工作的人相比，其高血压、动脉硬化和冠心病的发病率要高 2—3 倍。

噪声影响人的神经系统。噪声可刺激人的神经系统，长期在噪声环境下工作的人，不仅容易急躁易怒，还会引发神经衰弱症候群。强噪声会使人出现头痛、头晕、失眠、情绪不安、记忆力减退等症候群，严重的还会导致脑电图慢波增加，植物性神经系统功能紊乱等。有调查显示，在接触噪声的 80 名工人中，视力出现红、绿、白三色视野缩小者达到 80%。2003 年中国曾发生首例因噪声污染而导致居民自杀的事件，一家河北省迁安市的农民在自家院子开设“饮料工厂”，邻居因不堪忍受整夜发出的运输饮料和空瓶的车辆马达声等各种

① 唐兆民：《噪声污染的现状、危害及其治理》，《生态经济》，2017 第 1 期，第 6—9 页。

② 王丽：《浅谈社会生活噪声污染与防治》，《中小企业管理与科技》，2017 年第 4 期，第 33－34 页。

噪声，最终在村边的小树林里自缢身亡①。

噪声影响人的内分泌系统。强噪声会影响人体内的激素分泌，使人出现甲状腺功能亢进、肾上腺皮质功能增强、基础代谢率升高、性机能紊乱、月经失调等系列症状。在消化系统方面，强噪声还会造成消化机能减退、胃功能紊乱、胃酸减少、食欲不振等反应。

噪声影响儿童智力发育。噪声会严重影响孕妇和胎儿的健康，导致孕妇流产、早产，噪声还会影响胎儿听觉器官的发育，并进而使脑的部分区域受损，严重影响胎儿的智力发育。有研究报告指出，在大型机场附近上学的儿童，由于长期暴露在飞机噪声下，智力发育特别是阅读能力都受到了影响。

学习思考

1. 查阅资料，谈谈你所了解的某地区环境污染与“地方病”。
2. 查阅资料，谈谈如何从人群健康的角度，有效防治环境污染。
3. 中国的环境问题有什么特殊性？其根源在哪里？应如何解决？
4. 大气污染会对人类健康构成哪些类型的危害？如何改善大气环境？
5. 环境中物理性污染的种类主要包括哪些方面？对人体健康的危害主要有哪些？

拓展阅读

1. 蕾切尔·卡森著，许亮译：《寂静的春天》。北京：北京理工大学出版社2015年版。
2. 蒋建国编著：《固体废物处置与资源化》。北京：化学工业出版社2013年版。
3. 郭振仁、张剑鸣主编：《突发性环境污染事故防范与应急》。北京：中国环境科学出版社2006年版。
4. 石碧清、赵育主编：《环境污染与人体健康》。北京：中国环境科学出版社2007年版。
5. 方淑荣编著：《环境科学概论》。北京：清华大学出版社2011年版。

---

① 清歌一曲：《噪音污染——公共健康新威胁》，《华章》，2012年第2期，第59页。

第八讲　人口流动与健康

人口流动是一种非常重要的社会经济现象。人口流动往往意味着生产生活环境及方式的改变，势必对流动人口的身心健康产生影响，并使流动人口面临较高的健康风险。人口流动也有可能成为疾病传播和扩散的途径，影响相关人群的身心健康。

第一节　人口流动与流动人口

一、人口流动

人口流动是指人口个体离开常住地，到异地从事经济或非经济活动，并返回常住地的空间移动。人口流动和人口迁移是一对既有联系又有区别的概念。从联系上看，二者都属于人口移动的范畴，是人口个体在空间位置上的移动。从区别上看，根据我国国情，特别是考虑我国的户籍制度，人口流动是不改变常住地的人口移动，且不涉及户口登记地的变化；人口迁移是永久改变常住地的人口移动，往往以户口登记地变更为判断依据。人口流动具有双程往返的特征；人口迁移则是单程的移动，迁入新的常住地或户口登记地即是移动结束。

人口流动是一个受多因素影响的人口空间过程。人口学家 Lee[①] 系统地总结了推拉理论，将人口流动的影响因素概括为四个方面：与流入地有关的因素、与流出地有关的因素、中间障碍和个人因素。流入地和流出地都包含有推力、拉力以及中性因素。其中，中性因素对人口流动不起作用，推力和拉力因素对不同个体而言是不同的。中间障碍主要是指移民限制、距离远近、语言文化差异等。个人因素则指个体的年龄、价值观念、生活方式、收入水平等，都会影响到个体对外界信息的判断和流动的决策[②]。人口个体是否流动，取决于

---

① Lee Everett S. A Theory of Migration. Demography，1966，3(1)：47-57.

② 杨云彦：《中国人口迁移与发展的长期战略》。武汉：武汉出版社，1994 年，第 5 页。

其对这些因素的综合权衡。能够对人口流动形成推力、拉力以及中间障碍的因素包括以下几种：

自然因素。舒适的自然环境和充足的自然资源是人们安居乐业的自然基础和物质前提。如果一个地区自然条件优越，自然资源丰富，就会形成人口流入的拉力。相反，自然条件恶劣，自然资源贫乏，则形成地区人口流出的推力。

经济因素。经济发展水平是人口流动最重要的推拉因素。地区经济发展水平高，居民收入水平高，就会形成人口流入的拉力。相反，地区收入水平低通常是人口流出的推力。改革开放以来，中国国内人口流动的主要流向一直是从中西部向东部和东南沿海，由农村地区向城市，根本原因在于经济发展水平的东中西差异和乡城差异。人均 GDP 高吸引人口流入。如 2012 年人均 GDP 超过 1 万美元的天津、北京、上海、江苏、内蒙古和浙江，除内蒙古以区内人口流动为主外，其他几个省区都是跨省人口流入的主要地区，2005—2010 年省外流入人口几乎占全国省际流入人口的 45%。经济发展水平低可能推动人口流出。2005—2010 年人口流出率最高三个省区依次是人均 GDP 较低的安徽、江西、贵州，其他几个主要的人口流出地还有河南、湖北、湖南、广西、四川、重庆。总的来说，人口流出地区几乎遍布全国、相对分散，而人口流入地区则相对集中在东部主要经济中心城市①。

社会因素。地区就业、教育、医疗以及人口等也是影响人口流动推力和拉力的重要因素。对更好就业机会的追逐是人口流动的重要原因，Todaro② 认为城乡实际收入差距和城镇的就业概率是发展中国家城乡人口流动的决定变量。这两个变量决定了流动人口在城镇中的预期收入，正是预期收入差距而不仅是实际收入差距决定了劳动力的迁移决策。人口因素也是地区人口流入的拉力。一般来说，人口规模由其集聚效应与经济机会相联系，这样人口总是由稀疏地区向密集地区移动。例如人口规模较大的地区对基础服务也会有较大的需求，这类服务在发展中国家通常由非正规部门（主要雇佣流动人口）来提供③。

政治军事因素。一个国家或地区的政治和军事状况对于人口流动有着重要的影响作用。若政局稳定、国泰民安，就会有利于各地区之间的相互交往和联

---

① 郑真真、杨舸：《中国人口流动及未来趋势预测》，《人民论坛》，2013 年第 4 期，第 6—9 页。

② Todaro, Michael P. AModel of Labor Migration and Urban Unemployment in Less Developed Countries. American Economic Review, 1969, 59(1): 138-148.

③ 杨云彦、陈金永、刘塔：《中国人口迁移：多区域模型及实证分析》，《中国人口科学》，1999 年第 4 期，第 20—26 页。

系，人口流动活跃。若政局动荡、危机四伏，就会阻碍各地区之间的相互交往和联系，人口流动缓慢。若因政治和军事的严重对峙而导致分裂，还会割断彼此之间的人口流动①。

政策因素。政策也会显著影响人口流动。如我国以户籍制度为代表的限制人口流动的制度体系，导致大量基于经济目的的潜在流动人口不会做出流动的选择。而20世纪90年代以后，国内人口流动规模快速扩大，在很大程度上也得益于户籍制度的逐渐松动。20世纪90年代末开始实施的西部大开发战略在一定程度上也提高了西部一些省区对人口流入的拉力。

人口个体因素。面对同样的推、拉力及中间障碍，流动决策还取决于人口个体的自然属性和社会经济属性特征。一般而言，男性的流动意愿强于女性，年轻人的流动意愿强于其他群体，受教育程度高的人口做出流动决策的可能性要高于受教育程度低的人口。

二、流动人口

与人口流动的概念对应，流动人口指的是那些暂时离开常住地或户口登记地，到异地从事经济或非经济活动，并返回常住地或户口登记地的人口。出于统计的目的，通常从移动距离和时长两方面对流动人口进行技术性界定。我国统计制度所谓的流动人口是指人户分离人口中扣除市辖区内人户分离的人口。市辖区内人户分离的人口是指一个直辖市或地级市所辖区内和区与区之间，居住地和户口登记地不在同一乡镇街道的人口。人户分离的人口是指居住地与户口登记地所在的乡镇街道不一致且离开户口登记地半年及以上的人口②。

我国流动人口规模在改革开放后持续增长，尤其是20世纪90年代以后增长速度明显加快（图8-1），从1982年的657万人增长到2010年的2.21亿人，占全国总人口的17%左右③。上海、广州和北京等城市常住居民中，约超40%是流动人口。国家统计局2011年统计公报开始公布全国流动人口数据，流动人口仍呈逐年增加态势。2011年全国流动人口2.30亿人，2012年2.36亿人，2013年2.45亿人，2014年达到了2.53亿人，占全国总人口的份额提

① 杜守东：《人口流动问题刍议》，《齐鲁学刊》，1992年第6期，第15—19页。
② 中华人民共和国2011年国民经济和社会发展统计公报。国家统计局，2012-02-22。
③ 郑真真、杨舸：《中国人口流动及未来趋势预测》，《人民论坛》，2013年第4期，第6—9页。

高至18.50%。尽管流动人口规模自2015年起开始呈现缓慢减少趋势，但是至2018年仍高达2.41亿人，占全国总人口的17.27%。

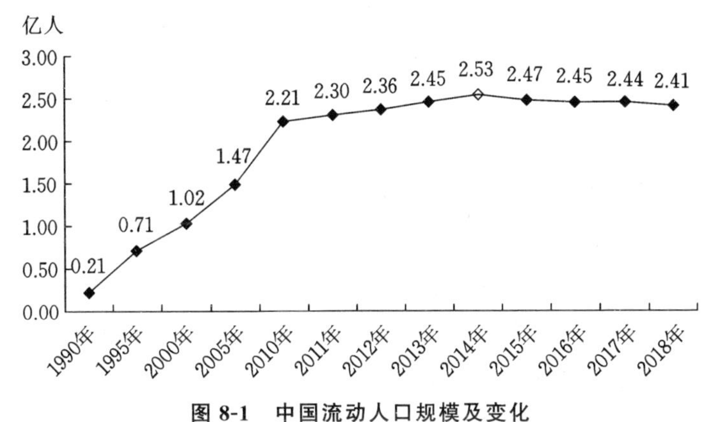

图 8-1　中国流动人口规模及变化

资料来源：1990年、2000年和2010年全国人口普查资料；1995年和2005年全国人口抽样调查资料；2011年—2018年国民经济和社会发展统计公报。

与迁移人口不同，流动人口在空间位置上的移动是暂时性的，常住地或户口登记地不发生改变，且具有回流性。流动人口具有以下一些基本特征。

年龄特征。流动人口的年龄结构比总人口要年轻。我国从改革开放初期的1982年到1990年，流动人口的年龄结构已有很大变化，表现为少年儿童比重大幅度下降，15—64岁劳动年龄人口比重大幅增加，平均年龄和年龄中位数不断上移。2000年人口普查显示，流动人口较高集中在16—38岁年龄段，占流动人口总数的70.3%。2005年1%人口抽样调查中，流动人口集聚年龄段范围扩大和后延，高度集聚范围改变为17—42岁年龄段，占流动人口总数的63.2%[①]。2010年人口普查显示，流动人口的主体是20—49岁的中青年劳动力，占全部流动人口的65%。其中，20—29岁的流动人口占流动人口总数的27.7%，其次为30—39岁的流动人口，占21.3%，再次是40—49岁的流动人口，占16.0%。与之形成鲜明对比的是，总人口中20—29岁人口占17.1%，30—39岁人口占16.1%，40—49岁人口占17.28%[②]。

婚姻特征。流动人口大部分为15岁及以上的婚龄人口。以广东为例，该

① 彭希哲：《六十年人口与人口学》。上海：上海人民出版社，2009年，第217页。

② 陈蓉、王美凤：《经济发展不平衡、人口迁移与人口老龄化区域差异——基于全国287个地级市的研究》，《人口学刊》，2018年第40卷第3期，第71—81页。

省是我国第一流动人口大省，2010 年流动人口达 3 139 万人，占常住人口的 30.09%（仅次于上海、北京）。其中，92.43%是 15 岁及以上的婚龄人口[①]。与常住居民相比而言，流动人口的婚姻状况具有以下基本特征。一是未婚率较高。尽管 2000—2010 年广东省流动人口的未婚比例持续下降、有配偶比例持续上升，但是流动人口的未婚率仍较当地居民高。二是婚姻稳定性较差，离婚率较高。2010 年人口普查显示，我国居民离婚率为 1.9%，农村居民离婚率为 1.39%，城市居民离婚率为 2.9%；而 2014 年的全国流动人口监测数据显示，农村户籍流动人口离婚率为 2.1%，城镇户籍流动人口离婚率为 4.47%。农村户籍流动人口的离婚率要高于农村居民，而城镇户籍流动人口离婚率要高于城市居民。此外，随着年龄的增长，流动人口婚姻稳定性呈现减弱趋势。20—45 岁流动人口的离婚率持续上升，45—55 岁流动人口离婚率在高位波动，在 55 岁时达到峰值 7.41%，之后离婚率开始下降[②]。

受教育特征。流动人口的受教育程度整体上高于总人口的受教育程度。流动人口并非认为的低素质群体，其整体受教育状况在不断提升，并一直高于全国总人口的平均水平。全国流动人口的平均受教育年限从 1982 年的 5.58 年增加到 2005 年的 8.89 年，即从 1982 年的平均不足小学毕业水平上升到 2005 年的接近初中毕业水平。23 年内，流动人口的平均受教育年限增加了 3.50 年，平均每年提高 0.14 年，但是总人口的平均受教育年限每年仅提高 0.12 年[③]。

就业特征。流动人口具有较高的在业率。2010 年广东 15 岁及以上流动人口达到 2 901.4 万人，其中 84.52%为就业人口[④]。流动人口从事的职业也较为集中，改革开放以来，生产工人、运输工人和有关人员一直是流动人口就业的核心，但从事商业、服务业的流动人口在全部从业流动人口中所占比例上升很快。2005 年全国人口抽样调查数据显示，流动劳动力主要涉及的职业是“商业、服务业人员”和“生产、运输设备操作人员及有关人员”，在这两类职业就业的分别占全部流动劳动力的 29.66%和 48.64%。还有 7.94%的流动劳

① 阎志强：《广东流动人口婚姻状况的变化特征》，《西北人口》，2015 年第 36 卷第 4 期，第 114—117 页和 122 页。

② 马忠东、石智雷：《流动过程影响婚姻稳定性研究》，《人口研究》，2017 年第 47 卷第 1 期，第 70—83 页。

③ 段成荣、杨舸：《改革开放 30 年来流动人口的就业状况变动研究》，《中国青年研究》，2009 年第 4 期，第 53—56 页和 69 页。

④ 阎志强：《广东流动人口婚姻状况的变化特征》，《西北人口》，2015 年第 36 卷第 4 期，第 114—117 页和 122 页。

动力从事农、林、牧、渔、水利业生产，此外，职业为“国家机关、党群组织、企业、事业单位负责人”“专业技术人员”“办事人员和有关人员”的流动劳动力分别占比例2.45%、6.58%和4.73%[①]。

地域特征。人口流动作为一系列经济因素的后果，在经济发展水平和其他经济背景具有较大差异的地区之间，表现为不同的特征。迁移频率、迁移流向、人口流动的基本趋势是较高经济水平的地区吸引相对落后的地区，城市以较高的收入和较多的就业机会吸引农村居民的转移。一般来说，人口流动的规模和范围与收入的增加带来的效用提高成正比，与迁移成本和闲暇的减少所带来的效用下降成反比[②]。

第二节 流动人口的健康风险

人口流动往往意味着流动人口的生产生活环境及方式的变化。由于社会保障和公共政策的不健全、长期城乡二元分割的格局以及流入地应对的滞后，流动人口在社会和经济生活中往往处于边缘地带。流动人口在为各地经济发展作出贡献的同时，也付出了较高的健康成本或面临较高的健康风险[③]。

一、传染病风险

与户籍人口疾病谱中慢性疾病为主不同，流动人口疾病谱以传染性疾病为主。流动人口尤其是农民工进入城市后收入较低，居住环境拥挤狭小，卫生状况差，工作劳动强度大，机体抵抗力可能较快下降，因此是传染性疾病的高危人群[④]。

空气传播疾病的风险。通过吸入含有病原体的飞沫，空气传播疾病在人与人之间传播。这种传播途径使得在某个地方的空气传播疾病会沿着人们活动的既定路线进行传播，包括结核、严重急性呼吸系统综合征（SARS）以及流行性感冒。

---

① 段成荣、杨舸：《改革开放30年来流动人口的就业状况变动研究》，《中国青年研究》，2009年第4期，第53—56页和第69页。

② 蔡昉：《人口迁移和流动的成因、趋势与政策》，《中国人口科学》，1995年第6期，第8—16页。

③ 郑真真、连鹏灵：《劳动力流动与流动人口健康问题》，《中国劳动经济学》，2006年第1期，第82—93页。

④ 周海青、郝春、邹霞等：《中国人口流动对传染疾病负担的影响及应对策略：基于文献的分析》，《公共行政评论》，2014年第4期，第4—28页。

在中、高收入国家，肺结核是最主要的与人口流动相关的疾病。因此，大范围的迁移可能导致局部地区的结核传播扩散[①]。2010 年，中国报告的结核病例有 429 812 人，其中流动人口 29 924 人，占总病例人口的 7.0%[②]。其原因大概在于：城乡流动人口个体从高患病率的西部和中部地区向低患病率的东部地区迁移（迁出地患病率高）；流动人口简陋的居住环境（在出行途中及迁入地）增加了患病风险[③]。除了生物医学的解释外，流动人口社会及文化等方面的因素也使他们易于感染结核病，包括微观个体在疾病文化信仰方面的变化，以及宏观政策和环境的影响，都可能增加结核病的感染风险[④]。

SARS 是另一种重要的空气传播疾病，传染率及死亡率极高。流动人口在报告病例中占有极大的比例。Fang 等人[⑤]的研究表明，在调整了人群密度和医疗水平之后，沿高速公路地区或者省间高速公路附近区域感染 SARS 的风险最高，原因在于高速公路是城乡流动人口迁移的主要通道，这研究结果意味着迁移增加了 SARS 传播的可能性。Biao[⑥] 揭示了某些流动人口的边缘化地位以及他们难以充分利用医疗服务，更易于感染 SARS。

虽然现有的流行病学数据并没有表明城乡流动人口较城市人口感染流行性感冒的风险更高，但是迁移过程会使局部地区流行性感冒向整个区域、全国甚至全球扩散[⑦⑧]。在长途火车座位上（超过 40 小时）的亲密接触使得 H1N1 流

① 周海青、郝春、邹霞等：《中国人口流动对传染疾病负担的影响及应对策略：基于文献的分析》，《公共行政评论》，2014 年第 4 期，第 4—28 页和第 182 页。

② 杜昕、刘二勇、成诗明：《2010 年全国登记流动人口新涂阳肺结核患者特征分析》，《中国防痨杂志》，2011 年第 33 卷第 8 期，第 461—465 页。

③ 陶红兵、叶建君、苗卫军等：《农村活动性肺结核患者密切接触者发病因素分析》，《中国公共卫生》，2010 年第 26 卷第 2 期，第 152—153 页。

④ Ho M J. Socio-cultural Aspects of Tuberculosis: A Literature Review and A Case Study of Immigrant Tuberculosis.Social Science & Medicine, 2004, 59(4): 753-762.

⑤ Fang L Q, Wang L P, de Vlas S J et al.Geographical Spread of SARS in Mainland China.Tropical Medicine & International Health, 2009, 14(Suppl 1): 14-20.

⑥ Biao X.SARS and Migrant Workers in China.Asian and Pacific Migration Journal, 2003, 12: 467-499.

⑦ Booth C M, Matukas L M, Tomlinson G A, et al.Clinical Features and Short—term Outcomes of 144 Patients with SARS in the Greater Toronto Area.Journal of the American Medical Association, 2003, 289(21): 2801-2809.

⑧ Hsu L Y, Lee C C, Green J, et al. Severe Acute Respiratory Syndrome (SARS) in Singapore: Clinical Features of Index Patient and Initial Contact[J].Emerging Infectious Diseases, 2003, 9(6): 713-717.

行性感冒容易传播[①]。该疾病也影响到了靠近机场和高速公路的地方[②]，而在农村地区流行性感冒疫苗覆盖率较低[③]，增加了城乡流动人口迁移前阶段的发病风险。

麻疹是一种通过疫苗可预防的空气传播疾病，其传染性极高并且会对免疫功能低下的个体造成不良后果。尽管麻疹疫苗是所有儿童需按常规接种的疫苗，但在流动人口中仍然是常见的空气传染性疾病。流动儿童成为感染麻疹的高危人群，这可能与他们的麻疹疫苗接种率较低[④]以及通常到没有执照的私人诊所就诊[⑤]有关。流动人口在迁入地难以获取高质量的预防疾病的卫生服务加剧了这种趋势。许多流动人口没有当地户籍或者仅有暂时的居民居住证，这使他们不能够完全获得与本地居民同等的卫生保健服务[⑥]。

血液传播疾病的风险。经血液传播的病原体如乙型肝炎病毒（HBV）和丙型肝炎病毒（HCV）在流动人口群体中非常常见。20世纪90年代，中国中部农村地区HBV疫苗的不完全覆盖加重了迁移前地区的疾病负担，人口往城市地区的迁移带来了公共卫生领域新的需求。乙型病毒性肝炎是一种通过疫苗可预防的疾病，可导致肝硬化和肝衰竭。世界有3.5亿HBV感染者，中国占了近1/3。然而，与城市地区相比，农村地区实施免疫扩大计划的步伐仍然较慢，导致农村地区HBV疫苗的覆盖率极低。在迁入前阶段，流动人口不能像城市居民一样获得免费的常规HBV疫苗。由于存在这样的情况，北京、上海的报告显示年轻的流动人口中HBV疫苗覆盖率较低。中国的丙型病毒性肝炎患病率是美国的10倍。丙型病毒性肝炎被认为与注射吸毒及卖血有关。广东省一项大规模的研究发现，流动人口的丙型病毒性肝炎患病率较高。降低危害的项目，如针具交换和美沙酮维持治疗，在一定程度上可防止注射吸毒人群发

---

① Cui F, Luo H, Zhou L, et al. Transmission of Pandemic Influenza A (H1N1) Virus in a Train in China. Journal of Epidemiology, 2011, 21(4): 271-277.

② Fang L Q, de Vlas S J, Feng D, et al. Distribution and Risk Factors of 2009 Pandemic Influenza A (H1N1) in Mainland China. American Journal of Epidemiology, 2012, 175(9): 890-897.

③ 吴双胜、杨鹏、李海月等：《2007—2010年北京市18岁以上居民流行性感冒疫苗接种情况及阻碍因素》，《中华预防医学杂志》，2011年第45卷第12期，第1077—1081页。

④ Sun M, Ma R, Zeng Y, et al. Immunization Status and Risk Factors of Migrant Children in Densely Populated Areas of Beijing, China. Vaccine, 2010, 28(5): 1264-1274.

⑤ 高洁、何寒青、沈纪川等：《浙江省一起由免疫接种空白导致的流动人口麻疹暴发》，《中华流行病学杂志》，2010年第31卷第10期，第1163—1165页。

⑥ 周海青、郝春、邹霞等：《中国人口流动对传染疾病负担的影响及应对策略：基于文献的分析》，《公共行政评论》，2014年第4期，第4—28页和第182页。

生 HCV 感染。然而，流动人口通常不能参加这些项目，而且可能也难以维持[①]。

性传播疾病的风险。性传播疾病往往在流动人口中更为常见。城乡流动人口远离他们的配偶或者受到家庭结构的影响，更有可能发生多性伴行为、非保护性性行为以及商业性行为。流动人口中许多性传播疾病，如梅毒、艾滋病（HIV）和人乳头状瘤病毒（HPV），都具有较高的感染率。近年来，艾滋病一直是中国传染性疾病引起死亡的主要的原因。2011 年有将近 78 万人感染艾滋病，4.80 万例新发感染者。根据国家艾滋病预防与控制中心的全国艾滋病数据，2007 年流动人口占所有病例的 12.7%，而 2010 年流动人口占所有艾滋病病例的 20.8%。在城市地区超过半数的艾滋病病例都是流动人口[②]；GD 省 SZ 市 NS 区 1997—2002 年艾滋病的疫情监测发现 HIV 感染者大多数为外来流动人口[③]；ZJ 省 WZ 市 1988—2001 年由确诊实验室确认的 HIV 感染者中，流动人口占 82.39%[④]。许多因素可以解释这种趋势，包括艾滋病感染者在城市地区可以得到更好的医疗服务，在农村地区更容易遭受歧视，以及在迁入地可以以新的身份开始生活[⑤]。

蚊媒传播疾病的风险。许多主要的蚊媒传播疾病，包括流行性乙型脑炎、疟疾以及登革热在流动人口迁移前阶段更为常见。一项在中国江苏省的研究发现，25% 的疟疾病例都是从农村到城市的流动人口，而 26% 是去非洲的中国人[⑥]，从非洲返回的中国移民也带回了恶性疟疾传染病[⑦]。流行性乙型脑炎（JE）可通过疫苗预防。流动人口接种疫苗的比例较低，更有可能感染 JE。在

---

① 赵秀昌、张杰民、陈仁忠：《美沙酮维持治疗脱失原因调查》，《应用预防医学》，2009 年第 17 卷第 1 期，第 171—172 页。

② Zhang L，Chow E P F，Jahn，H J，et al. High HIV Prevalence and Risk of Infection among Rural-to-urban Migrants in Various Migration Stages in China：A Systematic Review and Meta-Analysis. Sexually Transmitted Diseases，2013，40(2)：136-147.

③ 李真、杨祖庆、王志彬等：《某区艾滋病流行行情况及对策》，《现代预防医学》，2004 年第 31 卷第 5 期，第 768—770 页。

④ 周祖木、余向华、王建等：《温州市外来流动人口 HIV 感染的流行特征》，《疾病监测》，2003 年第 18 卷第 4 期，第 123—125 页。

⑤ 周海青、郝春、邹霞等：《中国人口流动对传染疾病负担的影响及应对策略：基于文献的分析》，《公共行政评论》，2014 年第 4 期，第 4—28 页和第 182 页。

⑥ 周华云、王伟明、曹俊等：《2009 年江苏省疟疾疫情流行病学分析》，《中国血吸虫病防治杂志》，2011 年第 23 卷第 4 期，第 402—405 页。

⑦ 单芙香、程锦泉、牟瑾等：《2009 年深圳市劳务工乙型脑炎抗体水平调查分析》，《中华预防医学杂志》，2009 年第 44 卷第 9 期，第 806—809 页。

JE 的控制中，迁移前疾病负担较高以及疫苗接种率不高是流动人口 JE 流行的主要原因。往南亚及非洲国家迁移的中国人，在旅途中更容易遭受登革热和疟疾感染[①]。

二、生殖健康风险

流动人口的年龄集中在生殖活动比较频繁的阶段，面临的生殖健康问题和风险主要集中在以下几个方面[②]。

不安全性行为和意外怀孕。由于缺乏针对流动人口和未婚青年的计划生育生殖健康服务[③]，流动青年知识文化水平有限、生殖健康知识缺乏、生殖健康卫生保健意识淡薄，利用生殖健康服务时也往往存在经济或隐私问题的顾虑，导致流动人口尤其是青年女性出现更多的不安全性行为和意外怀孕，增加了健康风险。研究表明，流动女性的婚前性行为和未婚先孕风险较高[④]，2013 年“流动人口动态监测调查”表明，流动育龄妇女一孩生育中有将近 20%属于未婚先孕，35 岁以后有超过 20%的流动妇女遭遇未婚先孕并生育；有婚前流动经历的流动妇女未婚先孕的累积风险更高，育龄末期达到 25%左右；教育水平较低、来自农村的流动妇女婚前性行为的风险较高。

婚前性行为和未婚先孕不仅可能危及家庭生活，引发社会问题，也可能会更直接地损害女性身心健康。由于社会道德文化的规范作用以及当事家庭对流产导致女方不育等伤害的担忧，人们会倾向于选择结婚将未婚先孕“合法化”为婚内生育。但是，随着社会制度和价值观念的变迁，奉子成婚在中国也越来越难以实现或被选择[⑤]，并且很多流动女性对人工流产的影响认识不清[⑥]，选择人工流产的情况增加。尽管流产不会带来非婚生育及单亲儿童等一系列的社

---

① Gao X, Nasci R, Liang G. The Neglected Arboviral Infections in Mainland China. PLoS Neglected Tropical Diseases, 2010, 4(4), e624.

② 郑真真、连鹏灵：《劳动力流动与流动人口健康问题》，《中国劳动经济学》，2006 年第 1 期，第 82—93 页。

③ 罗阳、田文静、廖欣宇等：《流动育龄妇女生殖健康均等化服务调查分析》，《中国计划生育学杂志》，2018 年第 26 卷第 2 期，第 99—102 页。

④ 李丁、田思钰：《中国妇女未婚先孕的模式与影响因素》，《人口研究》，2017 年第 41 卷第 3 期，第 87—99 页。

⑤ 王小璐、王义燕：《新生代女性农民工的未婚先孕：婚姻过渡的个体化困境及秩序重建》，《南京农业大学学报（社会科学版）》，2013 年第 5 期，第 41—46 页和第 83 页。

⑥ 王献蜜、刘梦：《北京市流动妇女生育健康状况及其影响因素》，《中华女子学院学报》，2014 年第 6 期，第 52—58 页。

会问题，但仍然会对女性造成巨大的身心损害，影响后续生育和婚姻发展，不安全的流产甚至会带来终身遗憾。流动女性人工流产后往往不能休息，需要继续上班，进一步加大了健康风险。

妇科疾病风险。流动女性的生殖道感染和其他妇科疾病患病率较高。女性流动人口的流动性较大且缺乏对性传染疾病的预防意识，因此患生殖道感染与性传播疾病的风险较大。一项对GZ省TR市的调查发现，女性流动人口生殖道感染与性传播疾病的患病率为55.9%，远高于常住人口的26.5%[①]；另一项对ZJ省的调查指出，女性流动人口生殖道感染与性传播疾病的患病率为51.2%，而常住人口的患病率为32.7%[②]。流动女性普遍缺乏常规性妇科健康体检进一步提高了其妇科疾病的患病风险。

儿童健康风险。流动人口子女的健康问题较常住居民严重。流动人口子女的计划免疫率低于当地儿童，在一些流动人群如个体商贩中，儿童计划免疫率最低的仅为25%[③]，而当地常住居民的儿童计划免疫率通常接近100%。产生这种现象的主要原因是来自农村的父母对城市中的服务缺乏了解或没有得到相应的信息；另外，流动人口的住所频繁变动，也造成服务机构免疫登记困难。有些农村妇女为了外出打工，将需要哺乳的婴幼儿留给祖父母照管，由农村劣质奶粉问题引发的调查发现，这些留守的婴幼儿中存在营养不良等健康问题，从而为这些外出打工家庭的儿童健康留下了隐患。

三、职业病风险

近年来，流动人口的职业健康问题有所改善，但从事有毒有害高危职业的人数仍然较多，由于劳动用工管理不规范，某些企业对有害作业或风险作业的人群缺乏预警保护措施，导致急慢性职业危害疾病及突发生产事故的发生，而流动人口正是承受这种职业危害的主要人群。另一方面，很多由工作原因导致的非职业病，如肩周炎、颈椎病、慢性胃炎等，也给流动人口生活带来很大困扰。然而，由于在流动人口职业健康检查方面存在较强的歧视性，很少有企业

---

① 顾雪翔、田景勇、庚鹏：《女性流动人口生殖道感染与性传播疾病状况》，《医学前沿》，2014年第24期，第356—357页。

② 许鹿舫、何微微：《女性流动人口生殖道感染与性传播疾病状况》，《国际流行病学传染病学杂志》，2013年第40卷第6期，第387—389页。

③ 郭万申、冯子健、刁琳琪等：《河南省2141名流动儿童免疫状况调查》，《中华预防医学杂志》，2000年第5期，第287—289页。

将流动人口的健康体检等服务纳入企业人力资源投资范畴。许多流动人口从事的工作劳动强度大，工作条件恶劣，却极少能享受劳动保护①。2007年全国职业卫生技术服务机构的调查结果显示，职业健康体检率仅为23%，流动人口工人为14.3%。流动人口上岗前体检率占35%，在岗体检率占40%，离岗体检率为7%。流动人口的职业健康监护率不足5%，明显低于固定员工②。

国家安全生产监督管理局透露，2003年全国死于工伤的人员高达13.6万人，其中大部分是农民工，特别是在矿山开采、建筑施工、危险化学品三个农民工集中的行业，农民工死亡人数占总死亡人数的80%以上③。在劳动安全问题频出的同时，并非所有的打工者都能在工伤后获得医疗救治和经济补偿。工伤保险是工人伤后的主要依靠。珠江三角洲工伤研究项目小组对2001—2003年广东医院在院工伤者的探访中发现，70%以上的企业没有为职工购买工伤保险。在工厂恶劣的工作环境下，女工所面临的健康危害更为严重。例如，一项调查发现在珠江三角洲地区工作的女工对工作环境的不满主要集中在噪音、通风条件、粉尘等方面④。目前女职工在外资企业和合资企业中的比例已经超过50%，随着这类企业在中国的不断增加，工作场所的劳动安全和健康问题将会影响到更多的女性员工。

四、心理健康风险

恶劣的生活条件，在城市社会地位的低下，受城里人鄙视等，都会导致农民工产生很多心理健康问题。很多农民工独身一人在陌生的城市为了生计奔波，处于生活压力下的他们在特定的环境下极易产生心理障碍。农民工心理健康问题主要有焦虑、抑郁、人际关系敏感、躯体化、恐怖等，有的人甚至可能走上犯罪的道路⑤。2008年SH市居民健康与流动人口研究调查显示，约35%

---

① 郑真真、张妍、年建林等：《中国流动人口：健康与教育》。北京：社会科学文献出版社，2014年，第158页。

② 晏月平、方倩：《试析女性流动人口职业健康问题及其对策》，《云南大学学报（社会科学版）》，2015年第14卷第2期，第103—110页。

③ 张开云、吕慧琴、许国祥：《农民工工伤保险制度：现实困境与发展策略》，《广西民族大学学报（哲学社会科学版）》，2011年第30卷第1期，第49—56页。

④ 中国社会科学院社会学研究所农民外出务工女性课题组：《农民流动与性别》。郑州：中原农民出版社，2000年，第67页。

⑤ 汪国华：《健康的现代诠释：基于农村流动人口的研究》，《医学与哲学（人文社会医学版）》，2007年第28卷第11期，第27—28页。

的被试声称受过歧视；对SC省CD市流动人口的调查发现，约24%的人报告在过去一周出现抑郁症状[①]；对2010年BJ市HD区的调查显示，流动人口抑郁症状检出率为16.5%，未婚者的抑郁症状检出率（20.7%）高于已婚者（9.0%），男性抑郁症状检出率为16.7%，女性为16.2%[②]。2013年全国七城市流动人口管理和服务对策研究表明，20%以上的外来务工人员经常感觉到生活压力很大。并且，他们的精神健康知识非常缺乏，也很难获得制度化和专业化的精神健康方面的服务[③]。

流动人口的心理亚健康还会影响到他们的第二代，测验及统计分析结果表明，流动人口子女在心理健康问题总分和恐怖倾向、学习焦虑、身体症状和过敏倾向上得分均显著高于非流动人口。流动人口子女由于客观的生活状态，父母的职业性质，使得他们在一定程度上缺乏安全感，生活中不稳定因素较多，要自己处理较多的琐事，可能导致敏感倾向，并且同伴关系还不是很牢固，学习压力得不到有效缓解，这些都容易滋生他们心理问题[④]。

第三节 人口流动的健康效应

人口流动具有明显的健康选择性，因此会对流入地与流出地之间的人群健康及差异产生直接的影响。流动人口也可能成为流入地与流出地之间疾病，尤其是传染性疾病传播和扩散的媒介，从而影响人群健康。

一、人口流动的健康选择性及其健康效应

人口流动的健康选择性指的是个人的迁移决策与其健康状况密切相关。无论是在迁出阶段，还是在回迁阶段，都体现出健康对迁移决策的影响。在迁出阶段，健康状况较好的人口有更强烈的意愿和能力进行迁移。这就是所谓的“健康移民”假说。许多对国际人口流动的研究表明，国际移民的健康状况在

---

① 凌莉、萨拉、张术芳等：《中国人口流动与健康》。北京：中国社会科学出版社，2015年，第145—175页。

② 许颖、纪颖、袁雁飞等：《城市流动人口抑郁症状现况调查》，《中国心理卫生杂志》，2012年第26卷第2期，第112—117页。

③ 陆文荣、卢汉龙、段瑶：《城市外来务工人员的精神健康：制度合法性压力、社会支持与迁移意义》，《社会工作》，2017年第2期，第57—71页。

④ 汪国华：《健康的现代诠释：基于农村流动人口的研究》，《医学与哲学（人文社会医学版）》，2007年第28卷第11期，第27—28页。

跨国迁移之前就普遍好于输出国当地居民的健康状况[①②③]。

在迁入地停留期间，由于劳动力市场上激烈的职业竞争、较大的工作压力，以及无法有效地利用输入地医疗卫生服务等原因，流动人口的健康状况更容易随着时间的推移而下降。那些健康状况明显恶化的人往往无法长期滞留在迁入地，出于生活成本、社会保障需求等方面的考虑，更可能做出返回迁出地的决策[④]。这就是所谓的“三文鱼偏误”假说。

由于这两种与健康有关的选择性机制的作用，很多国际移民研究发现移民的健康状况普遍较好，其中一个典型的例子是，在美国的拉丁裔移民的死亡率大大低于其他美国白人[⑤]，也即著名的“拉丁移民健康悖论”。对我国的研究发现我国人口流动存在着较为明显的“健康移民”和“三文鱼偏误”选择效应[⑥⑦]。一方面，受“健康移民”选择性效应的影响，农村地区的留守人口往往存在较为突出的健康问题和健康需求，农村留守人群的健康状况应当引起广泛关注。另一方面，现阶段我国规模庞大的乡城流动人口在流入地的工作和生活条件较差，社会融入和社会支持缺乏，因而面临着较大的公共卫生服务空缺，其健康风险往往更大，损耗可能更快。受“三文鱼偏误”潜在选择性效应的影响，这些健康风险与疾病负担极有可能向农村转移。这些选择与转移过程，与我国城乡卫生资源配置的不均衡现状，无疑会进一步加大我国城乡之间的健康不平等。

人口流动过程中的健康选择性，有可能进一步扩大迁入地与迁出地之间的健康差异。在我国大规模城乡人口流动的背景下，人口流动的健康选择性对城

---

① Pelkowski J M, Berger M C. The Impact of Health on Employment, Wages, and Hours Worked over the Life Cycle. The Quarterly Review of Economics and Finance, 2004, 44(1): 102-121.

② Noymer A, Lee R. Immigrant Health around the World: Evidence from the World Values Survey. Journal of Immigrant and Minority Health, 2013, 22(5): 1-10.

③ Riosmena F, Dennis J. Aging, Health and Longevity in the Mexican-origin Population. New York: Springer Press, 2012.

④ Blair A, Schneeberg A. Changes in the ‘Healthy Migrant Effect’ in Canada: Are RecentImmigrants Healthier than They were a Decade Ago. Journal of Immigrant and Minority Health, 2013, 22(3): 1—7.

⑤ Abraído-Lanza A F, Dohrenwend B P, Ng-Mak DS, et al. The Latino Mortality Paradox: A Test of the "Salmon Bias" and" Healthy Migrant Hypotheses". American Journal of Public Health, 1999, 89(10): 1543—1548.

⑥ 齐亚强、牛建林、威廉·梅森等：《我国人口流动中的健康选择机制研究》，《人口研究》，2012年第36卷第1期，第102—112页。

⑦ 秦立建、陈波、余康：《农村劳动力转移的健康选择机制研究》，《南方人口》，2014年第29卷第2期，第62—71页。

乡居民健康差异必然产生深刻的影响。首先，受户籍管理制度和城乡社会经济分割的影响，城乡人口流动中能够克服各种制度障碍和现实困难、进入并保留在城市劳动力市场中的，往往是健康的青壮年劳动力。其次，城乡流动者作为城市劳动力市场的“后来者”，其就业机会往往局限于职业阶梯的底端。较低的社会经济地位、不利的工作和生活环境预示着这些流动者面临的健康风险可能更为突出，其健康状况更容易受损。再次，城乡流动者在城市社会福利和服务体系中处于边缘化位置，在健康状况明显变差时他们更倾向于返回户籍所在地的农村，以节省医疗费用和生活成本，寻求社会和家庭支持。健康状况与流动特征的相依关系意味着，大规模的城乡人口流动必然对城乡常住居民的健康差异产生深刻影响。

中国城乡人口流动存在“健康选择效应”，即在流出初期，农村地区年轻、健康的个体更倾向于流出户籍所在地，健康的年轻劳动力从农村地区流向城镇，使处于不同健康状况的居民在城乡之间重新布局。中国城乡人口流动也存在“三文鱼偏误”效应，即在迁入地停留的末期，健康状况明显变差的个体最先返回户籍所在地的农村。与农村非流动居民相比，城乡流动者的健康状况明显更好；返乡者的健康状况明显更差，其平均健康状况不仅不如城乡流动者，也往往不如农村非流动居民。

城乡流动经历对流动者的健康状况具有明显的不利影响，城乡流动经历对流动者健康状况存在损耗效应。在主要人口与社会经济特征相同的情况下，尽管城乡流动最初“选择”了健康的农村居民外出，但是流动者因工作或劳动受伤的可能性明显高于农村非流动居民，返乡者曾因工作或劳动受伤的发生率则更高，远远高于城乡所有其他居民。内生于流动经历的各种已观测和未观测到的因素对流动者健康状况的损耗作用，通过返乡这一选择性机制，逐步转移到农村地区。在户籍限制真正消除前，城乡人口流动不可避免地将一部分健康风险和疾病负担转移给农村，这不仅制约农村地区社会经济的发展和居民生活质量的提高，一定程度还加剧了城乡卫生资源配置与需求的矛盾[①]。

人口流动的健康选择效应与城乡流动经历的内在健康损耗效应共同发挥作用，深刻地影响着城乡常住居民的健康差异。城乡人口流动现象通过选择更为健康的农村劳动力流入城市，使之留在城市工作，又使流动者在健康明显受损

---

① 牛建林：《人口流动对中国城乡居民健康差异的影响》，《中国社会科学》，2013年第2期，第46—63页。

后最先返回农村，一方面降低了农村常住人口的平均健康状况，另一方面提高了城市常住人口的平均健康水平。在城镇地区人口平均预期寿命明显高于农村、不少疾病患病率与致死率远低于农村的背景下，城乡人口流动的综合效应可能使城乡常住居民的健康差异不断扩大。

不同流动特征的城乡居民对医疗卫生资源的享有和利用状况存在显著差异。尽管近年来城乡医疗服务和保障体系发展迅速，但城乡流动者受户籍管理制度和人户分离等现实制约，其对社会医疗保障资源的享有程度仍明显偏低。与流动者相比，已经结束流动过程的返乡者享有社会医疗保险的比例相对较高，但这些返乡者的医疗保险类型以新型农村合作医疗为主。目前新型农村合作医疗保险旨在补偿农村居民的基本医疗支出，对返乡者生活影响突出的工伤和职业病等健康负担往往不在其保障范围之内。由此可见，与目前医疗卫生服务体系中突出的户籍属地原则有关，城乡流动不仅扩大城乡常住居民的健康差异，也加剧城乡医疗卫生资源利用的不平衡[①]。

二、人口流动对疾病传播的影响

疾病尤其是传染性疾病传播和扩散受多种因素的影响和制约，人口流动是其中一个重要因素。流动人口有可能扮演病源携带者的角色，将病菌、病毒或者寄生虫传播到此前并不存在这些病源的地方。例如，天花史研究者认为，我国的天花是外源性的[②]。天花在元徽四年（476 年）从西域传入中国江东地区，其后随着北魏政权攻打南齐，进一步扩大了天花在中国的传播范围[③]。

一般来说，通过空气飞沫等极其便利途径传播的烈性传染病，会沿着人们活动的既定路线传播和扩散。人口流动是这类传染病传播的重要途径。对于诸如 AIDS 这样的需要不同个体之间密切接触才会传播的传染性疾病，日常生活中的一般性接触并不会造成传播。不过，许多研究证据表明，人口流动与 AIDS 传播存在显著的关联性。在流动人口规模大的地区，AIDS 的感染率较高，在人口流动频率高的交通要道或者边境地区，感染率更高[④]。因此，人口

---

① 牛建林：《人口流动对中国城乡居民健康差异的影响》，《中国社会科学》，2013 年第 2 期，第 46—63 页。

② 赖文、李永宸：《岭南瘟疫史》。广州：广东人民出版社，2004 年，第 249 页。

③ 范行准：《中国预防医学思想史》。上海：华东医务生活社，1953 年，第 106—108 页。

④ 熊理然、骆华松、李娟等：《流动人口行为特征及其空间过程与 HIV/AIDS 扩散》，《人口与经济》，2005 年第 6 期，第 6—10 页。

流动本身并不必然导致或加速 AIDS 传播[①]，只是由于生产生活环境变化及其个体属性特征，流动人口更容易感染 ADIS，从而成为 AIDS 传播的媒介。简言之，流动人口所处的环境特征和个体属性特征共同影响了其行为特征、心理特征和生理特征，使其成为传染病的易感人群，进而成为传染病传播和流行的重要媒介。Apostolopoulos 等在研究墨西哥流入美国的移民时，提出了流动人口感染和传播 HIV 的微观机制框架（图 8-2）[②]。

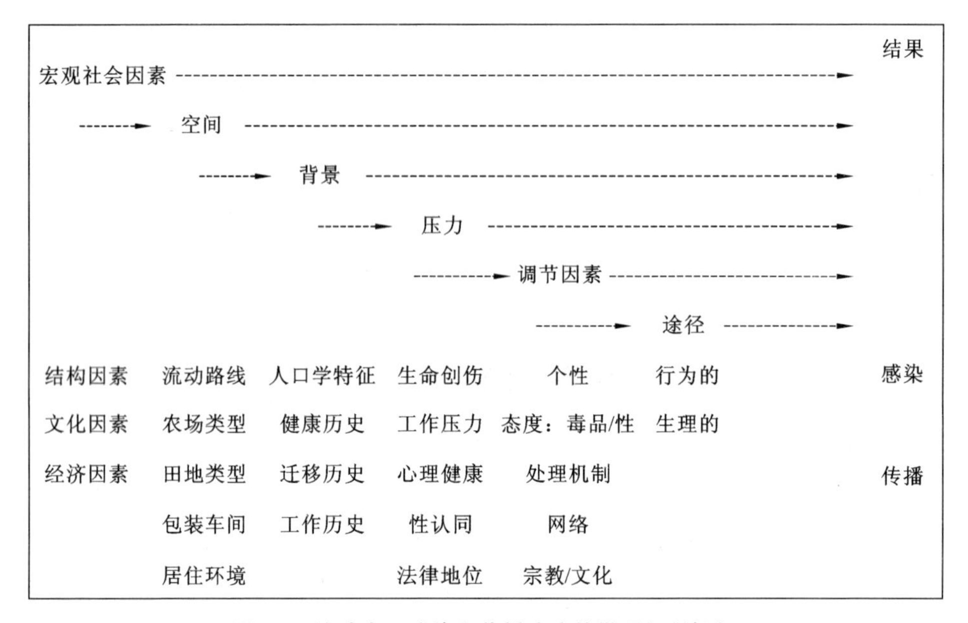

图 8-2　流动人口感染和传播疾病的微观机制框架

除了生产生活环境变化和个体属性特征外，人口流动对疾病传播的影响还与传染病类型有关，因为不同类型的传染病的传播途径也有一定差异。表 8-1 反映了人口流动对不同传染病传播的影响[③]。

---

① 王文卿、潘绥铭：《人口流动对健康的影响》，《西北人口》，2008 年第 29 卷第 4 期，第 55—58 页。

② Apostolopoulos Y, Sonmez S, Kronenfeld J, et al. STI/HIV Risks for Mexican Migrant Laborers: Exploratory Ethnographies. Journal of Immigrant and Minority Health, 2006, 8(3): 291-302.

③ 任飞雯、付鸿鹏、刘民等：《人口流动的分类及其对传染病传播的影响》，《卫生软科学》，2010 年第 24 卷第 3 期，第 272—276 页。

表 8-1 人口流动对不同类型传染病传播的影响

传染病类型	风险因素	环境特征	个体特征
消化道传染病	饮食不洁；就餐条件差 个人卫生习惯不良；忽视小病，延误治疗	集体食堂的卫生条件差；消毒、清洗不完善	饮食卫生习惯差；缺乏饭前便后洗手的习惯，存在共用毛巾、牙刷、茶杯的现象；青壮年多，抵抗力较强，不重视早期症状
呼吸道传染病	卫生习惯不良；缺乏免疫预防措施；患病后不及时隔离；接触潜伏患者	居住空间狭小，通风不良；群居群宿；卫生服务可及性差；可能与潜伏患者同乘交通工具	缺乏饭前便后洗手的习惯；有病不主动就医，或担心事业或扣薪而坚持工作，延误病情；不清楚免疫预防知识
接触性传染病	接触野生自然环境；不安全性行为；缺乏免疫预防措施；缺乏必要的物理防护措施	建筑等行业人口往往需要深入未开垦地区工作；卫生服务可及性差；流入地的社会排斥，使其处于保障政策盲区；居住于简易工棚，缺乏生活及职业防护装置；青壮年居多，处在性活跃期	缺乏正确的性行为卫生知识；文化素质低，不清楚免疫预防知识
血液传染病	不安全注射或采供血；生活环境利于病原滋生；吸毒等高危行为	缺乏浴室、厕所等基本卫生设施；居住或工作环境卫生脏、乱、差；卫生死角滋生老鼠、苍蝇、蚊子等病原微生物传播媒介	非法私人诊所就医，安全注射和安全用血保障不够；部分人非法采血点有偿献血；部分人有吸毒等高危行为

三、人口流动与 HIV/AIDS 扩散

艾滋病全称“获得性免疫缺陷综合征”（Acquired Immunodeficiency Syndrome，AIDS），是由艾滋病病毒即人类免疫缺陷病毒（HIV）引起的一种病死率极高的恶性传染病。HIV 病毒侵入人体，能破坏人体的免疫系统，令感染者逐渐丧失对各种疾病的抵抗能力，最后导致死亡。艾滋病是当前最棘手的医学难题之一。目前还没有疫苗可以对其进行预防，也没有治愈这种疾病的有效药物或方法。据中国疾病预防控制中心 2014 年数据，艾滋病至今已造成 3 600 多万人死亡。2012 年，约有 3 530（3 220—3 880）万人携带艾滋病毒。

艾滋病的扩散受多种因素的制约，流动人口数量和规模是一个非常重要的促进因素。人口流动本身与艾滋病并无因果关系，而是人口流动与艾滋病病原体传播因素相结合，才导致了艾滋病的加速传播。由于流动人口的平均文化素质较低，卫生习惯较差，对各类疾病的认知水平有限，又具有流动性大、不易统一管理的特点，因此，他们常常成为引起疾病暴发、流行的高危人群[①]。同时，在流动的过程中，他们往往又成为流行病扩散的媒介。以 YN 省为例，1989—1994 年 21 例卖淫 HIV 感染者中，有 19 人是由于去泰国卖淫而被感染的。1994 年该省 KM 地区检出的 8 例感染者即有 7 人属于流动人口；1997 年 LJ 地区检出 19 例静脉吸毒感染者均为外地流动人员。从以上不完全统计可以看出，流动人口与 HIV/AIDS 扩散具有十分密切的关系。

1. 流动人口是 HIV 易感人群

HIV 病毒通过血液和体液传播，引起 HIV 扩散的几种主要高危行为分别是静脉吸毒、卖淫嫖娼、同性恋、非法地下采血点有偿献血等。以下分别从人口学特征、社会经济特征和社区环境因素这几个方面探讨流动人口与引起 HIV/AIDS 扩散的高危行为之间的关系，来说明流动人口是 HIV/AIDS 的易感人群[②]。

流动人口的人口学特征。YN 省流动人口年龄结构以青壮年为主，21—39 岁年龄段的人口占流动人口总数的 53%，这一阶段的成人正好处于性活跃期，

---

① 胡连鑫、高燕燕：《我国流动人口的公共卫生现状》，《现代预防医学》，2007 年第 34 卷第 1 期，第 96—98 页。

② 莫国芳、吴瑛、元兮：《云南流动人口与艾滋病扩散》，《人口与经济》，2004 年第 2 期，第 14—19 页。

倾向于寻求性刺激。2000 年第五次人口普查资料显示，该省的流动人口性别比为 127.3，男性明显多于女性。当远离家乡时，不论婚否，男性往往比女性更有可能寻求性关系。同时，尽管流动人口总性别比是男性居多，但是在15—29 岁的流动人口中，女性人口较多，性别比为 72。受限于文化素质，她们无法承担技术性工作；受限于生理特征，多数女性流动人口也无法从事体力性工作。因此，她们多在城市中从事服务性工作。除了商业销售、餐饮服务外，这些女性流动人口充斥于城市的各种娱乐场所，特别是按摩院、歌舞厅、发廊，而且流动频率极高，平均每三个月流动一次。从经济学的角度来看，流动人口的年龄、性别结构特征为其非婚性行为提供了供需市场。

流动人口的受教育特征。受教育程度普遍较低，文盲、小学、初中程度人口占 67%，大学专科以上文化程度者仅占 10%，小学以下文化程度占 36.9%，初中占 30%，两者为 67%，文化程度较低，他们对感染 HIV 病毒的危险行为和预防方法知晓率较低。在受到环境影响或他人唆使时，容易出于好奇等原因，忽略了不良行为对个人健康及家庭、社会安定的危害，染上吸毒、卖淫、嫖娼等高危行为。

流动人口的社会经济特征。我国的流动人口绝大多数都是经济型流动人口。YN 省也不例外，80.5 %的流动人口都属于经济型流动人口（包括务工、务农、经商、服务暂住人口）。这些人通常经济贫困，来到流入地后又受到不公平待遇，如遭受长住居民的歧视，不能享受正式的社会福利项目，甚至工资也常常受到拖欠，往往无法得到其预期的经济收益。经济贫困和社会孤立给流动人口的心理造成双重负担，使其产生孤独、压抑感，更有甚者发展成为对社会的不满与憎恶。在脱离了家乡舆论监督和道德规范的约束下，流动人口常常以一定的地域（同乡）为基础结成群体，为了经济利益铤而走险，从事贩毒、卖淫等高危行为，同时又寻找毒品和性刺激来缓解心理压力，陷入了高危行为的恶性循环中①。

流动人口聚集的社区环境。流动人口来到城市后，多数居住在租金低廉、消费水平较低、对劳动力素质要求也相应较低的城乡结合部。城乡结合部位于城市和郊区的边缘地带，本地的主流价值观、生活方式和管理体制以弱势状态存在，而又缺乏新的价值观和管理制度来规范人们的行为。政府管理和公众舆

① 熊理然、骆华松、李娟等：《流动人口行为特征及其空间过程与 HIV/AIDS 扩散》，《人口与经济》，2005 年第 6 期，第 6—10 页。

论监督都存在一定的空缺，助长了流动人口的高危行为。

2. 以流动人口为媒介的 HIV 扩散

流动人口主要是按照源地网络流动，来自同一地域的流动人口在流入地通常比较集中，而且高危流动人口的平均收入要高于从事一般职业的流动人口。在示范效应的作用下，高危行为首先在其内部由高危流动人口向一般流动人口扩散，同时也伴随着 HIV 病毒的扩散。在平均一年一次的返乡过程中，有卖淫、嫖娼、多性伴及吸毒、贩毒等高危行为的流动人口，或者已经感染了 HIV 病毒的个体，往往将其高危行为或 HIV 病毒感染给家乡的亲友或妻子/丈夫。当其再度从家乡流出时，又会为新的流入地带来传染源。他们不仅会引诱新朋友使用毒品，共用注射器增加 HIV 的扩散概率，更为严重的是通过性传播途径，将性病或 HIV 病毒扩散到一般人群。男性 HIV 携带者将病毒传染给其新的性伴，包括女朋友、失足妇女及同性性伙伴等；女性 HIV 携带者同样将病毒传染给其新的性伴，包括男朋友、同性性伙伴等，还有可能在生育的过程中通过母婴传播。沿着这一路径，HIV/AIDS 从核心的高危流动人群逐步向一般人群扩散[①]。

3. 流动人口分布与 HIV 流行程度

成人 HIV 流行率主要依据静脉吸毒人群感染率、性传播感染率、孕妇感染率三个指标来确定。静脉吸毒人群感染率主要反映 HIV/AIDS 在高危吸毒人群中的流行率，其扩散的范围和对象人群比较集中，相对容易控制。性传播感染率反映出 HIV/AIDS 向一般人群扩散的可能性大小。孕妇感染率则具有典型代表性，直接与 HIV/AIDS 在一般人群中的流行程度成强正比关系。依据上述三个指标对 HIV/AIDS 在一般人群中流行作用的强弱，即孕妇感染率＞性传播感染率＞静脉吸毒人群感染率，可以划分出 HIV/AIDS 高流行、次高流行、中度流行、低度流行地域。

流动人口流量大地区 HIV 高度流行。YN 省西部的 D 州位于交通要道，来往流动人口数量众多，2000 年为 161 200 人，占全省流动人口总数的 4.2%。从 1996 年到 2000 年，每年流入的人口都在不断增加，特别是 1998 年和 1999 年旅游业快速发展期间，年流入人口分别是上年的 1.56 倍和 1.46 倍。

---

① 莫国芳、吴瑛、元兮：《云南流动人口与艾滋病扩散》，《人口与经济》，2004 年第 2 期，第 14—19 页。

人口流动频繁，暂住时间一个月至一年的人口比例高出全省平均水平 21.4 %，也高于省会 KM 市的水平。该地区的 HIV/AIDS 流行程度与流动人口逐年增加的趋势是一致的，呈明显的上升状态。究其原因，主要有以下两点：①贯穿 D 州的滇缅公路不仅是 YN 省与东南亚邻国进行边境贸易的主要通道，也成为境外毒品流入我国的重要通道。在这条通道中段的 DL 州聚集了形形色色来往的流动人口，成为 YN 省贩毒、吸毒的重灾区之一，HIV 在吸毒人群中的感染率自 1996 年以来一直居高不下。②大量国内外的游客和务工的流动人口为 D 州带来了开放的性观念和生活方式，助长了 HIV 从性乱人群到一般人群的迅速扩散，具体表现为该地区的孕妇高感染率。

流动人口最集中地区 HIV 较高流行。YN 省南部的 S 州同时与缅甸、老挝、越南三国交界，东南的 H 州与越南交界，是境外毒品进入我国的重要口岸。另外，边境的某些少数民族有吸食毒品的传统，为毒品的流入创造了有利条件。20 世纪 80 年代以来，随着中缅、中老、中越边贸的发展，边境地区人口流动日趋频繁。2000 年人口普查数据显示，S 州和 H 州两个地区的流动人口占全省的 14%，是边境地区流动人口最为集中的地区。1999 年哨点监测报告，H 州静脉吸毒人群的 HIV 流行率达到高流行，性病人群 HIV 为中度流行，孕妇 HIV 为低度流行；S 州性病人群中的 HIV 为高流行，静脉吸毒人群 HIV 为中度流行，孕妇 HIV 为低度流行。综合三个指标，S 州和 H 州 HIV/AIDS 感染流行程度较高。

流动人口集中的地区 HIV 中度流行。YN 省中部的 KM 市是流动人口的主要聚集区，聚集了全省 45.8%的流动人口。该地区流动人口素质较高，作为省会城市，各项法律、法规比较健全，对贩毒、吸毒、卖淫、嫖娼等高危行为打击力度较大，对流动人口的管理也比较规范，这在很大程度上控制了 HIV 从高危人群扩散到一般人群，HIV 只在吸毒人群中开始高流行。1996 年到 1999 年，HIV 仅在静脉吸毒人群中由低度感染率发展到中度感染率，2000 年发展为高度感染率；1996 年到 1999 年，HIV 通过性传播一直维持低度感染率，直到 2000 年才发展为中度感染率；孕妇感染率仍然保持低度状态。随着流动人口的逐年增加，HIV 通过性渠道的传播正在不断增加。YN 省西部的 F、B，西南的 C 和东南的 W 地区 HIV 流行态势相似。尽管位于或临近边境地区，但是由于流动人口数量较少，4 个地区的流动人口之和仅占全省的 10.79%，HIV 主要集中在静脉吸毒人群内扩散，尚未对一般人群形成威胁。

流动人口稀少地区 HIV 流行程度低。YN 省西北的 N、Q 和东北的 Z 地区地理位置偏远，地理环境比较恶劣，公路交通不便，经济发展落后，流动人口分别占全省的 0.76%、0.66%和 2.45%，是流动人口最稀少的地区。N 地区和 Q 地区仅在静脉吸毒人群中发现 HIV 呈低度流行状态，Z 地区静脉吸毒感染率和性传播感染率也为低度。

四、人口流动与 SARS 扩散

严重急性呼吸系统综合征（Severe Acute Respiratory Syndrome，SARS）是 21 世纪出现的具有广泛传播能力的致命传染病。SARS 以呼吸道传播为主，通过短距离飞沫和密切接触传播。其传染源是人，人群普遍易感，潜伏期 1—12 天，中位数 4 天。2003 年突发的 SARS 事件共造成全球 8000 多人受感染，近 800 人因感染而死亡，扩散范围遍及全球 32 个国家和地区。病例主要集中在经济发达、人口流动频繁的地区。中国是受 SARS 危害最严重的国家，一半以上的 SARS 感染者出现在中国大陆，广州市是 SARS 第一个形成的疫区，北京市的 SARS 感染者占全球感染总数约 30%。

京穗是 SARS 主要疫情源地。在我国发现 SARS 疫情的 25 个省市区中，第一例临床诊断病例为来自北京的输入病例的占 48%，来自广东省的输入病例的占 32%。可见，广东省和北京市分别是我国 SARS 地理扩散的源地，而流动人口集聚中心以及全国交通枢纽中心的地位，是两个城市成为 SRAS 疫情源地的重要原因[①]。

SARS 疫情空间分布高度集中。SARS 传播速度快，危害大，同时公共防疫体系应对较快，直接导致疫情分布呈现显著的动态变化特征。在时间上，SARS 疫情经历了前期缓慢增长、中期迅速攀升与后期迅速下降直至完全消失的变化过程。在空间特征上，SARS 感染者的呈现显著的空间集聚特征[②]。如北京市中心城区的 SARS 发病率明显要高于郊区，发病率在东西方向的延展强度要高于南北方向，发病率的整体分布与北京市的交通环线有一定的对应关系。广州市 SARS 感染者在空间上的分布同样具有明显的聚集性，感染者大

① 丁四保、赵伟、相伟：《分析 SARS：在我国的地理扩散和地理障碍》，《人文地理》，2004 年第 19 卷第 2 期，第 74—79 页。

② 曹志冬、曾大军、郑晓龙等：《北京市 SARS 流行的特征与时空传播规律》，《中国科学：地球科学》，2010 年第 40 卷第 6 期，第 776—788 页。

多出现在商业发达、人口稠密的城市中心地带，主要集中在广州市老八区——东山、荔湾、越秀、海珠、天河、芳村、白云、黄埔。老八区SARS感染者为1 214人，占全市感染总数的96.7%；平均发病率为29/100 000，远远高于其他四个边远区的平均值1.4/100 000。

SARS疫情扩散距离衰减显著。SARS疫情空间扩散具有明显的空间变异性，由疫情中心向周边地区不均匀扩散[①]，但是由于其传播媒介主要是人与人之间的近距离接触或飞沫传播，所以呈现距离衰减特征，即随着距疫情中心的距离增加，SARS感染者数量或发病率减少。这一特征在广州市SARS扩散过程有突出体现[②]。广州市的SARS感染者在空间上有很强的聚集性，大多出现在商业发达、人口稠密的城市中心地带，形成疫情中心，周边郊县只有零星的感染者出现。扩散过程主要发生在3月1日前（失控期和有效控制期），3月1日后SARS的空间扩散过程已大大削弱，这主要得益于政府部门采取的有效防控措施。

流动人口是SARS扩散最主要的载体。北京成为扩散源地之后，华北地区在其强扩散中所形成的疫情大面积发展的现象很清楚，这与北京作为强扩散源地、人口移动中心和近距离接触有关。北京是我国最大的流动人口汇聚中心之一，2000年户口登记在外地的人口有198.3万。周边省区的大部分流动人口都集中在北京，45.5%的河北省流动人口集中在北京，22%的山西省流动人口集中在北京，50%的内蒙古自治区流动人口分布在华北地区。这些周边省（自治区）的疫情发展恰恰也很快，华北地区的SARS感染者也主要集中在北京周边的省（自治区）。

与之形成鲜明对比的是，距离北京和广州较远的以及比较偏远的省（自治区），由于其流动人口不仅少，而且迁入北京和广州疫源地的流动人口少，因此SARS感染者的数量少，有些省（自治区）甚至没有出现确诊的感染者病例。如新疆、青海、云南、贵州和西藏都是距离东部发达相对遥远的省（自治区）。2000年这些地区外地移民的数量都相当少，只有贵州省超过100万人，达到159万人，新疆维吾尔族自治区为15.6万人、青海省为9.5万人、云南

---

① 曹志冬、曾大军、郑晓龙等：《北京市SARS流行的特征与时空传播规律》，《中国科学：地球科学》，2010年第40卷第6期，第776—788页。

② 曹志冬、王劲峰、高一鸽等：《广州SARS流行过程的空间模式与分异特征》，《地理研究》，2008年第27卷第5期，第1139—1149页。

省为34.3万人，西藏藏族自治区仅为1.98万人[1]。

从北京市域内SARS感染者的空间分布也可以看到人口流动对疫情扩散的主要载体作用[2]。北京SARS发病的高风险（热点区域）主要集中在城市中心（三环线以内的北部区域）与东部稍偏南的城乡交接地带（东六环与通州交界的区域），北京市西北方向城郊区域的SARS传播风险较低，相对较为安全，北京市四环、五环线附近区域的SARS传播风险呈随机分布。

北京市中心区域发病风险显著偏高，一方面是由于这个区域的人口密度高，人们活动交流的频率高，另外一个重要原因可能与SARS传播早期这个区域收治的SARS患者的医院众多有关，医院传播途径导致了SARS收治医院附近区域的高风险传播。但是，北京市东部偏南区域的人口密度并不高，且接收SARS感染者的医院也不多，之所以仍然进入SARS传播的高风险区域，更可能的是该区域的人口流动性大。由于中心城区的生活成本很高，许多在中心城区工作的人选择在生活成本较低且靠近中心城区的通州区租房居住，形成了由城市中心到通州区的SARS传播通道。西北方向的传播风险较低，主要原因则在于防控措施在该区域的效果更显著。

学习思考

1. 人口流动与流动人口的联系和区别有哪些？
2. 流动人口面临的主要健康风险有哪些？
3. 人口流动的健康选择性对区域居民健康差异的影响是怎样的？
4. 人口流动对疾病传播有怎样的影响？
5. 以HIV/AIDS为例，分析人口流动传播疾病的过程机制。

拓展阅读

1. 郑真真、张妍、年建林等：《中国流动人口：健康与教育》。北京：社

① 丁四保、赵伟、相伟：《分析SARS：在我国的地理扩散和地理障碍》，《人文地理》，2004年第19卷第2期，第74—79页。

② 曹志冬、曾大军、郑晓龙等：《北京市SARS流行的特征与时空传播规律》，《中国科学：地球科学》，2010年第40卷第6期，第776—788页。

会科学文献出版社 2014 年版。

2. 凌莉：《中国人口流动与健康》。北京：中国社会科学出版社 2015 年版。

3. 杜本峰：《流动人口健康生存质量与健康促进》。北京：社会科学文献出版社 2019 年版。

4. 牛建林：《人口流动对中国城乡居民健康差异的影响》。《中国社会科学》，2013 年第 2 期，第 46—63 页。

5. 周海青、郝春、邹霞等：《中国人口流动对传染疾病负担的影响及应对策略：基于文献的分析》，《公共行政评论》，2014 年第 4 期，第 4—28 页。

第九讲　城市化与健康

自 2014 年起，联合国将每年的 10 月 31 日设立为“世界城市日”，以提升全球社会对于城市化进程的关注。“世界城市日”的提法，来自 2010 年上海世博会组委会的倡议，以期将“城市，让生活更美好”的世博会主题得以永续，并倡导人类关注城市可持续发展。

不管是“世界城市日”的设立，还是“城市，让生活更美好”的宣传，都体现了我们对于城市更好发展的期望。“美好”是我们生活的一种向往和追求，那么，什么样的生活才是美好的生活呢？毫无疑问，首屈一指的当然是健康。我们的健康与城市化有着密切的关系，城市化水平是代表人类文明程度的重要指标，城市化过程可以促进和提升人类的健康水平，但也会给人类的健康带来一些新的风险。

第一节　城市化

一、城市化的概念

城市化。简单来说，城市化是乡村转变为城市的一种复杂过程。城市化的过程是一种影响深远的社会经济变化过程，包含了人口和非农业活动向城市的集中和转型，以及城市景观向农村地区推进的实体变化过程，甚至也包含了城市文化、生活方式和价值观念向农村地区扩散的抽象的精神化过程①。因此，城市化主要包括四个共识性的内容：一是人口城市化，即人口的职业以非农业人口为主；二是产业城市化，即产业结构以第二、第三产业比重为主；三是土地城市化，即土地利用类型以非农业用地为主；四是空间城市化，即空间结构以人工环境空间为主②。

---

① 周一星 编著：《城市地理学》。北京：商务印书馆，2003 年，第 54—60 页。

② 许学强、周一星、宁越敏 等 编著：《城市地理学》。北京：商务印书馆，2009 年，第 56 页。

不同学科因为关注城市化的重点不一样，对城市化概念的解读也不同。例如，人类学关注乡村生活方式转变为城市生活方式的过程，主要指标包括文盲率、语言统一率和大众传播率。经济学更关注农业活动向非农业活动的转换，强调以非农业生产为中心的经济活动特征。而地理学理解的“城市化”，是人口与经济的转换与集中，关注城市数量增加、规模扩大和地域扩张。

城市化率。尽管城市劳动力构成、产业发展、教育水平、收入水平和消费水平等指标都能一定程度上反映城市发展的水平，但全球范围内最简明、最容易获得的指标是人口统计指标[1]。当前描述城市化水平最常用的指标是城市常住人口占总人口的比重，即城市化率[2]。

工业革命以来，伴随着城市化不断发展，城市作为一种特殊的聚居类型，已经成为人类主要的聚居地。据联合国统计，经过一百多年的快速城市化，2007 年，人类历史上第一次出现全球的城市总人口超过乡村总人口。2014 年，世界城市化率为 54%，即全球 54%的人口居住在城市；预计到 2050 年，全球的城市化率将达到 66%，而只有 34%的人口居住在乡村。因此，毫不夸张地说，21 世纪是城市的世纪，城市成为人类聚居的核心区域。

二、世界城市化的发展

世界城市化发展具有阶段性规律。美国地理学家诺瑟姆通过对多国城市人口与总人口比重的变化轨迹研究发现，全球主要国家的城市化进程具备普遍性的规律，即初始阶段人口增长缓慢，随着城市进程的加快，在城市人口超过 30%以后，进入第二阶段，城市开始迅猛发展，一直持续到城市人口超过 70%才会逐渐趋缓；进入第三个阶段，城市化发展趋于成熟，城市化水平趋缓或有下降趋势。城市化的三个发展阶段形成一条“S”形曲线，也称为“诺瑟姆曲线”，如图 9-1 所示。

世界城市化发展具有区域不均衡性。当前，全球的城市化水平为 54%，它体现了城市化水平的世界平均状况，但并不代表所有城市、区域和国家的具体城市化程度。地球表层具有不均衡性，城市化水平也是如此，如图 9-2 所

---

① 周一星 编著：《城市地理学》。北京：商务印书馆，2003 年，第 56 页。

② 保罗·诺克斯 编著：《城市化——城市地理学导论》。北京：电子工业出版社，2016 年，第 1—4 页。

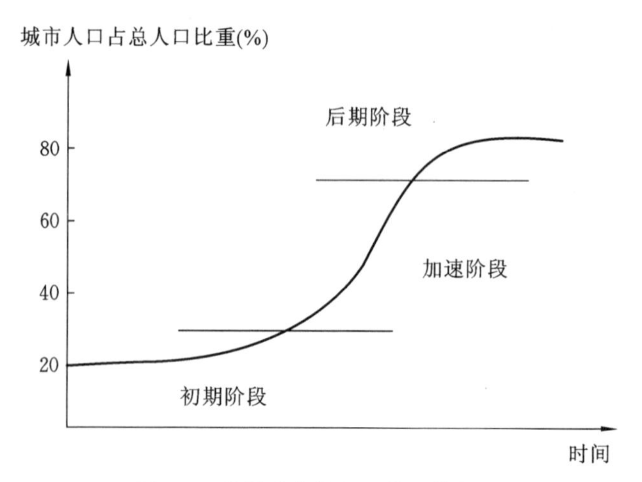

图 9-1　世界城市化发展的规律曲线

资料来源：陈明星，叶超，周义，2011 年。①

示，世界主要地区的城市化水平并不相同。其中，北美洲、拉丁美洲、欧洲和大洋洲的城市化率超过 70%，而亚洲和非洲的城市化率较低，分别只有 47% 和 40%。一个老生常谈的问题是，城市化率（即仅考虑城市人口数量）能否评价城市发展程度？事实上，总体上城市发展程度与城市化率是相对一致的。但也存在例外的情况，如拉丁美洲和欧洲的城市化率分别是 79.5%和 73.4%，欧洲的城市发展程度却要远高于拉丁美洲，两个地区的城市发展水平确实差异巨大，是不可同日而语的。拉丁美洲的城市化我们叫“过度城市化”，指的是大量农村人口涌向城市，但城市却无力承担其就业、居住等需要，造成严重的城市病。因此，我们强调适度城市化，强调城市的健康发展。

三、中国城市化的发展

相较于世界城市化发展的普遍规律，我国城市化发展早期起步慢，近期发展较快，呈现为一个拉长版的“S”形曲线。经过漫长的低速发展期后，我国自改革开放开始进入城市化发展的迅猛时期，1978—2013 年，城镇常住人口从 1.7 亿人增长到 7.3 亿人，城市化率从 17.9%提升到 53.7%。伴随城市人口增长的

① 陈明星、叶超、周义：《城市化速度曲线及其政策启示——对诺瑟姆曲线的讨论与发展》，《地理研究》，2011 年第 8 期，第 1499—1507 页。

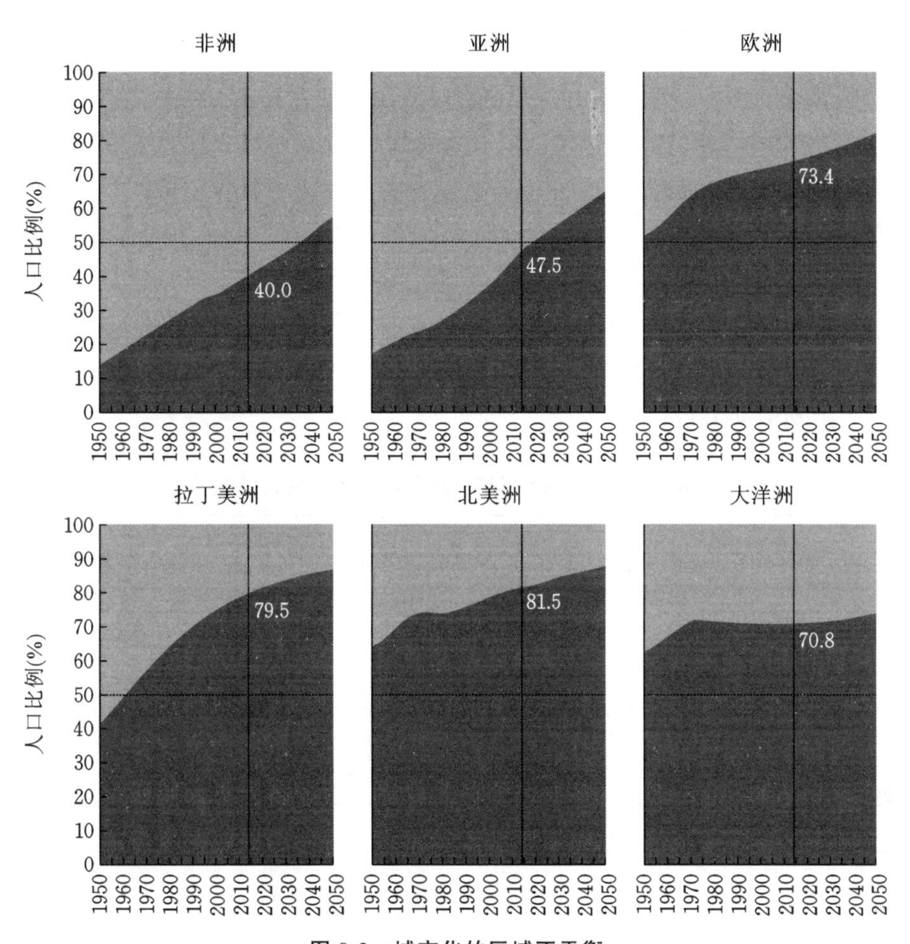

图 9-2 城市化的区域不平衡

资料来源：The United Nations，2014①

还有城市的数量变化，城市由 193 个增加到 658 个。在珠三角、长三角和京津冀三大城市区域，则以 2.8%的国土面积聚集了 18%的人口，创造了全国 36%的国内生产总值②。2014 年，我国城市化率为 53.7%，低于发达国家 80%的平均水平，也低于与我国经济水平发展相当的其他发展中国家③。

城市化促进城市区域的积极发展。首先，工业化和城市化有效地整合了城

① The United Nations. World Urbanization Propects：The 2014 Revision. Uninted Nations，New York，2014.

② 中国国家政府网站：《新型城镇化专题》。http://www. gov. cn/zhuanti/xxczh/，2017-3-27.

③ 中国国家政府网站：《国家新型城镇化规划（2014—2020 年）》。http://www.gov.cn/gongbao/content/2014/content _ 2644805.htm.

乡资源，产生集聚效应而极大地提高了经济发展水平，提升了我国城市居民的生活质量；其次，城市化伴随着居民生活方式的改变，也不断提升城乡一体化进程。近30年的改革开放发展，反映了我国城市化不断提升的过程，从城市基础设施到社会服务的变化，城市为城市居民提供了更好的公共环境，提供了更有力的健康保障（表9-1）。通过城市化水平的不断发展，越来越多的农村人口通过转移就业进入城市，提高其收入，享受到更好的城市公共服务。而从消费层面，随着城市消费群体的不断扩大，城市的消费能力增强，也带来公共基础设施、医疗卫生服务水平等各方面的巨大投资需求，为城市健康持续发展提供了强劲的动力。

表9-1　我国城市基础设施和服务设施变化情况

指标	2000年	2012年
用水普及率（%）	63.9	97.2
燃气普及率（%）	44.6	93.2
人均道路面积（m^2）	6.1	14.4
人均住宅建筑面积（m^2）	20.3	32.9
污水处理率（%）	34.3	87.3
人均公园绿地面积（m^2）	3.7	12.3
普通中学（所）	14 473	17 333
病床数（万张）	142.6	273.3

资料来源：《国家新型城镇化规划（2014—2020年）》。

快速城市化带来低质量的城市发展。城市化发展不可避免地带来很多负面影响。正如诺克斯[①]所述，城市化问题的中心矛盾体现在：城市是经济发展和生产的基本要素，但经济发展和生产也会给城市带来大量消极和前所未有的负面影响，包括各种疾病大规模蔓延、区域不平衡、过度城市化、贫困循环、人口密度过高、交通拥挤、住房紧张等。随着城市化的快速发展，我国城市化水平已经超前于工业化水平2.49个百分点，城市化发展速度超过工业化速度3.1个百分点，导致城市在发展过程中，就业岗位不足，城市经营活动效率低下，居民公共服务设施和水平较低，城市外来移民本土化难度大，因而导致城

① 保罗·诺克斯编著：《城市化——城市地理学导论》。北京：电子工业出版社2016年，第2页。

市资源、能源和生态环境问题日益严峻，很多大城市出现水荒、地荒、房荒和民工荒等矛盾[①]，城市化发展的质量受到挑战，城市发展的亚健康状态较为普遍，限制了我国城市更好地实现宜居和可持续发展。同时，这些问题严重困扰着城市人口的身体和心理健康。因此，如何成为健康的城市人，发展健康的城市化，也成为当前城市化发展的关键[②]。

第二节　城市化对健康的影响

城市化发展对人口健康的影响一直是一个具有争议的话题。以中国为例，改革开放以来，我国城市化进程快速发展，超过半数的人口居住在城镇。1978—2015年，中国城镇人口数量从17 245万人增加到77 116万人，城市化率从17.92%提升到56.10%[③]，年均提高约1%。快速的城市化进程深刻改变了人们的生活空间和社会经济环境，对人口健康产生了重要的影响。中国的城市化通常伴随着居民社会经济状态、城镇公共服务设施和医疗卫生水平的改善，但同时也带来了拥挤、环境污染和不健康的生活方式。总的来看，城市化对人口健康的影响极其复杂，我们根据当前城市发展对健康的影响程度，主要关注其对人口寿命、医疗资源、疾病和生活方式的影响。

一、城市化对健康的积极影响

人口寿命提升。人口平均预期寿命是分析评价一个国家或者地区人口健康状况的一个非常敏感而又具有重要意义的指标，它表明了新出生人口平均预期可存活的年数，是假设当前的分年龄死亡率保持不变，同一时期出生的人预期能继续生存的平均年数，同时该指标也是衡量一个社会经济发展水平及医疗卫生服务水平的指标[④]。平均预期寿命的影响因素多样而且复杂，不仅包括人类生物学方面的因素，也会受到社会经济因素的影响，包括性别、疾病、生活水平、医疗服务等方面。通过统计分析，人口预期寿命与GDP和医疗水平存在

① 方创琳：《中国城市化进程亚健康的反思与警示》，《现代城市研究》，2011年第8期，第5—11页。

② 马祖琦：《欧洲“健康城市”研究评述》，《城市问题》，2007年第5期，第92—95页。

③ 国家统计局：《中国统计年鉴2017》。北京：中国统计出版社，2017年。

④ 舒星宇、温勇、宗占红等：《对我国人口平均预期寿命的间接估算及评价——基于第六次全国人口普查数据》，《人口学刊》，2014年第5期，第18—24页。

正相关关系，人均GDP出现大幅度增长时人均寿命也会出现较大增长。医疗水平对人均寿命的影响最为直接，随着医院数量的增加和救治病人人数的增加，当地人均预期寿命明显不断增长，总体而言，医疗水平的提高会直接影响人类寿命。

第二次世界大战结束后，全球迎来和平、稳定的发展环境，人们物质生活水平提高，社会医疗保障制度不断完善，医疗技术水平不断提升，公共卫生服务不断改进，健康生活方式日益普及，死亡率下降，人口预期寿命不断延长。随着死亡率的下降、人口存活数量增加，特别是高龄老年人口的寿命水平提高，衰老和各种慢性病成为人类健康的主要威胁①。同时，二战以后，发展中国家的环境卫生、医疗服务和粮食供应得到了普遍改善，如疫苗接种计划等覆盖面广泛的公共卫生项目获得成功极大地降低了全球婴儿死亡率。根据WHO统计结果，自1990年至2010年，全球婴儿死亡率下降了一多半，人均预期寿命延长了9年。全球城市的人口寿命延长是城市化发展最直观的积极影响②。

世界卫生组织发布的《2014年世界卫生统计》显示，从全球平均情况看，2012年男性预期寿命为68岁，女性为73岁。其中，低收入国家预期寿命的改善情况更为明显。

医疗资源集聚。较农村而言，城市在医疗资源和公共卫生设施方面明显具有优势。从全球范围来看，绝大部分国家的农村地区在医院数量、医护人员等方面都少于城市地区，而且在农村地区获得医疗服务所花费的时间也高于城市。事实上，对于很多发展中国家而言，医疗资源和公共卫生设施的提升成为城市居民健康水平提升的重要原因③。

值得注意的是，城市化发展对城市地区医疗资源带来提升的同时，也面临着资源分配不均、城乡差距扩大的结果，从而可能对广大农村地区的居民带来负面的健康影响。

---

① 张文娟、魏蒙：《中国人口的死亡水平及预期寿命评估——基于第六次人口普查数据的分析》，《人口学刊》，2016年第3期，第18—28页。

② 世界卫生组织：《2014年世界卫生统计》. http://www.who.int/mediacentre/news/releases/2014/world-health-statistics-2014/zh/,2014-05-15/2017-05-03.

③ 吴晓瑜、李力行：《城镇化如何影响了居民的健康?》，《南开经济研究》，2012年第6期，第58—73页。

二、城市化对健康的消极影响

流行病易蔓延。指在城市地区广泛蔓延的传染病，包括流行性感冒、肺结核、霍乱等。早在19世纪中期的英国，就有科学家开始关注城市的健康问题。约翰·斯诺研究发现伦敦爆发的霍乱起因是被工业严重污染的饮用水，他的研究很快引起了伦敦公共部门对于城市发展、环境和健康的关注。此后，英国成立了城市卫生委员会，并着手调查英国城市贫民窟中贫困群体的健康状况。伦敦城市卫生委员会与斯诺共同推动了城市的公共卫生标准[①]，世界上第一部《卫生管理条例》出台，制定了住房、下水道系统、饮用水安全等方面的标准，可以说是对于城市健康问题关注的典型案例。

尽管在城市化发展较深入的地区，如北美和欧洲等地，霍乱、肺结核等流行疾病已经极少见，但在城市化程度较低的地区，还广泛受到此类传染性和传播性疾病的困扰和威胁。

现代病普遍化。城市化发展带来的现代化生活方式，影响着城市人口的健康状况，使“现代病”成为一个常见的名词。现代病，顾名思义，即现代生活方式下产生的人的身体及心理疾病。与流行性疾病更多出现在城市化程度低的地区不同的是，越是城市化发展程度高，城市中现代病越常见。随着计算机和互联网在各类工作中的普及应用，城市居民更多从事静态久坐的职业。特别是在城市化快速发展的中国，快节奏的城市生活增加了居民的精神压力，城市居民参与健身运动的时间也远少于发达国家。久而久之，各种现代病越来越普遍，最典型的包括肥胖、糖尿病和心脏病等。首先，我们来看看肥胖症的发病情况。研究显示，肥胖率与国民收入程度呈正比。特别是城市中，生活越富裕，越容易肥胖。2014年，全球有三分之一的人超重或肥胖。当前，全球约70亿人中有21亿人是肥胖人士。美国拥有8 690万名肥胖人士，占全球肥胖者总数的13%；中国的肥胖人数也已达到6 200万，全球占比9%，居于全球第二[②]。其次，糖尿病也成为影响城市居民生活质量的重要问题。根据世界卫生组织的统计，全球截至2014年共有4.22亿糖尿病患者，这意味着每11个

---

① 李丽萍、彭实铖：《发达国家的健康城市模式》，《城乡建设》，2007年第5期，第70—72页。

② GBD Disease,Incidence I,Collaborators P.Global,regional,and national incidence,prevalence,and years lived with disability for 328 diseases and injuries for 195 countries,1990-2016:a systematic analysis for the Global Burden of Disease Study 2016,Lancet,2017,390(10100):1211-1259.

人里就有 1 个是糖尿病患者，而 1/7 的新生儿会被妊娠期糖尿病所影响；每 6 秒就有 1 个人死于糖尿病并发症[①]。

【知识窗 9-1】

身高体重指数（BMI）

通常人们用身高体重指数（BMI）来衡量是否属于肥胖。计算方法是体重（公斤）除以身高（米）的平方。指数在 18.5 至 25 之间为正常，25 至 30 之间为超重，达到或超过 30 则为肥胖。

体质指数（BMI）＝体重（kg）÷身高^2（m^2）

——资料来源：Keys，Fidanza，Karvoren，et al. Indices of relative weight and obesity，Journal of Chronit Diseases. 1972，25（6）：329-343.

同时，城市癌症和心脏病等慢性疾病的患病人数在急剧增加。以中国为例，近些年来，我国民众“谈癌色变”，但却不得不面对癌症患病率不断提高的现实。相较于 1990 年，20 年间我国农村和城市癌症死亡占全国死亡人口总数的比重越来越大，农村地区从 1990 年的 17.5%上升至 2010 年的 23%，每 10 万名癌症患者死亡人数由 112 人升至 144 人；城市地区癌症死亡率由 22.6%上升到 25.5%；每 10 万名癌症患者死亡人数由 151 人上升至 161 人。

城市环境污染对健康的影响。一方面，城市环境污染的健康危害日趋严重。生态环境是城市居民生存的基础。随着城市工业的发展、城市人口密集、煤炭和石油燃料的迅速增长，城市环境污染日趋严重，城市空气污染已经成为影响人口身体健康的主要危害因素之一。同时，城市住房紧张，交通拥挤，空气质量下降，生态环境恶化。另一方面，城市生活环境对人的心理健康可能产生影响。由于生活方式变化，人际关系疏远，对城市居民的心理健康也产生重要影响，城市人口心血管疾病、慢性病和精神病患病率均明显高于农村地区[②]。

城市犯罪对健康的影响。城市犯罪对城市人口的身体健康、心理健康都产生很大影响。包括凶杀、强奸、诈骗等刑事犯罪，以及扒窃、盗窃等以窃取财

① World Health Organization. Global report on diabetes. Geneva：WHO Press，2016.

② 王五一、李日邦、谭见安：《我国 21 世纪环境、健康与发展研究的重点领域和主要方向》，《地理科学进展》，1997 年第 16 卷第 1 期，第 11—14 页。

物为目的的犯罪，主要发生在城区或城市边缘带。以北京市为例，对犯罪空间的研究表明，多数犯罪活动都集中在城市中心人流密集场所，以及各类人员较为混杂的城乡结合部，郊区的犯罪活动要远低于城市地区①。

城市社会群体的健康差异变大。大量研究表明，社会经济地位高的人在死亡率和发病率等方面与处于社会下层地位的人具有明显的差异，因而提出健康不平等理论，指出不同优势的社会群体之间存在系统性差异而导致健康水平的不同②③，如妇女、少数民族、穷人等群体要比其他社会群体遭受更多的健康风险和疾病等社会不平等现象。当不同社会群体间存在原本可以避免的健康差异或主要的健康社会决定因素差异时，健康不平等的问题就发生了④⑤。当前多数研究表明，影响健康不平等的因素主要有收入水平、教育程度、医疗服务、城乡差距等。较高的收入水平可以提高人们的生活水平，能够提供较好的营养、卫生条件，更多的体育锻炼，更多的医疗卫生知识，能够更好地利用医疗卫生设施，从而提高人们的健康水平。而健康的身体可使人们提高学习能力和集中注意力，在工作上更有效率，这些又将有助于其收入的提高。反之，则会产生恶性循环。

城市贫困对健康的影响。贫困人口最大的困境在于贫困循环⑥，由于贫困造成低购买力和低消费能力，一方面，无力投资自身和子女教育，代际发展受到极大限制，诱发贫困的代际循环；另一方面，日常生活和就医行为都陷入恶性循环，产生较为突出的就医问题和心理健康问题。而城市中贫困人口的健康问题尤其突出，对城市贫困人口的健康状况的调查结果表明，受慢性病和严重疾病影响的人口分别占到贫困人口的 42.1%和 17%，中度到重度抑郁人群分别为 23.1%和 22.9%⑦，城市贫困人口的生理健康和心理健康状况都不容乐观，更容易产生因病致贫，导致贫困循环。

---

① 程连生、马丽：《北京城市犯罪地理分析》，《人文地理》，1997 年第 2 期，第 11—16 页。

② Braveman P. Health disparities and health equity: concepts and measurement, Annual Review Public Health, 2006, 27(27): 167-194.

③ Elo I T. Social Class Differentials in Health and Mortality: Patterns and Explanations in Comparative Perspective, Annual Review of Sociology, 2009, 35(35): 553-572.

④ 焦开山：《健康不平等影响因素研究》，《社会学研究》，2014 年第 5 期，第 24—46+241—242 页。

⑤ 詹宇波：《健康不平等及其度量——一个文献综述》，《世界经济文汇》，2009 年第 3 期，第 109—119 页。

⑥ 拉格纳·纳克斯 著：《不发达国家的资本形成问题》。北京：商务印书馆，1966 年，第 1—5 页。

⑦ 岱云、高功敬、崔恒展等：《城市贫困人口的健康状况研究》，《山东大学学报（哲学社会科学版）》，2013 年第 3 期，第 143—152 页。

全球健康不平等的现象突出。全球范围内，城市化发展程度不同的区域，人口健康差异较大，城市化程度较高的国家和地区，健康指数也较高。把中国的健康发展指数与人类发展指数（Human Development Index，HDI）排名前20位的国家或地区对比，所表现的健康问题较为明显。例如，排名前20位的国家或地区因心血管疾病和糖尿病引起的死亡率从9.1%至12.6%不等，其中日本为9.1%，法国为9.8%，澳大利亚为11.2%，而中国为28.7%，远高于发展程度较高的国家或地区[①]。排名前20位的国家或地区不存在儿童体重不足的问题，中国有3.8%的儿童体重不足。联合国儿童基金会（UNICEF）在2019年发布的年度报告中指出，全球5岁以下的儿童有21.9%（约1.5亿名）存在营养不良的现象[②]（图9-3）。这些儿童可能面临大脑发育不良、学习能力低下、免疫力低下和易受感染甚至死亡等各种风险。事实上，正是城市化、贫困和不健康的饮食习惯等因素导致了儿童营养不良问题的形成[③]。

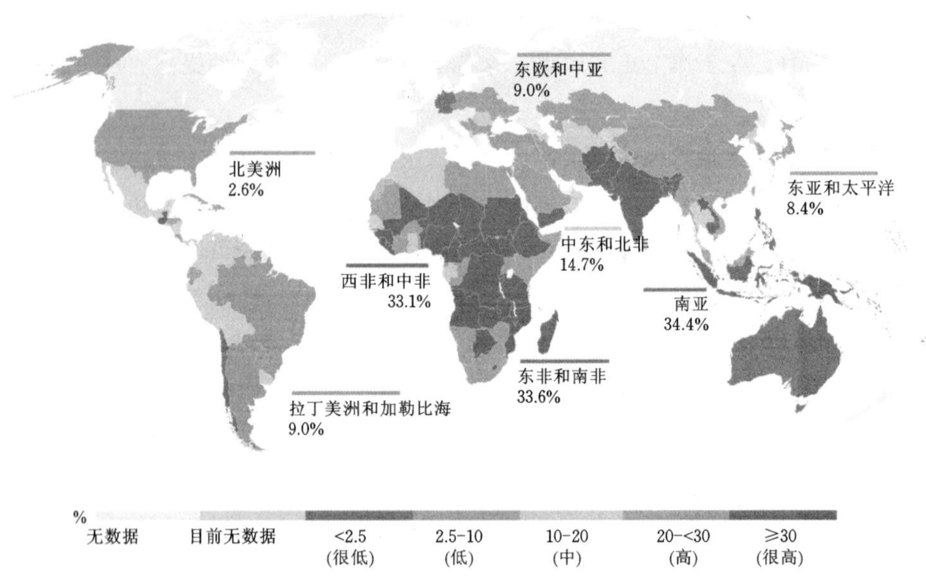

图9-3　2018年全球5岁以下儿童营养不良的区域分布与比例

资料来源：UNICEF，2019年。[②]

① 联合国开发计划署：《2014年人类发展报告：促进人类持续进步》（中文版），纽约：PBM Graphics，2014。

② UNICEF.The State of the World's Children 2019：Children，food and nutrition：Growing well in a changing world：UNICEF.New York，2019.

③ World Health Organization. World Health Statistics 2014. Geneva：WHO Press，2014.

第三节　城市化与健康可持续发展

一、城市化与健康可持续发展的目标

整体而言，要实现城市化与健康可持续发展，须在保证城市化积极发展的基础上，实现城市环境和人口健康的双重优化发展，即需要把握两大要点：一是城市环境的健康。城市环境的健康是经济社会发展的基础条件，是卫生和健康事业发展的保障，是国家民族发展富强的标志；二是城市人的健康。人的健康是城市健康可持续发展的目标所在，也是可持续发展的终极目的。

城市环境的健康。以中国为例，在改革开放之初，城市化发展较缓，经济水平落后，“增长”一度成为“发展”的代名词，带来了经济迅速发展以及国民生活水平的提升，同时也导致环境污染严重、人口增长及传染病更易传播、城市摊大饼式低效发展、城乡二元化严重等一系列问题。党的十八大以来，中国城市治理取得显著成效，但城市发展仍然面临一系列健康挑战，小到城市的灭蚊虫管理，大到医疗设施和卫生服务，都需要城市化健康发展作为支撑条件，才能满足每个城市人享受更好的卫生和健康服务的要求。要实现健康的城市化，需要三大核心支撑体系：一是良好的生态环境，二是健全的医疗卫生体系，三是宜居的社会环境。良好的生态环境是基础，健全的医疗卫生体系是依托，健康的社会环境是保障。只有三者相互融合，才能实现真正的健康城市和城市的可持续发展。

(1) 良好的生态环境。主要包括两个方面：一是保障生态系统不退化，主要指防止城市化发展过程中，环境质量下降与资源、能源减少等对人造成的伤害与威胁。二是保障人体健康不受损[①]，控制污染，减少污染，树立环保的全球意识。地球是一个整体的生态系统，树立城市居民的全球意识和环保意识，改变不环保的生活方式和习惯，减少生活垃圾，防止“蝴蝶效应”。在经济上，改变粗放的生产方式，推进节能减排，走新型工业化道路，建设低碳生态城市；在城市建设上，发展轨道交通，减少汽车尾气排放，减少大气污染，改善空气质量；在制度上，要加快修订涉及环境保护的法律法规，建立生态环境保

① 刘耀斌、李仁东、宋学峰：《城市化与城市生态环境关系研究综述与评价》，《中国人口·资源与环境》，2005 年第 3 期，第 55—60 页。

护的社会监督机制，实现绿色、循环、低碳、健康的生态环境。

（2）健全的医疗卫生体系。实现医疗卫生资源的公平配置，根据需求分配有限的公共卫生资源，更有效地为社会服务[①]；大力推进医疗卫生体制改革，加快发展社区医疗卫生服务，引入社会效率高的健康保障体系，提高医疗服务质量，建立高效运转的公共卫生防疫系统；以健康公平为核心价值，建立基本医疗卫生制度；合理控制医疗服务价格，规范医疗服务收费，实现多元化、多层次的公民医疗保障制度；加强老年医疗保健服务，扩大医疗保险的覆盖面，提高医疗保险金额，合理配置和完善医保制度，让每个人都拥有基本医疗卫生服务权益，得到相应的医疗服务和公共卫生用品。

（3）宜居的社会环境。宜居的社会环境包含了安全、便利、舒适的社会和人文环境，主要体现了四大基本理念，即安全性、健康性、便利性和舒适性。具有宜居的社会环境的城市，一般称为宜居城市。要创造宜居的社会环境，应该具备五大条件：一是安全的城市，即具备健全的法制社会秩序、完善的防灾与预警系统、安全的日常生活设施和安全的交通出行环境；二是提供适宜的居住空间，通过提供与居民收入水平相当的居住空间，确保人人享有适当住房的条件；三是提供充分的就业，通过创造充分的就业机会，为居民提供更好的就业机会；四是生活便利的城市，具备完善的、公平的基础设施和便捷的公共服务；五是提倡良好的邻里关系，和谐的社区文化，并创造鲜明的地方特色[②]。坚持"以人为本"的科学发展观，从人民群众的根本利益出发，不断满足人民群众日益增长的健康发展需要，让健康的社会环境惠及全体人民，加快推进以改善民生为重点的社会建设。城市规划中应当按人口比例合理配置公共资源，促进高品质公共资源的均衡配置。

城市人的健康。世界卫生组织（WHO）把健康定义为"躯体上、心理上和社会适应上理想状况"。因此城市人口的健康不仅仅是指身体上没有疾病，心理上和精神上的健全也是衡量健康的重要标志。城市化快速推进过程中，越来越多的城市出现交通拥堵、环境恶化、资源短缺等"城市病"[③]现象，资源分配不均、城市布局不合理、城市房价高、城市社会安全弱化、城市看病难上

---

① 代涛、陈瑶、韦潇：《医疗卫生体系整合：国际视角与中国实践》，《中国卫生政策研究》，2012年第9期，第1—9页。

② 张文忠：《宜居城市的内涵及评价指标体系探讨》，《城市规划学刊》，2007年第3期，第30—34页。

③ 周加来：《"城市病"的界定、规律与防治》，《中国城市经济》，2004年第2期，第30—33页。

学难、城市贫困、人口大规模增长导致人口失业等，影响城市人口的生活质量、增加城市人口生活压力。根据自评健康指标的分析，中国城市人口健康存在明显的性别不平等现象，男性健康水平高于女性[①]，人口性别的健康不公平导致整个城市的亚健康状态。一个适度的、健康的城市化，必须保持人类生产活动与城市环境承载力之间的协调关系。

因此，在城市化发展过程中，实现城市居民的健康发展不仅需要健康的城市化提供良好的生态环境、健全的医疗卫生服务和宜居的社会环境，还需要城市居民在生活方式、就医观念、健康理念等方面的不断提升。

二、城市化与健康可持续发展的战略

城市化与健康可持续发展是一个复杂的系统工程，其根本问题是要促进和实现人的健康可持续发展。我国当前城市化快速发展，健康问题突出，需要政府、各类社会团体和私营部门之间不断加强合作，以制定更完善的法律法规来实现城市和健康的协同发展。在城市层面，城市的发展需要逐个处理各级部门、各类要素之间的系统性与复杂性，通过城市和区域的规划设计实现部门和要素之间的横向协调，以及从中央到地方政府各级部门的纵向协调。因此，要实现城市化、促进健康发展，国家战略甚至全球战略的支撑作用非常重要。当前我国涉及城市化发展与健康促进的战略主要包括健康中国战略和健康城市战略。

健康中国战略。2016 年 10 月 25 日中共中央、国务院印发了《“健康中国 2030”规划纲要》（以下简称《纲要》），《纲要》明确指出“健康是促进人的全面发展的必然要求，是经济社会发展的基础条件。实现国民健康长寿，是国家富强、民族振兴的重要标志，也是全国各族人民的共同愿望”。《纲要》作为国家发展基本方略中的重要内容，回应了人们的健康需要和对疾病医疗、食品安全、环境污染等方面的后顾之忧，将健康中国建设提升至国家战略地位。《纲要》对完善国民健康政策提出了明确要求：①深化医药卫生体制改革，全面建立中国特色基本医疗卫生制度、医疗保障制度和优质高效的医疗卫生服务体系，健全现代医院管理制度。加强基层医疗卫生服务体系和全科医生队伍建设。全面取消以药养医，健全药品供应保障制度。②坚持预防为主，深入开展

---

① 孙菊、宋月萍：《城市人口健康的性别差异及影响因素的实证分析》，《医学与哲学（人文社会医学版）》，2008 年第 10 期，第 46—48 页。

爱国卫生运动，倡导健康文明生活方式，预防控制重大疾病。实施食品安全战略，让人民吃得安全、吃得放心。③坚持中西医并重，传承发展中西医药事业。支持社会办医，发展健康产业。④促进生育政策和相关经济社会政策配套衔接，加强人口发展战略研究。积极应对人口老龄化，构建养老、孝老、敬老政策体系和社会环境，推进医养结合，加快老龄事业和产业发展[①]。

同时，结合健康中国的建设方针，也体现了《纲要》对中国城镇化发展提出新要求。一方面，“健康中国2030”战略强调实现健康的公平性，实现人人享有基本医疗水平和人人享有健康[②]。逐步缩小地区、城乡和人群的健康服务和健康水平的差异，需依托于新型城镇化的深入开展，实现城镇化从量变到质变的蜕变，建成社会主义现代化强国。另一方面，强调城镇化发展与健康产业繁荣发展相呼应。特别是通过改善城乡医疗卫生基础设施和完善基本医疗卫生制度，逐步形成具有中国特色的全民健康制度体系，健康产业繁荣发展，居民健康水平得到广泛提升；到2050年，建成城镇化发展与居民健康共促进的社会主义现代化强国和健康国家。

健康城市战略。针对城市化快速发展带来的一系列全球性问题，1986年，世界卫生组织（WHO）在欧洲启动了一项“全民健康”（Health for all，HFA）评估活动，11座欧洲城市参与了此项公共卫生实践，开启了全球健康城市化发展的序幕[③]。2000年，世界卫生组织在多伦多组织召开“健康多伦多2000”国际会议，在“全民健康”战略思想的基础上，首次提出“健康城市”的理念及相关的全球性行动战略。健康城市是由健康的人群、健康的环境和健康的社会有机结合发展的一个整体，应该能创造和改善自然环境、水环境，扩大社区资源，使城市居民能相互支持，以发挥最大潜能的城市。

在对健康城市的理念有了广泛认可后，世界卫生组织把健康城市作为全球性计划进行推广和实施。在1992年就有108座城市积极响应并打造世界健康城市。随着健康城市战略的实施，健康城市的概念由最初强调健康促进等理念逐渐演变为既注重公共卫生体系建设，又强调其他体系共同合作的包容性理念，“健康城市是一个不断创造和改善自然环境、社会环境，并不断扩大社区

---

① 新华网：《一文速览十九大报告》。http://www.xinhuanet.com/politics/19cpcnc/2017-10/18/c_1121822489.htm，2017-10-18/2018-09-08.

② 新华社：《“健康中国2030”规划纲要》。http://www.gov.cn/xinwen/2016-10/25/content_5124174.htm，2016-10-25/2018-09-08.

③ WHO Regional Office for Europe. Twenty steps for developing a Healthy Cities project, the 3rd edited, 1997.

资源，使人们享受生命和充分发挥潜能方面能够互相支持的城市，其目的是提高人们的认识，动员市民与地方政府、社会机构合作，以形成有效的环境支持和健康服务，从而改善环境和健康状况”①。

【知识窗 9-2】

健康城市的 10 条标准

①为市民提供清洁安全的环境。

②为市民提供可靠和持久的食物、饮水和能源供应，并具有有效的清除垃圾系统。

③运用富有活力和创造性的各种经济手段，保证市民在营养、饮水、住房、收入、安全和工作方面达到基本要求。

④拥有强有力、互相帮助的市民群体，各种不同的组织能够为改善城市的健康而协调工作。

⑤使市民能一道参与制定涉及他们日常生活，特别是健康和福利的政策。

⑥提供各种娱乐和休闲活动场所，以方便市民的沟通和联系。

⑦保护文化遗产并尊重所有居民（不分种族或宗教信仰）的文化和生活特征。

⑧把保护健康视为公众政策，赋予市民选择利于健康行为的权利。

⑨努力不懈地争取改善健康服务的质和量，并能使更多市民享受健康服务。

⑩能使人们更健康长久地生活、少患疾病。

——资料来源：WHO Regional office for Europe. Twenty steps for developing a Healthy Cities project，the 3rd edited，1997.

从 20 世纪 80 年代开始，中国开始“卫生城市”的创建并开展全国性的评估。卫生城市的创建一方面显著改善了城乡卫生环境、健康服务和人群的健康意识，对提高人口健康水平发挥了重要作用。另一方面，卫生城市的创建也为

① 周向红：《加拿大健康城市经验与教训研究》，《城市规划》，2007 年第 9 期，第 64—70 页。

健康城市建设和健康中国的建设奠定了基础。2016 年开始，中国正式推行“健康城市战略”，全国爱国卫生运动委员会办公室确定首批 38 个全国健康城市试点，被视为卫生城市的升级版。健康城市战略在卫生城市基础上更注重居民健康，进一步综合提升健康环境、健康社会、健康文化、健康服务和健康人群，着力解决慢性病等公共卫生问题，全面促进群众身心健康。

学习思考

1. 城市化发展可能带来哪些健康问题？
2. 当前我国有哪些有关城市化与健康促进的战略？

拓展阅读

1. 保罗·诺克斯编著；顾朝林等译：《城市化——城市地理学导论》。北京：电子工业出版社 2016 年版。

2. 许学强、周一星、宁越敏等编著：《城市地理学》。北京：商务印书馆 2009 年版。

3. 杰森·科尔本著，王兰译：《迈向健康城市》。上海：同济大学出版社 2019 年版。

4. 周向红编：《健康城市：国际经验与中国方略》。北京：中国建筑工业出版社 2008 年版。

5. 简·雅各布斯著，金衡山译：《美国大城市的死与生》。北京：译林出版社 2006 年版。

第十讲　贫困与健康

第一节　贫困的内涵与类型

一、贫困的基本内涵

贫困与健康关系密切，贫困是居民健康问题产生的诱因之一，因病致贫、因病返贫是一个普遍存在的世界性难题，不但制约着发展中国家的进步，亦困扰着大多数发达国家。反贫困是人类面临的一项共同任务，是个人、家庭、社会和政府共同关注的重要议题[①]。2016 年 1 月，联合国启动《2030 年可持续发展议程》，呼吁各国现在就采取行动，为今后 15 年实现 17 项可持续发展目标而努力，其中多项目标涉及贫困与健康问题，并且“消除一切形式的极端贫困”被列为所有可持续发展目标中的首要任务。认识和理解贫困的基本内涵是探讨贫困与健康关系的逻辑起点。一直以来，社会和学界对于贫困的含义众说纷纭。贫困难以进行精确定义，是因为在不同的社会历史条件下人们从不同的角度来描述和理解贫困[②]。如果从 100 多年前英国学者布斯和朗特里着手研究工业化社会的贫困问题算起，至今已经形成了一套有关贫困定义的概念集，代表性视角如下。

缺乏视角。大多数学者都使用了从缺乏的角度定义贫困。例如，贫困是生活必需品的缺乏；所谓贫困问题是说在美国有许多家庭，没有足够的经济收入可以使之有起码的生活水平；贫困是个人或家庭依靠劳动所得和其他合法收入不能维持其基本的生存需求；贫困是指物质上、社会上和情感上的匮乏，它意味着在食物、保暖和衣着方面的开支要少于平均水平；等等。

机会或剥夺视角。机会视角是从机会或排斥的视角解释贫困的发生根源。

---

① 雷明：《贫困与贫困治理》。北京：经济科学出版社，2019 年，第 51—53 页。

② 李秉勤：《反贫困》。北京：社会科学文献出版社，2019 年，第 56—80 页。

例如，贫困是经济、社会、文化落后的总称，是由低收入造成的缺乏生活必需的基本物质和服务以及没有发展的机会和手段这样一种生活状况。剥夺视角则是从社会分层和社会群体的角度解析贫困。例如，贫困应该被理解为个人、家庭和群体的资源（物质的、文化的和社会的）如此有限以致他们被排除在他们所在区域可以接受的最低限度的生活方式之外。世界银行在《2000/2001 年的世界发展报告·与贫困作斗争》中指出，贫困是指福利的被剥夺的状态，主要表现为缺衣少食，没有住房，生病时得不到治疗，不识字而又得不到教育。阿玛蒂亚·森进一步指出，贫困必须被视为基本可行能力的剥夺，而不仅仅是收入低下，而这却是现在识别贫穷的通行标准。对基本可行能力的剥夺可以表现为过早死亡、严重的营养不良、长期的流行疾病、大量的文盲以及其他失败。

能力视角。该视角从贫困者自身内在的因素来解读贫困。例如，随着时间变化，世界银行对贫困的认定发生了很大的变化，其主编的《1990 年世界发展报告》将传统的基于收入的贫困概念进行了扩充，加入了能力因素，认为贫困是缺少达到最低生活水平的能力。而在其主编的《2000/2001 年的世界发展报告·与贫困作斗争》又在能力贫困的定义中加进了“脆弱性”和“无助性”的含义，意指“一个家庭和一个人在一段时间内将要经受的收入和健康贫困的风险”，同时“还意味着面临许多风险（暴力、犯罪、自然灾害和被迫失学等）的可能性”。

生存视角。该视角通过对贫困者的整个生存状态的描述（包括自然、生理、经济、社会和文化等状态）来界定贫困。例如，贫困是人的一种生存状态，在这种生存状态中，人由于不能合法地获得基本的物质生活条件和参与基本的社会活动的机会，以至于不能维持一种个人生理和社会文化可以接受的生活水准，等等。

综上所述，虽然贫困的定义较多，但其基本内涵还是很清晰的，主要包括以下几个方面：

(1) 作为一种社会上客观存在的生活状况，贫困是与落后或困难联系在一起的，它不仅指贫困者的全部收入难以维持基本生存的需求，而且还包括经济、社会、文化乃至肉体和精神的各个方面。但最基础的还是要从经济层面来把握贫困，而其他的解释只是强调了贫困的某一侧面及其表现。

(2) 贫困作为一种社会上普遍公认的社会评价，是基于最低或低于最起码的生活水准。所谓贫困标准的制定，就是根据社会公众认可的标准开出维持最低生活需要的清单。

（3）贫困作为一种由社会政策或环境造成的社会后果，直接与“缺乏”有关，其表象为低收入和缺乏物质和服务，而实质是缺乏手段、能力以及机会。所以，贫困问题可视为缺乏问题，反贫困的重要任务是改变缺乏的状况和程度。

总体上看，贫困的发生有其自然、人文、社会、经济和文化等根源。贫困概念的基本内涵不仅表现为贫困群体在资源、权利、福利、就业机会等方面可行能力的缺乏，还表现出区域地理环境、资源禀赋、交通条件、经济水平、历史背景等方面的限制或不足。随着社会的不断发展变化，这些因素在诱发贫困要素中所占的比例也逐渐变得不同。

二、贫困的主要类型

既然可以从不同角度定义贫困，那么同样可以在各类定义的基础上根据不同的标准和范围对贫困进行分类①。一般来说，关于贫困代表性的分类主要有以下几种：

从发生程度划分，可分为绝对贫困、相对贫困和基本贫困。最早对绝对贫困进行研究的是英国学者朗特里（Rowntree），他于 1899 年提出绝对贫困概念，认为绝对贫困（又称生存贫困）是低于最低物质生活水准的一种生活状况。相对贫困是指相对于社会其他部分人的生活水平而言，有一部分人处于社会水准的最下层。如有些国家把低于平均收入 40％的人口归为相对贫困。世界银行的专家认为，收入低于平均 1/3 的社会成员便可视为处于相对贫困状态。1993 年，英国学者汤森在传统的绝对贫困与相对贫困之间又划分出一个“基本贫困”的层次，来表示不能满足基本需求的贫困状态。也就是说，有一些穷人的生活不会有饥饿问题出现，不会危及生命，他们的物质条件已能够满足生理上的需要，但在衣食住行方面常常会出现捉襟见肘的情况，生活不稳定。

从涉及范围划分，可分为狭义贫困和广义贫困。狭义贫困仅是指经济意义上的贫困，通常以人们的收入难以维持基本生存需要的最低标准来反映。广义贫困不仅包括最低收入和最低生活水平，还包括社会、人文各方面的欠发达状态，如人口平均预期寿命、婴儿死亡率、教育发展状况、文化程度、医疗卫生条件、营养水平、社会保障和自然资源环境保护等方面的情况。

从形成原因划分，可分为制度性贫困、区域性贫困和阶层性贫困。其中，

---

①王小林：《贫困测量》。北京：社会科学文献出版社，2016 年，第 22—36 页。

制度性贫困是指由各类社会制度决定的生活资源在不同社区、不同区域、不同群体和个人之间的不平等分配造成的某些社区、区域、群体或个人处于贫困状态。区域性贫困是指在相同的制度背景下，不同区域之间由于自然条件和社会发展的差异，致使某些区域生活资源的供给相对贫乏、贫困人口相对集中的贫困状态。阶层性贫困是指在相同的制度环境中，在大致均质的空间区域或行政区域内，某些群体、家庭或个人由于身体素质较差、文化程度不高、家庭劳动力少、生产资料不足或缺少社会关系等原因，其竞争有限生活资源的能力较差，从而处于贫困状态。

从发展演变划分，可分为传统的收入贫困、人文贫困和知识贫困。收入贫困指收入水平极其低下，不能维持基本生活。一般是以国际贫困线和各国政府规定的贫困线来反映收入贫困。人文贫困指缺乏基本的人类能力，如不识字、营养不良、较短的预期寿命、母婴健康水平低下和不可预防疾病的危害等情况。1997 年联合国计划开发署采用“人文贫困指标”（Human Poverty Index）来表达此类贫困。知识贫困不仅指教育水平低下的程度，还指获取、吸收和交流知识能力的匮乏或途径的缺乏，所以知识贫困包括获取知识能力的贫困、吸收知识能力的贫困和交流知识能力的贫困等多种形式。

从发生空间划分，可分为农村贫困、城市贫困以及广义的空间贫困。农村贫困是指贫困的发生集中在农业人口居住的农村区域。城市贫困则指贫困的发生突出表现在非农业人口居住的城镇区域。从空间方面划分贫困类型，除了从城乡二元性理解以外，地理学者将空间的概念引入贫困问题的研究之中进而提出空间贫困的概念，旨在探讨贫困的空间分布以及贫困与地理环境之间的关系。这里的地理环境是指一个由自然环境和社会环境两大部分组成的、人类赖以生存的综合体。空间贫困是关于贫困研究的又一次进展，其主要研究内容是将区域地理环境要素融合成地理资本体系，从空间视角探究贫困的空间分异特征、贫困与地理资本要素之间的关系，通过分析地理资本的缺陷研判致贫原因并绘制贫困地图，据此制定相应的减贫策略。

从经济标准划分，根据贫困与收入标准、消费标准的关系，可以分为持久性贫困、暂时性贫困和选择性贫困。其中，持久性贫困是指某一时期内人们的收入和消费都低于贫困线标准的贫困状态。暂时性贫困则指收入低于贫困线而消费高于贫困线的状况，这些人消费高于收入的主要原因是，利用过去的储蓄或者借钱消费。选择性贫困是指有的家庭虽然有高于贫困线的收入，但由于过去或未来有着特殊的支出需要不得不将其现在的消费压低到贫困线之下。

第二节　贫困对健康的影响

《阿拉木图宣言》指出：“健康是一项基本人权，达到尽可能高水平的健康是一个世界范围的最重要的社会目标。”健康具有多维性，从无病就是健康的一维概念，到生理与心理都健康的二维概念，到生理、心理、社会都完好的三维概念，再到生理、心理、社会、道德都完好的四维概念，其内涵越来越丰富，健康的标准也越来越高。不过，在现实生活中，在操作层面，这一概念更多在二维（身体健康、精神健康）的层面被使用。

一、贫困对身体健康的影响

传统的绝对贫困最主要的表现就是收入低，支付能力不足[①]。一方面，贫困人口收入水平低下且增长缓慢，相反，医疗价格不断攀升，支付能力的不足使得贫困人口医疗服务利用水平低下，健康投资明显不足，导致“小病拖成大病、大病拖成不治之症”。贫困人口一旦发生重大疾病，支付不了高昂的医疗费用，使健康受到损害，严重的甚至失去生命。另一方面，贫困群体缺乏获取基本生活要素的能力，长期的营养不良及饮食的不均衡直接影响人们的身体健康。

一般的人文贫困主要表现为低教育水平、低质量住房或无家可归、不健康、没有权利等，贫困人口处于社会和政治上的劣势地位。贫困人口没有足够的住房，缺乏卫生知识，养成了不良的饮食卫生习惯，不懂得如何选择健康行为和主动预防疾病或采用愚昧的方法来应对疾病。《中国教育发展报告（2015）》调查数据显示，在饮食卫生方面，贫困学龄儿童在食用不干净的食物而致病、饮用生水、洗手习惯不良上远高于非贫困儿童。中国每年因吸烟患病死亡的人数大约有100万人，贫困地区吸烟率较高，那些文化程度较高，经济状况较好的人更能控制自己不要吸烟，而贫困地区人们对吸烟的害处认识不足，无法做出健康的行为选择。同时，由于教育落后，贫困人口知识水平低，通常只能从事一些强度大、卫生状况差的职业，更容易患上职业病及其他疾病。

同时，偏远的贫困地区卫生设施落后、医疗服务的可及性相对不足，而且医疗人才短缺、医疗服务质量明显不高，从而加剧了健康状况的恶化。同时，

---

①陈锡文：《中国脱贫攻坚的实践与经验》。北京：人民出版社，2021年，第43—50页。

卫生设施的匮乏也加剧了疾病的传染，饮水安全是推动传染病扩散的助推器，危害健康。

二、贫困对心理健康的影响

贫困人口的心理问题。应激与健康心理学研究指出，当压力超过人的承受能力、威胁个体的幸福感时，心理适应会受到威胁，身心健康就遭到损害。贫困人口属于边缘群体，在经济、政治、文化领域都受到社会排斥，不得不承受巨大的心理压力，进而产生孤独、失落、压抑、自卑等心理病态。

(1) 自卑。自卑心理是一种因过多否定自我而产生的自惭形秽的情绪体验。贫困人口家境贫寒，他们发觉自己在经济、知识技能等许多方面与他人差距悬殊，从而缺乏主动与人交往的勇气和信心，久而久之就形成强烈的自卑感。

(2) 焦虑。由于家庭贫困、经济压力大，贫困人口背负着沉重的思想负担，经常处于精神紧张、情绪烦躁的心境。他们有的为缺少生活费用而焦虑；有的因为人际交往沟通能力差而担心引他人的误解或歧视而焦虑。部分贫困人口因为长时间的焦虑形成抑郁性格，如果得不到及时和有效的疏导，就会发展成为抑郁症。

(3) 敏感。贫困人口的心理极其敏感，容易把日常交往中的一些正常现象加以误解，或者把一些小误会放大。同时由于激烈的竞争、不同价值观念的冲击，一些贫困人口变得敏感、多疑。他们感到自己不被他人接纳，因而封闭自己，独来独往，离群索居，结果日益孤独。他们经常给人以难以接近、不合群的感觉，长此以往，就造成性格上的严重缺陷和心理畸形，敏感孤僻，逃避现实，沉默寡言。

(4) 虚伪。部分人口由于不能正确对待自己所面临的困难，而采用种种手法伪装、掩饰自己。他们所表现出来的在生活中的态度和行为与他们的真实情况极不相符，甚至完全相反。这是一种极不健康的心理行为，虽然达到一种暂时的心理平衡状态，实际上内心却在忍受着更大的心理痛苦和压力，对于自身健康发展十分有害。

(5) 懒惰。在贫困地区，由于自然条件的严酷和生产工具的落后，劳动产出率极低，其相应劳动的边际成本就高，闲暇的边际成本就低，从而闲暇的效用也就高于劳动的效用。在这种情况下，贫困者的理性决策只能是更多地选择闲暇。这种情况在现实中的表现就是越穷越懒，越懒越穷，陷入恶性循环。

(6) 决策能力降低。较差的经济状况对成年人的行为同样影响深远且复杂。贫困会使人产生负面情感和压力，这些负面情感和压力通常只有在面对极端环境时才会出现，它们的出现可能会影响个体的行为偏好。如果把被试随机分为2组，分别是拥有较少预算的“贫困组”和拥有较多预算的“富裕组”，并设置了一系列购物任务，然后观察他们的购物决策。实验结果发现，“贫困组”由于预算有限只能买得起较少想要的东西，因此在决策过程中总是要做出艰难的权衡。而那些需要艰难权衡的决策过程可能消耗了为数不多的认知资源，导致在接下来需要意志力和自控力的实验任务中“贫困组”的决策能力明显受到了影响，但“富裕组”似乎没有受到明显影响。不仅如此，贫困还会在更加长远的意义上影响个体行为，例如贫困个体会降低冒险的意愿和延迟满足能力。他们不愿意使用有学习成本的高科技产品，宁愿选择当下较低的收入也不愿意为未来较高的收入做更长远的打算，比如对教育和身体健康的投资。这些都会降低个体未来的收入，导致个体不断选择使自己更加无法摆脱贫困的行为。

贫困人口的积极心态。个体在面对困境时，在产生一些不健康的心理问题的同时也可能激发内在的特质能力，并且运用内外资源的修补、适应的过程来获得朝着正向目标的历程或结果，主要包括以下几个方面：(1) 严酷的生存条件增大了贫困者的压力意识和危机意识，而压力意识和危机意识又诱致了贫困者极强的竞争意识。所以，贫困地区的人们，会培养出很强的竞争意识。但由于环境条件的制约，贫困地区的人们在本地区通过竞争而获取的边际收益较小，在这种状态下，人们虽具有潜在的和强烈的竞争意识，但并不必然表现为具有强烈的竞争行为。而一旦环境条件改善，危机意识和压力意识就会立刻转化为竞争意识和竞争行为。从现实中的许多事例可以看出，一般从贫困地区走出来的人，其上进心都很强，并且表现了很强的竞争能力。(2) 贫困生活的磨炼使许多贫困人口面对逆境和困难时会自我激励，坚持不懈，勇于挑战，并因挑战而强大；会为自己设立高目标，并自己选择困难的学习和工作任务；他们会为实现目标投入必要的努力，主动地提升自身的自我效能感。(3) 贫困者客观上会更加用心培育社会资本，会争取各种机会向外界寻求支持和帮助，更加注重人与人的关系，并且会努力形成自己的人情圈子。

另外，值得注意的是，物质的匮乏带来的绝对贫困，会对个人身心成长和发展形成方方面面的不利影响，但这并不意味着只要有充足的物质条件就不再有贫困的概念。物质条件充足但贫富差距的扩大引发的对比效应，即相对贫困，同样对个体的身心健康影响深远。在经济富庶且社会福利完善的发达国家或地区，即使最贫穷的人口生存的基本条件也可以得到保障。即便如此，贫穷的人群里抑郁和焦虑的发生率也要比富裕人群高得多，他们完全没有因为衣食无忧、营养充足就摆脱了贫困的不利影响。这可能是对比明显的相对贫困引发了贫穷人口的相对剥夺感，这也是全世界范围内各种群体问题多发的重要原因之一。另一方面，一个群体即使解决了物质上的匮乏问题，但如果对教育和医疗的投入上缺乏长远的计划和落实，依然无法摆脱贫困带来的所有问题。近年来我国城市化改造进程中产生的大量突然拥有巨额财富的“拆迁户”生活的变迁过程鲜明地说明了此类问题。

第三节　健康对贫困的影响

一、健康负向冲击增加了贫困发生机会

健康负向冲击最大的影响就是因病致贫。因病致贫是指因为疾病或健康不佳使家庭收入减少或收入能力下降，从而陷入贫困。与此同时，父代家庭在健康方面的大量支出会挤占子女在教育和健康方面的投资，使得子女欠缺足够的营养、医疗保障和完整的教育，限制了子女成年后自我能力的提升和未来创造财富能力的发挥，最终形成贫困的代际传递[①]。

疾病带来巨大的经济负担。疾病带来的负担增加首先体现在患者的直接医疗支出方面，包括直接的医疗支出，如门诊费、住院费、检查费、医药费，以及其他的相关费用如交通费、营养费、康复保健用品支出等。同时，疾病也会间接影响家庭的收入水平，具体体现在：(1) 患者及家庭照顾者因劳动时间的损失而带来收入的减少；(2) 患病者因工作能力的降低而引起的工作机会减少和收入损失。(3) 对家庭其他物质资产的影响。首先家庭在健康方面的大病医疗费用会挤占其他生产性物质资本的投资。当家庭现金不足以支付高昂的医疗费用时家庭会采取动用储蓄、借款、出卖家畜、农具、耐用消费品等来应对疾病风险。这些措施将影响家庭的长期创收能力，使家庭可能陷入长期贫困的境地。

疾病降低摆脱贫困的能力。健康被剥夺使人们丧失了人力资本投资的能力和改善自身境遇的机会。从可行能力的视角来看，健康是一种具有重要内在价值的人类最基本的可行能力。如果一个人不具备健康的条件，则其获得其他的

---

① (美) 西奥多·舒尔茨著，吴珠华译：《对人的投资》。北京：商务印书馆，2020 年，第 15—20 页。

可行能力在很大程度上将受到限制甚至摧毁，尤其是受教育的机会（包括自身和子女）。家庭暂时的贫困会制约家庭在健康和教育两方面人力资本投资，造成收入获取能力的缺失，从而导致相对于收入贫困更为严重，持续性更久的能力贫困。另外，由于贫困人口有限的支付能力所导致的参与医疗保障、卫生保健和享受基本公共卫生服务等机会的缺失，以及较差的卫生环境及不卫生的食物，再加上政治权利、社会关系、文化方面的制约和排斥，更加剧了疾病对短期、长期贫困的影响。

疾病推动贫困的代际传递。贫困的代际传递是指贫困以及导致贫困的相关条件和因素在家庭内部由父母传递给子女，使子女在成年后重复父母的遭遇，继承父母的贫困和不利因素并将贫困和不利因素传递给自己后代的一种恶性循环。父代的健康冲击一方面造成了家庭医疗支出的增加，另一方面降低了家庭的收入获取能力。一旦父代家庭成员遭受健康冲击，父代家庭在健康方面的大量支出会挤占子女在教育和健康方面的投资，例如减少家庭成员的教育投资，要求子女退学而过早进入劳动力市场，或者使得子女欠缺足够的营养、医疗保障和完整的教育，限制了子女成年后自我能力的提升和未来创造财富能力的发挥，而且某些疾病可能发生代际遗传使下一代的初始健康资本就落后于人，最终形成贫困的代际传递。

二、健康水平提升增加了脱贫致富机会

健康是人力资源的核心价值。健康状况影响个人的劳动市场表现，寿命的延长以及力量强度、耐久力、精力的维持与提高，有利于提高个人的劳动生产率，延长工作时间，使人们有更多的就业机会；同时，良好的健康状况有利于教育投资的实现；良好的健康状况还会直接、间接的减少疾病的损失，有效增加了脱贫致富机会。

健康能增加经济收入。健康作为一种重要的人力资本，对健康的投入越多，人们自身积累的健康人力资本就越多，保持健康状况也就越持久，由此可用于工作时间的增多以及工作效率的提高将会带来收入的增加。同时，这些健康投资的收益即疾病损失的避免、收入的增加又进一步促进健康水平的提高和健康投入的增加，从而在健康与福利之间形成良性循环。

健康能提高脱贫能力。健康投资是其他人力资本投资的前提与基础，增加了其他人力资本投资的激励。1979 年，拉蒂·拉姆和舒尔茨对健康水平与教育投资与产出的关系进行了研究，提出健康状况的改善会刺激人们获得更多的

人力资本，即刺激人们接受更多的学校教育和获得更多的职业经验，以作为来来收入的投资；并且刺激父母更多地投资于其子女的人力资本。结果显示，健康的人力资本不仅能直接增加收入，还会通过对教育和职业经验的积极影响大大减少了贫困发生的可能性。

第四节　如何打破贫困—健康恶性循环

一、贫困产生的理论解释

贫困形成的原因十分复杂，既有历史的又有现实的原因，既有内部的又有外部的原因，既有经济的又有非经济的原因，既有人文资源的又有社会环境的原因[①]。综观不同国家和地区，当前已经形成了以下四种主要致贫理论。

贫困恶性循环理论。这是从经济的或“投入—产出”的角度分析贫困成因的，这一理论认为，发展中国家长期陷入贫困是由于一连串的、较低的“投入—产出”行为造成的。发展中国家人均收入低、储蓄少，从而造成社会再生产的投资不足。投资不足使生产规模难以扩大、生产效率难以提高，因而其产出处于低水平，居民收入水平低下。所以，贫困导致投资不足，投资不足导致低产出，低产出导致低收入，如此循环，构成发展中国家贫困再生产的过程和机制。

人力资本投资理论。这是由美国学者舒尔茨提出来的，他认为人力也是一种资本，人力资本是通过投资而形成的。他把个人和社会为了获得收益而在劳动力的教育培训等方面所做的各种投入，统称为人力资本投资。根据这一理论，个人之间、群体之间的收入差距很大程度上是由于在人力资本投资上的差异造成的，贫困的主要根源就在于人力资本投资的不足。因此，解决贫困问题的关键在于提高贫困者的人力资本投入水平。

社会不平等理论。这一理论把贫困归咎于社会原因，即对权力和资源占有上的不平等。贫困者之所以陷入贫困，主要是因为他们在社会的经济过程、政治过程和社会生活中很少占有资源造成的。他们在经济上缺乏竞争力，在政治上没有权力，在利益分配上没有有效表达自己利益诉求的机会，因而陷入贫困之中。

贫困文化理论。这是美国学者刘易斯通过对贫困家庭和社区的实地研究提

①向德平：《减贫与发展》。北京：社会科学文献出版社，2015年，第25—29页。

出来的。他认为，社会上一些人之所以处于十分贫困的地位是因为有一种“贫困文化”。贫困者通常居住在贫民区，这种独特的居住方式促进了贫困者之间的集体互动，并与其他社会群体相对隔离开来，久之便形成了一种脱离社会主流文化的贫困亚文化。这种亚文化形成之后，将一代代传递下去。贫困者的孩子在生活中长期接受它的熏陶，会自然而然地习得贫困文化，因而他们很难改变自己的生活方式，即使遇到摆脱贫困的机会也很难利用这种机会走出贫困。

二、政府的反贫困策略

瑞典经济学家冈纳·缪尔达尔从治理贫困的政策层面上提出了“反贫困（Anti-poverty）”概念，其基本内涵包括以下几个方面[①]：Poverty reduction，其含义是减少贫困，强调反贫困的过程性；Poverty alleviation，其含义为减轻、缓和贫困的手段；Support poverty，其含义是扶持贫困，简称扶贫，主要是从政策实践的角度研究和落实政府或民间的反贫计划与项目；Poverty eradication，其含义为根除、消灭贫困，强调反贫困的目的性。在反贫困的阶段性过程中，一些暂时性的贫困、绝对性贫困可能被消除。但从总体上说，消除贫困绝非轻而易举，不仅是因为贫困是从古至今的一种社会现象，而且还由于人类至今对贫困发生的致因认识还远远不够，把贫困从人类社会中完全消除掉几乎不存在现实的可能性。当今社会在绝对贫困存在的同时，相对贫困还在大量的滋生，脱贫与返贫仍在世界各国交替进行，消除贫困只能说是人类社会一个长远的、坚持不懈的战略目标。因此，国际社会在具体谈到反贫困时，更多地使用“缓解贫困”这一概念，而慎重使用“消除贫困”这一概念。以上几种概念不仅表达了人们对反贫困的不同理解，还表达了反贫困的阶段性和过程性。缓解贫困的因素、减少贫困的程度直至最终消除贫困，正好反映了人类社会贫困人口脱贫的逻辑顺序和渐进过程。

因此，从政府的层面看，行之有效的反贫困策略主要包括：（1）从制度化、规范化的角度，保障贫困人口的基本生活水平，使其能够生存下去。主要是建立和完善一个规范运作的贫困居民最低生活保障制度，这是反贫困的起码底线。（2）从体制和政策上，缩小贫富差距，促进收入分配的公平性，减少贫困人口在转型期遭遇的社会剥夺性，谋求经济社会稳定、和谐与持续发展。

---

① （瑞典）冈纳·缪尔达尔：《亚洲的戏剧：南亚国家贫困问题研究》。北京：商务印书馆，2015年，第10—23页。

(3) 提高贫困人口的生存与发展能力，矫正对贫困人口的社会排斥或社会歧视，保证其就业、迁徙、居住、医疗和受教育等应有的权利，维护贫困者的人格尊严，促进贫困阶层融入主流社会，避免他们的疏离化、边缘化，充分张扬反贫困的人文关怀精神。其中，最为重要的举措是增加贫困人口收入。政府要运用宏观调控手段，多渠道增加贫困人口的收入，从而提高贫困人口的基本医疗费用的支付能力。

三、促进健康的政府作为

加强健康服务供给的主导作用。强化政府在健康服务领域的主导作用，调整健康服务资源配置比例，加强对贫困地区医疗供给的投入，对政府和市场在健康服务领域的作用进行重新界定。当前很多国家和地区存在的“看病难”“看病贵”等问题，根源在于健康服务的社会公平性不高，健康资源配置效率低。问题的出路主要是依靠政府，发挥政府在公共资源配置中的主导作用。健康服务是公共物品，保证其配置和利用的公益性和公平性是本质，也是减缓健康贫困问题的根本所在。

加强健康保障制度引导作用。发挥政府在健康保障制度上的政策引导作用，逐步推行适应于贫困地区的健康保障机制，缓解因病致穷、返贫现象。在目前的生产力状况下，应该采取“低收入人口优先受益”原则，重点在贫困地区推广基本公共卫生服务，建立有效运行的公共卫生服务体系，推行预防为主和采用低成本、适宜的医疗保健技术，保证贫困人群能享受基本的医疗保健服务，辅助于“(大病) 基本医疗保障制度”等多样化的措施。从国际经验来看，明确的政策导向是贫困地区健康保障制度发展的基本前提，要为贫困地区建立健康保障制度提供技术支持和组织监督，提高贫困人口解决健康贫困问题的能力。贫困地区的健康保障制度不可能一蹴而就，循序渐进是明智之举。

就中国而言，2002 年 10 月中国明确提出各级政府要积极引导农民建立以大病统筹为主的新型农村合作医疗制度。2009 年中国作出深化医药卫生体制改革的重要战略部署，确立“新农合”作为农村基本医疗保障制度的地位“新农合”全称新型农村合作医疗，是指由政府组织、引导、支持，农民自愿参加，个人、集体和政府多方筹资，以大病统筹为主的农民医疗互助共济制度。新农合是由我国农民自己创造的互助共济的医疗保障制度，在保障农民获得基本卫生服务、缓解农民因病致贫和因病返贫方面发挥了重要的作用。

加强贫困地区的健康教育。加强对贫困地区的健康教育，改造贫困文化，克服健康知识的贫乏，把疾病预防知识和信息传递给贫困人口，才能消除贫困人口对教育机会的剥夺因素，这也是当前减缓健康贫困的关键途径之一。教育是最好的健康促进，世界卫生组织在《阿拉木图宣言》中指出，健康教育是所有健康问题、预防方法疾病控制中最为重要的，是能否实现初级卫生保健目标的关键。健康教育的作用在于通过知识和信息的传播，影响乃至改变个人行为，减少健康风险因素。政府在加强对贫困人口的健康教育，提高健康意识，普及防疫知识的过程中，可通过经常举办健康知识讲座，发放健康手册，发动群众定期进行爱国卫生运动，告别陋习，消除疾病隐患。

做好顶层规划设计。2016 年，国家为推进健康中国建设和提高人民健康水平，颁布《“健康中国 2030”规划纲要》，作为推进健康中国建设的宏伟蓝图和行动纲领，该规划提出“共建共享、全民健康”是建设健康中国的战略主题。健康中国建设遵循的主要原则如下：①健康优先。把健康摆在优先发展的战略地位，立足国情，将促进健康的理念融入公共政策制定实施的全过程，加快形成有利于健康的生活方式、生态环境和经济社会发展模式，实现健康与经济社会良性协调发展。②改革创新。坚持政府主导，发挥市场机制作用，加快关键环节改革步伐，冲破思想观念束缚，破除利益固化藩篱，清除体制机制障碍，发挥科技创新和信息化的引领支撑作用，形成具有中国特色、促进全民健康的制度体系。③科学发展。把握健康领域发展规律，坚持预防为主、防治结合、中西医并重，转变服务模式，构建整合型医疗卫生服务体系，推动健康服务从规模扩张的粗放型发展转变到质量效益提升的绿色集约式发展，推动中医药和西医药相互补充、协调发展，提升健康服务水平。④公平公正。以农村和基层为重点，推动健康领域基本公共服务均等化，维护基本医疗卫生服务的公益性，逐步缩小城乡、地区、人群间基本健康服务和健康水平的差异，实现全民健康覆盖，促进社会公平。

四、做好健康扶贫工作

改革开放以来，我国累计实现 7 亿多农村人口脱贫，为全面建成小康社会打下坚实基础。近些年，“实施健康扶贫”已列入国家《关于打赢脱贫攻坚战的决定》（2015 年）、《“健康中国 2030”规划纲要》（2016）、《“十三五”脱贫攻坚规划》（2016）、《“十三五”卫生与健康规划》（2017）、《关于打赢脱贫攻坚战三年行动计划的指导意见》（2018）等一系列国家级规划安排中。各级地方政府也配套出台了大量实施方案，通过基本医疗保险、大病保险、医疗救助、扶助等多种保障政策的组合、叠加，为消除健康贫困构筑起多重医疗保障网。

尤其是，国家为打赢脱贫攻坚战，根据《关于打赢脱贫攻坚战三年行动的指导意见》，结合健康扶贫工作实际，制定了“健康扶贫三年攻坚行动实施方案”。该方案提出，到2020年基本医疗保险、大病保险、签约服务管理、公共卫生服务对农村贫困人口实现全覆盖；贫困地区医疗卫生服务能力和可及性明显提升，贫困人口大病和长期慢性病得到及时有效治疗，贫困地区艾滋病、结核病、包虫病、大骨节病等重大传染病和地方病得到有效控制，健康教育和健康促进工作明显加强，贫困地区群众健康素养明显提升。当前，上述目标均已达到，有效支撑了国家脱贫攻坚战的胜利完成。

五、阻断贫困代际传递链条

贫困具有代际传递性，其实质是贫困状态的在代际间的传承与复制，即在一个家庭里，贫困由父代传递给子代，在子代成年后继续延续父代贫困的状态[①]。长期以来，贫二代、贫三代等热点话题屡见报道，这些现象的本质是代际收入流动性不足，反映出强者恒强、弱者恒弱的马太效应。联合国儿童基金会指出，出生于贫困家庭的儿童比出生于非贫困家庭的儿童在长大成人后陷入贫困的比率要高得多。贫困的代际传递具有很多负面效应，一方面会引起人力资源的巨大浪费，导致经济效率的降低，甚至出现读书无用、努力无效等情绪的蔓延；另一方面，贫困的代际传递意味着代际收入流动性较低，收入较低的贫困群体向上流动的机会、空间以及渠道变得越来越窄，甚至会出现贫困群体的暂时性贫困走向长期性的跨代现象，而这会导致贫富差距趋向稳定化和制度化，形成一种较为稳定的社会结构。尤其在我国收入分配差距较大的背景下，贫困群体他们可能继承父代遗留的经济、社会环境，却又难以改变这种生存状态，进而造成贫困在代际间的恶性循环。总之，贫困代际传递在一定程度上说明个体机会的不平等，而这种不平等并不是由于个体的努力，而是由于起点或机会不公平等原因造成的，那么这样的结果可能会让公众无法接受，有可能会激化不同收入阶层之间的矛盾，进而给社会带来不稳定，必须予以消除。

减少人力资本投资约束。

（1）引导贫困居民转变思想，激发贫困居民脱贫积极性。基层扶贫工作人

---

① 林志强：《健康权研究》。北京：中国法制出版社，2010年，第175—202页。

员要引导贫困居民去除思想上“等、靠、要”，激励他们改变现状，积极进取，勇于与贫困作斗争，这种精神不仅有助于破解父代贫困的僵局，而且会激励子代奋发图强，保持积极的生活与学习态度。

（2）加强贫困居民的职业技能培训，提高父代自身的就业能力。当地政府应结合居民自身需要和市场需求，因地制宜、因人而异地对劳动力进行技能培训，使他们有一技之长，提高就业能力，进而大幅提升贫困居民中父代的收入，从而阻碍贫困的代际传递。

（3）抓住乡村振兴战略的历史机遇，缩小区域间就业差距。政府一方面要通过培育家庭工场、手工作坊、乡村车间等各类经营主体为农民提供更多的就业岗位；另一方面要激活农村经济活力，引导农村地区拥抱互联网，拓宽农民增收的渠道，如“互联网＋特色农产品”“农村淘宝”等。当地政府要在乡村振兴的背景下，以为农民提供更多的就业岗位和拓宽农民增收的渠道为抓手，进一步促进农民收入的增长，尤其贫困居民的收入，做到扶贫不仅“扶智”，而且增收“阻贫”。

精细化配置教育资源。

（1）优化居民教育结构，提升居民人力资本存量。教育是贫困人口脱贫的最重要的途径之一，首先要保障贫困居民接受义务教育的机会，通过进一步加大义务教育的投资，为家庭提供更多减免学费，提供更多受教育的机会。其次，在继续巩固初等教育发展的基础之上，应加大力度发展和普及中等教育、高等教育，提高贫困学子接受职业教育、高等教育的补助力度，让更多的贫困学子能接受到更高层次的教育，增加知识存量，尤其是欠发达地区贫困居民，进一步优化居民的教育结构。

（2）优化基础教育供给，推进现代信息技术应用。教育扶贫已成为阻断贫困代际传递的良方，但是当前阶段仍旧以“大水漫灌”式为主，存在贫困地区教育优质资源匮乏、教育方式相对陈旧等现实问题。

（3）完善教育资助体系，高效推动教育的精准扶贫。建立健全学生资助政策体系已经实现“三个全覆盖”，即各个教育阶段（不包含学前教育）全覆盖、公办民办学校全覆盖、家庭经济困难学生全覆盖。贫困学生无论处于哪一受教育阶段、哪所学校、身处何地，都应该能得到相应的资助。尤其是农村学生在求学中遇到经济问题应该可以通过政府、社会的多种途径来解决，而不是把家庭当作唯一的依靠。

促进健康素质提高。贫困居民大多数从事体力劳动，健康对于农村贫困居民来说至关重要，再者，健康人力资本是贫困多代际传递的重要的中介变量，因此促进健康素质提高具有重要意义。

（1）加大对健康理念的宣传力度，提高贫困居民的健康意识，在一定程度上减少因病返贫的悲剧发生概率，缓解健康导致的贫困多代际传递。

（2）积极推进营养改善计划，提高贫困家庭学生营养健康水平。贫困家庭中父代对孙代健康人力资本投资受到自身收入水平的限制，营养改善计划作为提高学生尤其是贫困家庭经济困难学生健康水平的重要补充，显得意义重大。要进一步扩大试点范围，争取对所有贫困家庭的适龄学生全覆盖，同时进一步加强对营养餐的监督管理，避免问题营养餐的反复出现，切实地改善困学生营养，将其作为提高贫困学生健康水平的重要途径。

提高医疗保障救助水平。首先，公共财政要加大对贫困地区转移支付的力度，加强对公共医疗事业的投入与扶持，更新相应的医疗设备，提高医疗人员的综合素质，为广大贫困居民提供及时，匹配度高、质量优的预防与诊疗服务；其次，要提高贫困居民医疗报销比例，尤其是基层医院的报销比例，缓解贫困居民的经济压力；再次，通过现代信息技术精细化管理贫困居民健康问题。建立患大病贫困居民的健康信息电子档案，实现一人一档，根据实时信息更新情况，基层医疗单位提供相应的医疗保障工作，做到精准扶贫，减少因病返贫、健康问题影响下一代身体健康等情况的发生。最后，推进“送健康工程”的实施，预防农村贫困居民重大疾病的发生。通过公共财政的转移支付和公益性基金共同投入，为贫困居民送体检、送免费医疗等活动，提前预防农村贫困居民的重大疾病，提高农村贫困居民健康水平。

学习思考

1. 贫困是如何发生的？
2. 健康怎样影响贫困？
3. 如何干预和阻断“健康—贫困”恶性循环？
4. 政策反贫困主要有哪些策略？
5. 列举一个贫困代际传递的例子，并分析其成因。

拓展阅读

1. 刘新会、牛军峰、史江红等：《环境与健康》。北京：北京师范大学出版社 2009 年版。

2. 柳丹、叶正钱、俞益武：《环境健康学概论》。北京：北京大学出版社 2012 年版。

3. (瑞典) 冈纳·缪尔达尔著，(美) 塞斯·金编，方福前译：《亚洲的戏剧：南亚国家贫困问题研究》。北京：商务印书馆 2015 年版。

4. 德布拉吉·瑞著，陶然译：《发展经济学》。北京：北京大学出版社 2002 年版。

第十一讲　旅游与健康

健康和长寿是人类永恒的追求。以获得身心健康为目的的旅游活动古已有之，旅游有助健康的认识也早已深入人心。医疗旅游、养生旅游、健康旅游等旅游形式以增进游客健康为目的，这种旅游形式日趋兴盛。

参加旅游活动可以让游客放松身心、缓解压力和焦虑、增进社会交往、激发生活热情。旅游是现代人类一种普遍的、健康的生活方式，参与旅游活动，有助于促进游客的身心健康，提高游客的生活质量。

第一节　旅游与健康的关系

生活方式是指个体的生活习惯，包括起居、饮食、体力活动、嗜好等。生活方式与健康、疾病关系密切，良好的生活方式有助个体健康，不良生活方式容易损害个体健康，引发生活方式病。生活方式病是指现代社会里，由于人们衣、食、住、行、娱等日常生活中的不良行为，以及社会、经济、精神、文化各方面不良因素导致个人躯体或心理的慢性非传染性疾病，如高血压、糖尿病等。吸烟、酗酒、滥用药物、缺乏运动、宅居独处、过度节食或暴饮暴食、晨昏颠倒、生活不规律、不良性行为等不良生活方式，已经成为危害人们健康、导致心脑血管病疾病、恶性肿瘤等发生的主要健康危险因素。生活方式病已经取代以往主要由细菌、病毒等引起的传染性疾病，成为严重影响现代人类健康和生命安全的“头号杀手”。旅游是一种健康的生活方式，健康是旅游者的生活追求，旅游休闲是提升人们健康水平的重要手段。

一、旅游是一种健康的生活方式

旅游是一种健康的生活方式①。长期以来，人们一直将身体、心理和精神的健康与康复景观地（如寺庙、度假胜地、温泉疗养地、海滨及度假山区等）

---

① 张世满：《旅游：一种健康而非低碳的生活方式》，《旅游学刊》，2010 年第 9 期，第 9—10 页。

旅游休闲实践联系在一起[①]。到了现代社会，户外休闲与旅游已经成为国际健康促进的重要手段。1986年，世界第一届健康促进大会发表的《渥太华宪章》明确规定，生活、工作和休闲模式的改变对个体健康有重要影响，娱乐和休闲是重要的健康资源。

1. 旅游及其相关概念

旅游。旅游是指人们出于休闲、娱乐、商务及其他目的旅行到一个其惯常居住环境之外的地方并短暂停留的活动。旅游者旅行活动的主要目的是在到访地从事某种不获得报酬的活动。旅游活动具有时间上的短暂性、空间上的异地性（非惯常环境）及旅行目的的非就业性特征。世界旅游组织规定，国际旅游时间通常不超过一年；我国原国家旅游局规定，国内旅游停留的时间不超过6个月。

旅游是人与生俱来的基本生理和精神需要，这种欲求满足与否，并不影响人的生存和繁衍后代。旅游也是人们对于惯常的生活和工作环境或熟悉的人地关系和人际关系的短暂脱离和异化体验，是对惯常生存状态和境遇的一种否定[②]。旅游的本质就是“人们短暂逃离惯常生活，释放压力，以满足人与生俱来的基本需要（生理上和精神上）”。旅游天然存在着“释放压力、获得愉悦体验，满足人的需要”的功能。旅游是以愉悦为目的的异地休闲体验。旅游这种积极的身心体验和社会交往对游客健康有益。

休闲。休闲是指人们在闲暇时间里所从事的各种自由活动，它是当今社会人们的一种重要生活方式，被誉为现代社会的“安全阀”[③]。闲暇则是个人生活时间扣除工作时间、生理必需时间及家务时间之外的、可完全根据个人偏好或意愿去支配使用的自由时间；这种时间多用于娱乐和休息。闲暇是人们休闲活动能够产生的前提条件。

休闲与休息有着本质的区别。休息是指人们在劳累时暂停活动以恢复精神体力。休息是一种静态的、为恢复体力而停止劳作的方式，属于一种生理活动，源于人类的生理需要。休闲强化于人类由物质转向精神的追求过程之中，为了体力与智力再生从事与工作、家务与社会义务（劳动）无关的活动，是一种动态的体力与智力恢复发展方式。从审美的角度来看，休闲可以愉悦人的身

① Connell J.Contemporary medical tourism:Conceptualisation,culture and commodification.Tourism Management,2013,34 (2):1—13.

② 张凌云：《国际上流行的旅游定义和概念综述——兼对旅游本质的再认识》，《旅游学刊》，2008年第1期，第86—91页。

③ 伍延基：《休闲、旅游及其相关概念之辨析》，《旅游学刊》，2006年第12期，第5—6页。

心。休闲为人们实现自我、追求高尚的精神生活、获得“畅”或“心醉神迷”（ecstasy）的心灵体验提供了机会[①]。人类休闲活动不是为了生存需要，而是为了个体发展与享受的基本需要。休闲有助于个人的全面发展和完善。

旅游是一种休闲方式，是游客的异地休闲。旅游、休闲对人的身心健康和个人发展有着十分积极的意义。2013 年，国务院办公厅印发《国民旅游休闲纲要（2013—2020）》，提出“到 2020 年，职工带薪年休假制度基本得到落实，城乡居民旅游休闲消费水平大幅增长，健康、文明、环保的旅游休闲理念成为全社会的共识，国民旅游休闲质量显著提高，与小康社会相适应的现代国民旅游休闲体系基本建成”。

2. 健康是旅游者的主要动机和追求

健康是旅游者的主要旅游动机和生活追求。现代旅游业蓬勃发展的重要原因之一就是人们对健康的追求日益迫切；暂时摆脱日常的生活与劳动环境，求得心理的放松和体力的恢复，已经成为人们的主要旅游动机[②]。

追求健康是现代人旅游出行的主要动机，旅游休闲也已经成为现代人类必不可少的健康生活方式。当斯坦福研究院（Stanford Research Institution，略写为 SRI）组织的国际调查中问到消费者是如何保持或是加强各自健康状态时，“出行度假”是消费者给出的主要答案。2019 年，全球 14.6 亿的国际游客中，55%的游客的出游目的是休闲放松与度假，28%的游客出游是为了探亲访友、医疗健康与宗教朝拜目的，只有 11%的游客是为了商务职业目的出行[③]。可见，87%的国际游客是出于身心放松与慰藉、情感、精神和心理需求满足外出旅游的。旅游休闲已经成为全球人类的生活方式选择。

旅游是我国居民放松身心、陶冶性情的健康生活方式。2017 年，中国有 7 020 万人次健康旅游者，其出游的主要目的是为了维持和增进个人健康水平。2017 年，全球旅游消费健康旅游支出高达 317 亿美元，并以超过 20%的速度继续增长[④]。

旅游作为一种健康生活方式对游客健康的积极作用已经得到广泛的认可，已成为“健康中国”国家战略的重要内容和方式。2016 年 10 月 25 日，中共

---

① 马惠娣：《休闲问题的理论探究》，《清华大学学报（哲学社会科学版）》，2001 年第 6 期，第 71—75 页。

② 陈宏奎：《医疗保健与旅游》，《旅游学刊》，1989 年第 2 期，第 57—60 页。

③ UNWTO.International Tourism Highlights,2019.

④ Global Wellness Institute.Global Wellness Economy Monitor,2018.

中央、国务院印发并实施的《“健康中国2030”规划纲要》以全民健康为根本目标，以“普及健康生活方式、提升全民健康素养水平和人均健康预期寿命”为发展目标，主张将“健康中国”战略融入经济社会发展和所有政策，积极促进健康与旅游、休闲、体育、食品等产业融合，发展健康产业。旅游已经被赋予增进国民健康的重要使命。

二、旅游活动有益游客健康

参加旅游活动有益游客健康。研究表明，旅游可以显著降低游客倦怠和压力感，提高游客的生理健康、心理健康及整体健康水平。

1. 旅游有助于增进游客的生理健康

清洁的空气、水、绿地与人类健康息息相关，绿色和自然是保障人们生活健康的重要环境因素①。绿色的生态系统、自然的生活空间能让人情绪愉悦、身心放松；高原、海滨及森林地区的空气富含负氧离子，可以改善人体的呼吸功能，活跃副交感神经，促进人体细胞的新陈代谢，还可降低血压、镇定情绪、释放压力。人在泡温泉、采蘑菇时会分泌更多茶酚胺，人的交感神经系统更兴奋，淋巴细胞功能更活跃，免疫功能明显增强。

旅游为人类与生态系统绿色、蓝色空间（公园、绿地、水体、海滨等）的交互作用提供途径，增加人们的社会交往机会，有助于增进游客的健康。经常旅游的人患上心血管疾病、冠心病、糖尿病的概率较不旅游或者很少参加旅游活动的人群要低②。出游可以帮助我国65岁以上老人减少30%—40%的日常生活能力残障风险发生率，避免50%—60%的认知功能障碍风险发生率，降低25%—40%的自评健康差、生活满意度差、孤独感、不中用感的发生风险；出游也可以降低中国老人19%—36%的3年期死亡风险③。美国纽约州立大学和匹兹堡大学的科学家通过对1万多名男性的研究发现，与那些从不参加旅游度假的人相比，每年外出旅游度假的人未来9年死亡危险性减少21%，冠心病死亡危险减少32%。旅游特别是健康旅游可以使游客身心放松，身体机能

---

① Martinez-Juarez P, Chiabai A, Taylor T, Quiroga Gómez S. The impact of ecosystems on human health and well-being: A critical review. Journal of Outdoor Recreation and Tourism, 2015(10): 63-69.

② 顾大男：《旅游和健身锻炼与健康长寿关系的定量研究》，《人口学刊》，2007年第3期，第41—46页。

③ Gump B, Matthews A. Are vacations good for your health? The 9-year mortality experience after the multiple risk factor intervention trial. Psychosomatic Medicine, 2000, 62(5): 608—612.

得到良性调整。广西巴马瑶族自治县自古即为中国长寿之乡，也是国际自然医学会授予的“世界长寿之乡”。阳光好、富含负氧离子的空气、碱性矿泉水、高强度的地磁环境及优良的生态环境对人体健康有益，这是巴马成为“长寿之乡”和健康疗养旅游地的根本原因。

2. 旅游能够增进游客的心理健康

旅游休闲是一种调理身心、维持健康的重要养生方法。旅游可以使游客从日常的工作和生活压力中得到解脱，通过转换环境来调节压力和调整生活节奏和生活方式，给自己的身心一个调整、缓冲的机会，从而使旅游者压力释放，身心放松。

旅游可以使游客体验到幸福的感觉、生命的意义，给游客提供长期的可持续的生活满足感或者短期的特别愉悦感，从而增进游客的身心健康。旅游不仅可以开阔人们的眼界，使人们思想更开放，生活体验更丰富[①]，旅游还可以显著地降低人们的疲倦感、压力感和消极情绪，缓解游客因为工作和生活压力而致的焦虑不安和睡眠不好等健康问题，显著提高人们的生活满意度、工作满意度及对自己身心健康的感知情况，增进游客的身心健康[②]。我国学者研究发现，旅游对改善人们焦虑情绪有显著影响，游客旅游后焦虑情绪较旅游前有显著降低，自然景观较人文景观对游客焦虑改善更为明显；游客旅游度假时间越长，游客的焦虑水平会下降更多。

旅游有助于人们减压、放松，对游客心理健康有着积极的影响。一年数次旅游度假对于人们的身心健康十分重要。当然，要想获得积极的健康影响，游客就要参加令人愉悦的旅游度假活动，避免消极的事故（如摔伤、车祸）和被动参与旅游活动（如旅游中被迫参与一些冒险或不喜欢的活动）。

第二节 健康旅游——重要的养生方式

随着人口结构老龄化及全球整体健康理念的影响，人们越来越重视健康和养生，健康旅游迅速发展，成为全球旅游发展的时代变革趋势，也成为人们健康养生的重要方式。

---

① Cao J, Galinsky A, Maddux W. Does travel broaden the mind? Breadth of foreign experiences increases generalized trust. Social Psychological and Personality Science, 2014, 5(5): 517—525.

② Sara D, Yanamandram V, Cliff K. The Contribution of Vacations to Quality of Life. Annals of Tourism Research, 2012, 39(1): 59—83.

一、健康旅游的概念及其发展状况

1. 健康、养生与健康旅游的概念体系

在我国，“养生”一词意为“修养身心，保养生命”，指通过各种调摄保养以增强自身体质，提高个体对外界环境的适应能力和抗病能力，减少疾病的发生，使身心处于最佳状态，延缓衰老过程。我国传统养生是一种整体养生思想，包括人体本身的整体观（形神兼养，性命双修）、人与社会的整体观（众生平等，顺其自然）、人与自然的整体观（天人合一，道法自然）。养生的过程就是一个促进个体生理、心理和精神健康和谐提升的过程，是为了实现个体的身心健康。

在国外，“wellness”（国内学者译为“养生”或“健康”）最早于20世纪60年代由美国 Halbert Dunn 医师将 wellbeing（幸福）和 fitness（健康）结合而成。全球养生协会（Global Wellness Institute，略写为 GWI）及斯坦福研究院（SRI）发布的《全球养生旅游经济报告2013》给“养生”下的定义为：养生就是要使身体、精神和社交方面呈完全良好的状态。它不仅有远离疾病或者长寿的意思，更强调对疾病的前瞻性防护和健康水平的提高。

可见，在概念的内涵与外延上，养生与健康一致，可以相互替换。目前，与健康旅游相关的概念有医疗旅游和养生旅游。

养生旅游 养生旅游是旨在维持或增进个人健康的旅游形式[①]。世界旅游组织定义养生旅游为：游客以参加预防性的、积极前摄的、生活方式改善型的活动（如健身、健康饮食、休闲放松、康复治疗等）为主要旅游动机，旨在改善和平衡游客生活各主要生活领域（包括生理、心理、感情、职业、智力和精神领域等）的旅游形式[②]。养生旅游更重视生命个体的身心健康以及身体机体、思想、心理、精神等的和谐均衡，其概念较医疗旅游更为宽泛。

医疗旅游 医疗旅游是健康旅游的重要形式，是病人出境跨国旅行，到一些医疗技术及旅游资源均十分丰富的目的地寻求生殖、美容、器官移植、牙科及手术治疗，同时进行度假活动的一种病人的旅行[③]。简言之，医疗旅游是指以医疗护理、健康和医治疾病、康复和休养、美容整形为目的的旅游活动。

---

① GWI.The global wellness tourism economy 2013—2014,2015:29.

② UNWTO.Tourism definitions,2019:38-40.

③ Connell J.Contemporary medical tourism:Conceptualisation,culture and commodification.*Tourism Management*,2013,34(2):1-13.

健康旅游 健康旅游是指以生理、心理及精神健康为主要旅游动机，并能通过医疗、养生等活动增进游客生理、心理及精神健康，提升游客满足个体所需，拥有与其环境和社会更好功能的能力的旅游形式；健康旅游应该包括养生旅游和医疗旅游形式①。凡是以健康为目的参与的旅游活动均属于健康旅游。

总的看来，养生旅游是预防性的、养生导向的保养范式。医疗旅游含有积极的手术医疗因素，是积极的、常规性的、治疗导向的治疗范式。健康旅游的概念更宽泛，包括预防性的养生旅游、治疗性的医疗旅游和运动式的体育旅游等多种形式。在实际生活中，无论是国际还是国内，都有学者或机构将健康旅游等同于养生旅游进行研究。

2. 健康旅游发展现状

根据全球养生协会（GWI）2018 年 10 月发布的 *Global Wellness Economy Monitor* 报告，2017 年，全球健康旅游者总人次 8.3 亿人次，健康旅游经济总支出 6 394 亿美元，分别占同期全球旅游总人次及总支出的 6.6% 和 16.8%。2015—2017 年，全球健康旅游年均增长 6.5%，是同期全球旅游业平均增长速度 3.2%的 2 倍多，显示出更加强劲的增长态势。

健康旅游者主要来自发达国家或地区。健康旅游者的旅游花费水平较普通游客高。一个国际健康旅游者的健康旅游支出通常要比普通的国际旅游者多 53%，一个国内健康旅游者的次均健康旅游支出通常要比其他国内游客多 178%。

表 11-1 2015—2017 年世界各地区健康旅游发展一览表

地区	健康旅游者人次数（万人次）		健康旅游支出（亿美元）	
	2015 年	2017 年	2015 年	2017 年
北美	18 650	20 410	2 157	2 417
欧洲	24 990	29 180	1 934	2 108
亚太	19 390	25 760	1 112	1 367
拉美-加勒比	4 680	5 910	304	348
中东-北非	850	1100	83	107
非洲	540	650	42	48

资料来源：Global Wellness Institute，2018②.

① UNWTO.Tourism definitions.2019:38—40.

② Global Wellness Institute.Global Wellness Economy Monitor.2018:11,24—25.

表 11-1 表明，2015 和 2017 年，欧洲、亚太、北美是全球健康旅游最发达的地区，欧洲占全球健康旅游市场规模的三分之一，中东北非和非洲健康旅游者人次数和支出均最弱。2017 年，全球健康旅游最发达的国家有美国、德国、中国、法国、日本、奥地利、印度、加拿大、英国和意大利（表 11-2）。中国是世界第三大健康旅游目的地国家。2017 年，中国接待了 7 020 万人次的健康旅游者，全国性健康旅游支出 317 亿美元，带动直接就业 178 万人。中国健康旅游在 2015—2017 年发展迅速，年均增长率高达 20.6%，处于世界各国前列，是全球最有潜力、增长最快的健康旅游市场之一。

表 11-2　2017 年世界前十大健康旅游目的地国家健康旅游发展一览表

国别	排名	健康旅游接待人次（万人次）	直接就业（万人）	健康旅游支出（亿美元）
美国	1	17 650	188	2 260
德国	2	6 610	113	657
中国	3	7 020	178	317
法国	4	3 240	31	307
日本	5	4 050	18	225
奥地利	6	1 680	16	165
印度	7	5 600	374	163
加拿大	8	2 750	29	157
英国	9	2 320	20	135
意大利	10	1 310	15	134

资料来源：Global Wellness Institute，2018。

二、健康旅游的类型及其健康促进

1. 医疗旅游

医疗旅游主要是指依托中医中药、西医、营养学、心理学等知识，结合人体生理行为特征进行的以药物康复、药物治疗为主要手段，配合一定的休闲活动进行的康复健康旅游形式。医疗旅游形式除了专业的医疗手术治疗和康复护理外，还涉及放松训练、按摩以及手术护理前后的目的地休闲旅游行为，如观光、海滨度假、购物、探亲访友等。医疗旅游把优质的医疗服务与康复休闲相结合，恢复和提升了医疗旅游者的健康水平，促进了医疗旅游者群体的健康发展。

20世纪晚期，为了得到更好、更经济、更及时的诊疗处理以及人性化护理服务，美欧国家的居民到一些医学、护理技术及生态环境质量良好的国家如印度、泰国、新加坡、韩国、瑞士、墨西哥等进行医疗旅游。近20年来，医疗旅游已经在全球得到迅速发展，越来越多的国家致力于医疗旅游目的地建设。2004年起，泰国开始致力于发展成为亚洲健康旅游中心，医疗旅游发展迅速。韩国着力发展美容整形旅游，新加坡发展成为牙科整形矫正医疗度假目的地，印度的“心脏搭桥等手术治疗＋康复疗养组合”医疗旅游产品较具国际吸引力，瑞士的“整形＋运动康复＋心血管手术”等医疗旅游产品颇负盛名。

国际医疗游客通常是居住海外的移民群体，最明显的就是生活在美国的墨西哥人、印度人或者中东移民群体。这些海外侨民常常回到自己的祖国进行医疗旅游，是印度、墨西哥、土耳其、菲律宾等医疗旅游目的地的主要客源。医疗游客也常常选择到具有相似文化背景、相同语言的国家进行医疗旅游，如印度尼西亚及海湾国家的游客前往马来西亚进行医疗旅游，孟加拉、尼泊尔、斯里兰卡等国居民前往印度进行医疗旅游等。

瑞士因为拥有先进的诊疗技术、洁净的空气和水而成为抗老健康旅游的佼佼者。瑞士抗老健康旅游把治病变成一种享受和放松，把带有疗养功效的目的地与医疗行为联系起来，医院、疗养、保健和度假四者结合；“为健康而旅行”的瑞士青春之旅畅销全球。目前，泰国、印度、韩国等国提供的医疗旅游产品正吸引着越来越多的外国游客。

医疗旅游能够平衡医疗资源在区域甚至全球的分配和平衡，为病患提供良好的诊疗和康复服务，对现代社会整体健康促进意义重大。根据世界旅游组织全球医疗旅游协会发布的报告《医疗旅游2020＋：医疗旅游的未来》，2016年，全球医疗旅游者高达1 400万人次，上千万的医疗旅游者从中健康获益。由此可见医疗旅游对人类社会健康的促进作用。

2. 文化养生旅游

我国以儒、释、道养生思想为核心的传统文化养生旅游是中国最具特色的健康旅游形式。我国传统养生文化是一种整体养生思想，主张通过动静结合、阴阳平衡、顺自然、守四时、节饮食、调情志，实现个体“神形俱养，心身兼修”的整体养生目的。中国传统养生理论强调个体的健康长寿与自然、社会、家庭、个体言行和品德密切相关。中国传统养生思想深刻反映了古代中国人对个体身心健康之间的关系、人与自然、人与人、人与社会关系的理性认知，包含了当前学者提出的生理健康、心理健康、社会健康、精神健康、环境健康、道德健康的多个维度，反映了中国人的整体健康理念。中国传统养生思想和养生文化对现代中国人的养生实践产生了深刻的影响。

【知识窗 11-1】

道教文化养生旅游

“养生”一词源于道家经典《庄子》。道家养生思想深刻地影响着中国人的养生观和生活方式。道家养生思想的要义在于构建人与自然、社会之间的内在联系，通过顺应自然、顺其自然来休养生息。“道教养生旅游”产品常包括以下类型：

居住养生：吃住在道观，体验道士生活方式，在清修中调理心境，修身养性。

文化养生：学习领略道家养生思想，实现对个人心境、生活方式的调整。

美食养生：通过素食、少食和药食，调理身体。

运动养生：学习道家内功、太极拳、拳术、剑术等运动，增进个体健康。

环境养生：道教宫观常处于名山之中，绿水青山相拥，生态环境优良。游客处于优美自然之中，吸收自然天地精华，有助于身心健康。

“山林逸兴，可以延年”。中国一些山清水秀、环境优美的山地区域，自然生态环境优良，非常适合养生，自古即为中国人隐逸养生、修身养性的场所，也是现代度假养生的主要场所。我国一些文化名山如武当山、大洪山不仅具有自然山林的养生价值，更因我国传统的养生文化与自然山林的紧密结合而成为当前我国文化养生旅游发展的主要目的地。武当山的旅游宣传口号就是“要健康，上武当”，湖北省大洪山旅游区则极力塑造其“佛教名山，养生天堂”的旅游形象，致力于通过文化与自然养生旅游资源开发，发展健康旅游，促进国民身心健康和谐发展。我国的传统文化养生旅游地主要是利用我国传统的“天人合一、道法自然、众生平等、顺其自然、知足常乐”等思想对人们的世界观和价值观进行感化和调整，对人的精神、思想进行疏解和调理，缓解人们的焦虑及抑郁情绪，使人们心性平和，处世淡然，从而达到心理健康的目的。

我国传统的自然养生文化（如呼吸、吐纳、辟谷等）、武术运动养生思想（太极拳、气功、剑术等）、生活方式养生思想（素食、药膳、起居有时、禅茶一体等）、中医药养生文化等是我国重要的文化养生旅游资源，对促进游客的生理健康水平有重要价值。有规律的生活起居、清淡的饮食、闲适有度、禅茶一体的生活方式也会积极影响着人们的生理健康，是当前我国养生旅游发展的重要资源。

3. 温泉养生旅游

温泉养生旅游也叫 SPA 旅游。至于 SPA 一词的由来，一说是拉丁文“Solus Par Aqua”的缩写，意为“经由水而痊愈”，可见温泉或者 SPA 与健康密切关联。

地热温泉富含对人体健康有益的矿物质成分。各国水文地质工作者及医疗工作者将含有一定量的特殊化学成分、气体成分，或者由于有较高温度而具有医疗作用的泉水统称为矿泉或者医疗矿泉。不同化学成分的温泉水通过浴疗或者饮泉，可以对人体的诸多疾病产生积极的治疗康复作用。关于温泉对人体健康的诸多益处，本书在“水质与健康”一章中已进行详细阐述，故此不再赘述。

温泉泡浴自古就是人们养生疗养的重要方式，温泉养生旅游也是现代健康旅游的重要形式。日本有“世界温泉王国”的美称，温泉养生旅游久负盛名。日本位于亚欧板块和太平洋板块的消亡边界地带，域内火山、地震活动频繁，造就了日本可养颜、健身的泡汤或各式观赏性温泉星罗棋布，历史上长期流行用温泉浴治疗各种疾病。目前，日本的温泉旅游及温泉度假发展成熟，日本从北到南有 2 600 多座温泉，有 7.5 万家温泉旅馆，每年约有 1.1 亿人次使用温泉，相当于日本的总人口数[①]。

我国地热资源丰富，温泉数量众多，温泉养生旅游增长快速。《2018 中国温泉旅游产业发展报告》显示，2017 年，全国温泉旅游接待总人次达 7.69 亿人次，比 2015 年增加了接近 5 亿人次。可见温泉养生旅游已经成为我国广受欢迎的养生旅游产品，对促进我国居民的健康发挥了积极的作用。湖北省咸宁市是我国温泉养生旅游发展比较成熟的地方，在我国有“温泉之都，养生天

① 王永强、刘炳献：《温泉旅游理论、实践与案例研究》。北京：旅游教育出版社，2014 年，第 6 页。

堂”的美誉，其温泉疗养历史悠久，现已成为人们温泉养生、度假疗养的重要目的地。

4. 山地度假健康旅游

山地旅游地常拥有优良的森林生态环境和独特的气候条件。山地气候是地带性与非地带性规律的统一。任何具体山系的山地气候都是在一定纬度气候带的背景下形成的，具有所在纬度地带气候的特点，如温带山地气候具有温带气候的特点。但山地气候同时具有垂直带性特征和非地带性规律，表现为一种高度地带性特征：在赤道上的高山，从山麓的热带雨林气候向上逐渐过渡到山顶终年积雪的冰原气候，与纬度地带性彼此对应。再加上地形凹凸、坡度与坡向的影响，可产生各种类型的局地气候①。对高山地区而言，山地的迎风坡特别是最大降水高度区及其附近区域以及阳坡因光热水土组合条件好，常常植被繁郁，草木葱茏，空气清新，水体洁净，生态良好。对一般山地区域而言，山地通常雨量充沛，气温适宜，植被葱郁，空气清新，水质良好，自然生态环境质量较高，自然风景质量好，比较适宜以调养身心为目的的健身、度假和疗养。

山地气温和气压均会随海拔高度增加而有规律地降低，山地平均每升高100米气温降低0.65℃。通常情况下，人体感觉最舒适的环境温度为20℃—30℃；而海拔越高，气压越低，空气越稀薄，就会使人出现血氧过少现象，超过3 000米时，极低的大气压就会影响人体健康，出现高山或高原反应②。所以，海拔1 500米—3 000米的中山或中等高度山原地区气候凉爽，能使人体阳气内敛，耗散较少，生物钟节律变缓。再加上这些山地区域植被繁郁，空气清新，阳光充足，湿度恰当，环境幽静，能使人的情绪稳定，气血和畅，非常适合疗养度假。所以，在中山地区兴建疗养院，已成为许多国家的一种时尚。

山地适合慢性病患者养生，特别是患有呼吸系统、神经系统及过敏性疾病的人。中国有山地避暑疗养的传统。河北承德避暑山庄为清廷皇室避暑疗养之地；庐山、莫干山、鸡公山、天目山等都是中国有名的避暑疗养胜地和山地养生胜地。目前，我国30家国家级旅游度假区中，就有吉林省长白山旅游度假区、江苏省汤山温泉旅游度假区、河南省尧山温泉旅游度假区、重庆市仙女山

---

① 毛政旦：《论山地气候带与气候型》，《地理研究》1989年第3期，第21—29页。

② 惠虎林、孙忠娜：《山地气候与健康》，《国外医学·医学地理分册》2002年第3期，第107—110页。

旅游度假区、福州鼓岭旅游度假区、江西宜春明月山温汤旅游度假区等多家旅游度假区为山地依托型国家级旅游度假区。我国山地度假养生旅游长期以来为我国职工疗养、公众健康促进发挥了积极作用。

【知识窗 11-2】

阿尔卑斯山——世界知名的山地度假养生旅游胜地

山地度假健康旅游发展最成熟的要数阿尔卑斯山脉沿线的欧洲诸国。

阿尔卑斯山脉位处欧洲中南部，绵延 1 200 千米，阿尔卑斯山势高峻，有欧洲巨龙之美誉。耸立于法国和意大利之间的主峰勃朗峰海拔 4 807米，峰顶终年积雪，许多山峰的海拔都超过了 3 000 米。在阿尔卑斯山地区，休闲疗养旅游及冬季运动旅游大规模开发，阿尔卑斯山因而被世人称为冰雪运动的圣地、高山疗养的乐园。依托阿尔卑斯山，许多世界知名养生度假地开发了不同特色的山地养生旅游产品。如法国上萨瓦省依云小镇背靠阿尔卑斯山，利用当地独有的依云矿泉水和依云温泉资源，打造成为欧洲名流云集、享誉世界的以水疗为中心的美容保健养生旅游地。

瑞士是阿尔卑斯山地度假旅游发展之集大成者。达沃斯小镇是阿尔卑斯山海拔最高的小镇，因气候宜人、对呼吸系统疾病有良好的治愈作用而成为著名的疗养和旅游胜地。瑞士政府利用优美的、典型的自然风光发展山地度假旅游，其山地度假养生旅游驰名世界。目前，瑞士已在阿尔卑斯山地开发出高山滑雪、山地自驾、徒步远足、山地越野、马术训练、森林雾浴、瑜伽养生、森林养生和温泉养生等诸多养生旅游产品，形成复合型养生模式和阿尔卑斯山养生度假旅游世界品牌。

山地区域海拔高差较大，可开发各种运动康体类运动项目如徒步、登山、攀岩、冰雪运动等。阿尔卑斯山地区是欧洲著名的山地健康旅游地。著名疗养胜地达沃斯小镇以空气清新闻名，拥有高山雪橇道、高山滑雪索道、高山高尔夫球场以及欧洲最大的高山滑雪场和天然冰场，是世界十大滑雪胜地之一。达沃斯小镇同时还是世界知名的温泉度假、会议、运动度假胜地，国际冬季运动中心之一，世界冬季运动锦标赛（花样滑冰、速度滑冰、冰球、滑雪、阿尔卑斯滑雪、跨国滑雪等）举办地。

5. 体育运动健康旅游

体育旅游是指以健身或体育性娱乐为主要内容的专题性旅游活动，包括民族特色体育运动旅游、城市健身运动及体育赛事活动等，有观赏型与参与型之别。体育运动健康旅游专指以健身为主要旅游目的，游客主要通过参与体育运动、休闲活动来实现放松身心、提升健康的专题旅游形式。目前多以健身俱乐部、非专业型体育节事活动的形式进行。1857 年，英国成立了世界上第一个具有类似旅行社功能的登山俱乐部（Alpine Club），向登山爱好者和旅游者提供各种服务，首开“有组织的体育旅游活动”之先河。1890 年，法国、德国也成立了休闲观光俱乐部，向旅游者提供类似的服务项目。20 世纪中后期，随着旅游业的快速发展以及体育运动的普及，以体育运动为特色的旅游项目在欧美国家得以迅速发展[①]。目前，体育运动健康旅游已经成为一种全球性的休闲旅游和健康养生方式，如红遍全国的马拉松热，各种户外拓展营地、攀岩、自行车赛等。方兴未艾的体育运动休闲旅游活动有助于促进全民运动，提升全国居民健康水平。

【知识窗 11-3】

国际市民奥林匹克运动会（IVV）

国际市民奥林匹克运动会起源于德国，德语意为“人们的运动”，是世界上参与度最广的市民奥运会，其管理机构是国际市民体育联盟。国际市民奥林匹克运动会包括徒步、游泳、自行车三项体育运动项目，选手多以家庭为单位参赛，比赛不计名次，重在参与。

国际市民奥林匹克运动会每两年在 IVV 成员国举行一次。首届国际市民奥林匹克运动会于 1989 年在荷兰举行。目前，德国、法国、意大利、希腊等国都举行过该运动会。2015 年，第十四届国际市民奥林匹克运动会于 9 月 25 日至 29 日在中国成都举办。来自 30 多个国家和地区的数万人在成都参加了徒步、自行车、游泳、马拉松四项运动。大家用一种休闲的运动方式，与大自然进行亲密的接触，很多外国参赛者还游览了锦里、武侯祠、杜甫草堂等景点。

---

① 庞明、王天越主编：《体育旅游》。长春：吉林出版集团有限责任公司，2008 年，第 3 页。

适量、适宜的体育运动是科学的养生方式，也是一种时尚的休闲形式。现代体育运动健康旅游以锻炼健身为主要目的，同时感受大自然的情趣美，是一种比较符合中青年群体的积极的健康旅游形式。据中国马拉松网统计，仅2019年，全国各地市就举办了规模在数千人及上万人不等的大众马拉松体育运动项目300次以上。除了2019年2月全国没有马拉松体育项目，月均有20余场马拉松运动赛事活动，有效推动了我国民众长跑、夜跑、运动锻炼等休闲项目的普及，推动了全民公共健康促进。

体育运动健康旅游产品包括到一些风景优美的自然旅游地或者度假地进行游泳、球类、漂流、冲浪、滑水、蹦极、垂钓、攀岩、探险、野营、跑步、登山、滑雪、骑车健身、高尔夫球等室内外运动，也包括参加体育节事活动如马拉松比赛、国际市民奥林匹克运动会、趣味民族体育运动会等。这些户外运动休闲项目的推广流行对国民健康促进影响积极。

6. 农园健康旅游/乡村度假养生旅游

农园泛指所有由农场建筑以及附近作业区组成的农村庄园，其主要功能是农业生产，同时具有旅游度假功能。农园健康旅游源于19世纪的欧洲，特别是法国、意大利的葡萄酒庄园健康旅游。法国著名的庄园有“香水之城”格拉斯、普罗旺斯薰衣草庄园和波尔多葡萄酒庄园以及法国最著名的拉斐酒庄。法国庄园健康旅游以乡村、庄园为载体，将香草种植、香料加工、葡萄种植及葡萄酒酿造、文化创意产业、养生美容业与旅游业相结合，利用植物景观、乡村田野空间、户外活动项目和香氛理疗资源，吸引游客前来观赏、游览、品尝、休闲、劳作、体验、参与、购物，让游客身心放松，情绪愉悦。英国一些私人庄园也通过发展庄园度假健康旅游而成为英国乡村度假旅游发展的重要目的地。

进入21世纪以来，人们越来越向往绿色、环保、健康、自然的生活方式。因幽静、恬淡的田园氛围，浓郁、淳朴的乡村文化，自然、美丽的乡野风光，天然、营养的乡村美食，放松、舒缓的乡村生活，乡村度假养生旅游得到发展。户外、乡村性、放松、运动是乡村休闲度假的必备条件。乡村度假养生旅游是我国农园健康旅游的具体表现，其实质就是利用乡村具有特殊保健功能的自然物质或环境，来达到自然养生、强身健体的目的。旅游者居住在乡村的度假酒店或者农户家中，通过体验一种与城市生活不同的自然环境、生活方式和养生产品服务，获得内心的宁静与身心的放松，松弛原来疲惫的身心，实现精力上的充沛和心情上的愉悦，并治愈某些疾病。游客可以在乡村区域享受乡村温泉度假健康旅游产品，可以利用森林氧吧的森林浴旅游、利用泥土里含有特殊矿物元素的泥浴旅游等形式来实现上述健康目的[①]。游客可以从乡村度假养生旅游中得到身心放松，健康水平得到提升，这也是乡村度假养生旅游日益得到城市白领游客及退休养老群体青睐的重要原因。

我国庄园式乡村度假产品以北京、海南、浙江、台湾等地较为常见。北京蓝调国际庄园、北京密云的红酒庄园、白领庄园、金色四季田园休闲度假村都是北京有代表性的庄园健康旅游地。在台湾，台湾长庚养生文化村、台湾走马濑农场是其代表性的乡村旅游度假地。目前，浙江德清莫干山成功打造成为中国国际乡村度假旅游目的地，河北昌黎华夏长城庄园是我国代表性的葡萄酒庄园旅游地。据报道，2018 年，莫干山镇接待游客 260 万人次，实现旅游收入近 25 亿元，同比增长 20.6%；实现财政收入 1.5 亿元，同比增长 25%，其中，旅游三产贡献税收 8 500 万元，旅游三产税收贡献率首次超过一、二产总和。莫干山镇先后被评为全国美丽宜居小镇、首批中国特色小镇、首批省级旅游风情小镇、中国国际乡村度假旅游目的地等荣誉称号[②]。

第三节 游客旅游过程中的健康管理

一、游客旅游中的健康威胁

参加旅游活动可能给游客健康带来消极影响，意外事故是游客健康的首要威胁。在我国，疾病（或者食物中毒）、交通事故是影响游客旅游安全与健康的主要因素之一，占游客出游过程安全问题的 39.6%[③]。

1. 旅游活动对游客健康的消极影响

旅游是游客离开常住地前往异地他乡逗留而产生的现象和关系的总和，是对游客日常生活的一种异化。所以，游客在旅游过程中难免出现日常生活规律被打破、生物钟短期紊乱的情况，如体力消耗突然加大，从而造成身体不适。如果游客旅游活动过量，机体会消耗大量能量及水分，产生乳酸等代谢产物，这些物质在体内堆积极易引起疲劳。心功能不全的代偿期病人会因旅游疲劳而

---

① 宁泽群：《农业产业转型与乡村旅游发展：一个乡村案例的剖析》。北京：旅游教育出版社，2014 年，第 34 页。

② 资料来源：湖州政府网 http://www.huzhou.gov.cn/hzzx/xqxx/dqx/20190731/i2285443.html。

③ 郑向敏：《旅游安全学》。北京：中国旅游出版社，2003 年，第 27 页。

出现心衰症状[①]。旅游度假综合征就是旅游对游客健康造成短期消极影响的典型反映。

长途交通劳累、陌生环境和文化差异带来的身心压力、时差造成的生物钟混乱、睡眠不足、水土不服等因素可能会使跨国游客在旅游过程中压力加大、内分泌系统紊乱，使游客身体状态处于疾病或者亚健康状态。哥伦比亚大学一项研究指出，频繁的高强度旅行可能会增加商务游客患心血管疾病的风险（肥胖、高血压、高胆固醇）[②]。邮轮旅游或海上旅行会让游客罹患消化系统疾病（晕船恶心、呕吐、反胃、腹泻）和呼吸系统疾病（感冒），游客可能会患上传染性疾病如登革热、疟疾等[③]。

高度紧凑的旅游行程安排（如欧洲十国十五日游、海南双飞五日游）、高频度的旅游购物会加剧游客的身心透支，游客吃不好、睡不好、走不够、购不完，心烦气躁、身心俱疲，对游客身心健康会产生消极影响。游客前往一些传染病（如登革热、寨卡病毒、禽流感等）疫区旅游，易在旅行过程中感染和传播疾病，甚至出现生命危险。医疗游客作为病毒携带者和受害者，极易引起某些传染病或流行病的传播，造成生物安全风险[④]。

2. 旅游意外对游客健康的威胁

去自然原野区域旅游可能会因为突发意外给游客带来健康风险，如扭伤、拉伤、软组织痤伤、骨折、脱臼、撕裂伤、虫叮蛇咬等。游客雨季去山区旅游可能会遭遇落石、跌落、雷击、失温、泥石流等健康威胁。

旅游过程中，交通事故、食物中毒、游乐设施安全事故、旅游地地质灾害、旅游地社会动乱、人际冲突等意外事件都会威胁游客健康。2015 年 6 月，“东方之星”长江邮轮倾覆，442 名游客罹难。2016 年 5 月，广东江门台山凤凰峡景区受大暴雨影响突发山洪，山洪冲走部分漂流游客，致 8 名游客死亡、10 名游客受伤。2015 年 10 月，内地游客在香港旅游时因拒绝购物被打死；2017 年 2 月，云南丽江女游客被打毁容。因为旅游过程的各种意外而伤害游客健康甚至生命的事件时有发生。

---

① 王旭东、庄曜、周先鸿等编著：《怡情悦志　简明中医娱乐疗法》。南京：南京大学出版社，2000 年，第 208 页。

② Global Wellness Institute. *The global wellness tourism economy 2013 & 2014*, 2015.

③ Centers for Disease Control and Prevention. *Cruise ship travel*, *2022*. http://wwwnc.cdc.gov/travel/yellowbook/2020/travel-by-air-land-sea/cruise-ship-travel.2022-9-18.

④ Hall C. M, James M. Medical tourism: emerging biosecurity and nosocomial issues. Tourism Review, 2011, (66): 118-126.

【知识窗 11-4】

东方之星：长江游轮旅游之殇

2015 年 6 月 1 日 21 时，重庆东方轮船公司所属“东方之星”号客轮自南京航行至湖北荆州监利县长江大马洲水道时翻沉，造成 442 人死亡。当时船上共载有 456 人，包括游客 405 人、船员 46 人、旅行社工作人员 5 人。船上乘客多为上海一旅行社组织的“夕阳红”老年旅游团成员，年龄在 50—80 岁。

国务院调查组调查认定，“东方之星”号客轮翻沉事件是一起由突发罕见的强对流天气（飑线伴有下击暴流）带来的强风暴雨袭击导致的特别重大灾难性事件。“东方之星”翻沉之后不久，东方轮船公司其他 5 艘运营游轮都停运并接受有关部门检查。

——资料来源：http：//news. sina. com. cn/c/2015-12-30/181432681495. shtml，有删减。

二、游客旅游中的健康管理

游客健康管理包括游前健康准备和游中健康管理两个方面。

1. 旅游前的健康准备

行前身体健康检查与准备。充沛的体力和良好的身体状态是确保旅游行程顺利的前提条件。游客应该根据自己的身体情况及旅游地旅游活动特点，提前做好疾病防治和身体调理，确保身体状况处于最佳状态。游客若行前患有感冒、腹泻等病，应等身体痊愈后方可出行。老年游客、身有各种急或慢性疾患的游客出游前应去当地医院或者体检中心做身体检查，征得医生同意，方可出游。若是出国出境旅游，则应根据目的地国家的公共卫生情况、疾病风险信息、入境的健康要求注射相关疫苗，做好健康准备。

做好旅游攻略。凡事预则立，不预则废。行前计划，安排妥当，旅游过程中就不会因为缺少准备出现各种突发事件，扰乱行程。出游前，游客应根据自己的喜好和实际情况选择合适的旅游目的地和旅游方式，因人制宜地制订详细的旅游攻略和周密的出行计划。人们不应超出自己身体的耐受限度选择过分消耗体能的登高、爬山、远足或者野营、历险旅游活动和旅游目的地，慎重进入传染疾病高发或者正在蔓延的国家和地区旅行。喜欢跟团旅游的游客可与旅行社反复沟通洽谈，根据自己的身体情况和需求对旅游过程中的活动组织、食宿安排等制订好旅游计划。对自助游游客来说，应该参考各旅游门户网站或者旅游平台上的旅游攻略或者游记数据，事先预订好旅游交通、在目的地的食、住、行、景区门票等产品和服务，对自己每天在目的地的行程和停留做一个详尽的计划，包括备选方案和应急预案等，从而确保游玩过程顺利。

行前物质与信息准备。游客首先要准备健康保障物品。出游前，游客应根据自己的身体情况准备常用应急药品（如适合自己的感冒、腹泻、晕车、过敏、“创可贴”等药物）；慢性病患者如高血压、糖尿病、冠心病患者要随身携带常用药品，坚持服用。游客应根据旅游期间目的地的天气情况准备好健康保障物品，如防寒（晒）衣物、雨伞、太阳镜、防晒霜等生活必备健康保障物品。老年或患有健忘症的游客要准备好并随身携带一张写有自己身体状况（身患疾病、过敏史、血型等）和亲人联系方式的卡片，以防万一。自驾出行时，游客一定要仔细检查车况，排除一切可能故障和安全隐患，确保车辆处于良好状态，确保旅行平安。游客出游前还应进行充分的信息准备。出游前，游客要了解目的地的地形、气候、自然灾害、风土人情、习俗禁忌、社会治安、游玩过程中突发意外（特别是野外旅行时）的应急处理常识等。对于出国旅游的人来说，还要多了解目的地国家出入境相关规定以及我国驻目的地国家使领馆的联络信息，以备不时之需。

2. 旅游中的游客健康管理

旅游过程中，游客健康管理要从食、住、行、游、购、娱六大方面进行。

衣——轻便舒适。旅游过程中，游客的着装要合身、轻便、舒适、大方。衣服舒适透气，不宜过于宽大或者窄小，以免影响行走。夏天旅游时尽量不穿深色衣服，做好防晒保湿，避免中暑和晒伤。秋冬旅行或者去高海拔地区旅游应注意防寒保暖，避免感冒和冻伤。旅游时要穿轻便、透气和防滑的鞋子，多穿户外旅游鞋、运动鞋，忌穿高跟鞋、新皮鞋和硬底鞋。

食——卫生营养。旅游行程中，游客饮食要卫生营养，把好“病从口入”关。游客应避免食用未经烹煮、不卫生、不新鲜的食物；少食辛辣刺激食物，多食用清淡易消化的新鲜食物；多食水果蔬菜；少食用豆类、花生及碳酸饮料等。旅游过程中，游客要避免暴饮暴食，以免造成消化道功能紊乱，或感染胃、肠道疾病。游客可准备面包、牛奶、巧克力、糖果等方便食品以防途中饥饿；如果旅游行程中出汗过多，可适量补充淡盐水。

住——保证睡眠。良好的睡眠是身体健康、愉快旅游的基础。旅游过程中，择床、作息规律紊乱、住宿条件不好等都可能降低游客睡眠质量，影响游客的旅游体验和健康。

为确保良好的睡眠质量，游客应尽量入住卫生条件好的宾馆酒店。入住以后，游客应经常开窗通风换气，保持房间内空气洁净、清新。使用空调时，空调温度调节在人体感觉适宜的度数为宜，夏天不贪凉；冬天注意保暖①。游客睡前可以洗个热水澡、用热水泡脚以消除疲劳，改善睡眠状况；也可以通过看书、听音乐调整自己的睡眠状态。

行——安全舒适。旅游交通安全问题事关游客健康和生命安全。为防止旅游交通事故的发生，游客驾车（自行车、汽车）出游时，一定要选择合适的车型（去山地旅游可选择山地自行车或者越野汽车），并在出行前对车况进行全面彻底的检查，排除一切故障和隐患，并随车携带常用修理工具、灭火器、拖车绳和备胎等，确保安全出行。出发前，游客应充分了解旅游线路行程及沿途路况情况，选择平坦易走的大路，避免长时间走山路、坡道或者土路。行驶过程中，应严格遵守道路交通安全法规，不开快车，不走夜路，不在大雾、雷雨天气出行，确保出行安全。

游客乘坐车、船、飞机时，不携带易燃、易爆、剧毒及其他危险品，服从管理规定。乘车时，身体不要伸出窗外，要系好安全带，等车、船停稳再上、下车、船。乘坐飞机旅行时，游客应服从空乘人员的要求，及时关闭电子通信产品，以确保出行安全。

游——安全第一。如果是跟团出行，在景区游览时，游客要跟着导游，不要到处乱跑，以免离群迷路，出现意外；出国旅游时，游客要记下导游、旅行社及目的地中国领事馆电话，以备不时之需。如果是个人单独出游，在景区游览时，游客应遵守景区规定及景区工作人员的安排，不要离开景区游览道路前往尚未向游客开放的地方、危险的地方或者人迹罕至的地方，以免出现安全隐患。

游客应尊重目的地的法律法规和风俗习惯，不做违法违规的事情，不参加不该参与的旅游活动。

3. 旅游中的疾病防治

晕车（船、飞机）。晕车（船、飞机）是指游客在乘坐车、船、飞机时出

---

① 王玉玲、刘启华、辛素文等：《旅游·健康》。北京：人民卫生出版社，2006年，第30页。

现头晕、头痛、恶心、呕吐，甚至虚脱、休克等身体不适症状。作为预防，出游前，游客应睡眠充足，饮食适度，不宜过饱或空腹，避免进食油腻食物。乘车时，游客可不时打开车窗呼吸新鲜空气；乘船时，游客可不时去甲板透气。游客可在乘坐交通工具前使用防晕药物或药贴，或随时涂抹清凉油、风油精等防晕醒脑。当发生晕车、晕船时，游客可平卧位休息，或者靠在椅背上闭目养神；条件许可时，游客可下车休息片刻，待身体不适症状减轻再继续旅行。如果游客因为晕车晕船严重呕吐，出现脱水症状，要立即终止旅行到医院接受专门治疗。

水土不服。旅游过程中的水土不服症状包括头昏无力、食欲不振、消化不良、睡眠不佳，甚至呕吐、腹泻、发热、乏力、气促、出现紫斑及过敏疹等。旅游的异地性决定了游客难免会对目的地的饮食习惯、居住场所、天气状况等不适应而出现水土不服现象。为防治水土不服，游客可多吃水果，少吃油腻；还可服用多酶片和维生素 B_2 等来进行调节。如果游客水土不服症状较重，严重影响旅游行程，游客可以就近就医或提前离开目的地。

感冒。目的地天气情况的急剧变化、睡眠不足、生活无规律和过度劳累都容易使游客免疫机能下降而罹患感冒，出现头痛、鼻塞、打喷嚏、咽部不适等症状。要预防感冒，游客首先要注意保暖，根据天气情况适当增减衣服，防止忽冷忽热。游客也要注意旅游中的运动量要适度，不能过量运动，造成身体疲劳，以致抵抗力下降。旅游行程中，游客一旦感冒，应及时吃药治疗，增加休息时间，多喝温开水，多洗热水澡；严重者要到医院或就近医疗点就医。

腹泻。腹泻是旅游过程中发病率最高的疾病。据统计，去一个不发达国家旅行一个月，有35%—60%的概率会患腹泻[①]。坚持食用卫生、安全的食品和水是预防腹泻最好的办法。游客要保持良好的卫生习惯，要勤洗手（条件不具备时用湿性或者干性的一次性纸巾）；游客应尽可能避免不洁食物和水，在卫生环境良好的餐馆就餐；旅游过程中，游客应多饮用开水，多清淡饮食，尽量少食辛辣、刺激的食物。睡眠时，游客应注意腹部保暖，以预防腹泻的发生。如果患上腹泻，游客应服用治疗呕吐、腹泻的自备药品，如保济丸、阿托品、颠茄、黄连素或氟哌酸等，同时注意卧床休息，多喝糖盐开水或菜汤等。

中暑。夏季在湿热无风的山区开展登山活动时，由于气温过高，游客体能

---

① Stuart R，Keystone J 主编，张海澄、谭蓓、罗海涛译：《出国旅游健康指南》。北京：北京大学医学出版社，2008 年，第 4 页。

消耗较大，体内热量散出困难，极易发生中暑，出现大量出汗、面色潮红或苍白、头痛头昏、胸闷恶心、四肢无力、皮肤灼热甚至血压下降、惊厥、昏迷等症状。为预防中暑，游客应根据天气情况合理安排旅游路线、旅游活动和作息时间，不宜在炎热的中午时分安排过多的户外活动，同时常备中暑防治药物，如清凉油、风油精、仁丹、十滴水、藿香正气水等。游客要加强自我防暑防护，如穿浅色衣服、戴墨镜、遮阳帽和遮阳伞，避免长时间暴露在烈日下；多喝消暑饮料，及时给身体补水。如果感到头痛、心慌，有中暑迹象，应立即到阴凉处避暑休息。一旦发生中暑，游客应尽快脱离高温环境，转移至阴凉、通风的地方休息，并利用各种方法如冷敷等帮助身体散热。游客可在太阳穴处涂抹清凉油、风油精以尽快降低体温，可喝一些含盐的清凉饮料或口服仁丹或十滴水或藿香正气水等进行应急。病情较重者还应在采取上述措施的同时尽快就医。

高山反应。健康人群由平原进入海拔 3 000 米以上高原或由高原进入更高海拔地区后，人体在短时期内会出现头疼、头晕、眼花、耳鸣、全身乏力、行走困难、倦怠、难以入睡等症状，严重者出现腹胀、食欲不振、恶心、呕吐、心慌、气短、胸闷、眩晕、手足麻木、抽搐、面色及口唇发紫或面部水肿等症状，这就是高山反应。要预防高山反应，游客可携带（或者租用）专用氧气袋登山爬高。如果在旅游过程中出现高山反应，游客应在原高度处停留休息 3 至 5 天，或立即下降数百米高度，一般就可恢复正常。症状严重者要及时就医治疗。

创伤。在野外特别是山区旅游时，游客可能会因意外如跌落、擦碰造成各种外伤，引起出血、关节扭伤甚至骨折。对于因意外造成的出血，当伤口较大较深时，要及时用干净的纱布、毛巾或者衣物对伤口包扎止血。若创伤较小，是静脉出血且出血量较大，可用加压包扎止血法，可用于身体各处伤口。若是动脉出血，且出血量较大，可用指压动脉止血法进行临时止血，或者用止血带、手帕、毛巾或者细绳结扎在伤处的上方来止血，且每半小时左右放松一次，每次放松三到五分钟，防止下面的组织因血流不畅坏死。走路爬坡，当心扭伤脚脖。发生踝关节扭伤、挫伤时，应立即让伤者就地休息，不要随便移动；同时在伤处用冰块或者冷毛巾冷敷，以消除疼痛、肿胀和肌肉痉挛；然后局部敷外用跌打损伤药如红花油等。如果游客骨折或怀疑骨折时，应该对骨折部位做简单固定，联系医院进行专业的急救治疗。

学习思考

1. 人为什么要去旅游？旅游会带来哪些积极的健康影响？旅游对个体健康又有什么不利影响？

2. 什么是旅游？休闲与旅游的区别和联系是什么？

3. 世界有哪些类型的健康旅游产品？

4. 我国哪些养生旅游产品最具有国际竞争力？为什么？

5. 在旅游前、旅游过程中游客应该如何进行健康管理？

拓展阅读

1. 黑启明、向月应：《健康旅游学》。北京：人民卫生出版社2020年版。

2. 薛群慧、卢继东、杨书侠：《健康旅游概论》。北京：科学出版社2014年版。

3. 范晓清：《假日旅游健康指南居家休闲健康指南》。北京：人民军医出版社2005年版。

4. 杨奇美：《健康与旅游》。哈尔滨：哈尔滨工程大学出版社2018年版。

5. 国家旅游局规划财务司：《中国旅游度假区发展报告2009》。北京：旅游教育出版社2013年版。

6. 唐烨、谢璐：《温泉旅游文化》。天津：天津大学出版社2017年版。

第十二讲　住宅与健康

住宅环境对人类健康具有极大的重要性。中国世代相传的《宅经》中说："宅者，人之本。人以宅为家，居若安即家代昌吉。若不安，即门族衰微。"[①]人的一生有三分之二的时间是在住宅内度过的。住宅与人类的健康关系密切，安静、整洁、光线充足、空气清新、小气候适宜的住宅可以让人身心健康、愉悦。而拥挤、阴暗、潮湿、寒冷或炎热、空气污浊、嘈杂喧嚣的不良居住环境可以使人情绪低沉、暴躁，甚至易于感染疾病。因此，了解住宅环境中的有害因素以及对健康存在的危害，对于创建健康的生活居住环境、保证人体健康具有重大的意义。

第一节　住宅的健康学要求

住宅是人们为了充分利用自然环境因素的有利作用和防止其不良影响而创造的生活居住环境。随着经济的发展和生活水平的提高，人们对住宅的要求越来越高。住宅也从简单的生活模式类型转变为生活、学习、工作、娱乐等各种不同功能的综合模式类型。良好的住宅内环境有利于健康，不良的住宅内环境会降低人体各系统的生理功能和抵抗力，使居民身体素质下降，生活质量和工作效率下降。那么现代人们对于住宅的健康卫生要求是怎样的呢？国家对此有无统一的规定呢？

一、理想的居住环境——住宅风水学

中国古代对居住环境十分讲究，已经形成较为成熟的宜居环境理论。相宅文化长盛不衰，有关《宅经》的文献，仅在唐代敦煌遗书中不下二十种。《现代住宅风水》一书里提到人的成功与否：一命、二运、三风水、四积公德、五

① 《宅经》。王玉德、王锐注释。北京：中华书局出版社，2011年，第3页。

读书[①]。风水（环境与气场）可以调整人和其生活周围环境、住所之间的“气场”，使每一个人自身的气场和生活活动环境的气场达到祥和的境地，是使人居环境协调于当地宇宙呼吸之气的一门艺术。

风水地理古称“堪舆学”或“青囊术”。经典的风水著述是晋代郭璞的《葬书》，也叫《葬经》，书中说气乘风则散，界水则止，“古人聚之使不散，行之使有止，故谓之风水。风水之法，得水为上，藏风次之。”[②] 意为气在风的驱使下，会自动散开，而遇到水则会停止。选址的原则是，高山看风、平原看水。中国古代选择地址与布局环境的学问统称为“看风水”。一幢房子，总是由新到旧的。中国人往往按传统要求，对旧房屋 30 年小修一次，60 年大修一次，名为“续气”。房屋的修缮对于气的流通和阴阳平衡非常重要。中国老百姓有三怕：“漏房、破锅、病老婆。”漏房，容易破坏室内平衡之气[③]。

对于宜居环境的地址选择，古人已形成一些基本认识，可以综合如下：

（1）周围的地形：它需要呈马蹄形的隐蔽地形。有马蹄形的山丘为靠背，屋前临水，地形开阔。

（2）水：水离吉祥地不远，呈环抱之势，吉祥地本身必须是干燥的。

（3）方位：向阳的方向，最好朝南。

经过实践经验总结，古人认为最佳的风水宝地是负阴抱阳、背山面水之地。明代万历年间王君荣编著的《阳宅十书·论宅外形》曰：“凡宅左有流水，谓之青龙；右有长道，谓之白虎；前有汙池，谓之朱雀；后有丘陵，谓之玄武，为最贵地。”[④] 负阴抱阳，背山面水，这是风水观念中宅、村、城镇基址选择的基本原则和基本格局，体现了住宅外部环境的重要性。

而现代大多数人生活在城市里，没有山、水可供住宅依托环绕。为了应对变化的情况，结合现代住宅的健康学要求，出现了现代楼宇的风水学说[⑤]。比方说楼宇选择的十大禁忌：天斩（正对两栋房屋之间的间隔）、路冲（房屋前为直冲道路）、角煞（房屋对着方形广场一角）、反弓路（道路弧形转弯，房屋位于弧线一侧）、穿心（地铁穿过楼房底部）、镰刀（楼房面对高架桥）、衙前（楼房位于政府大楼前）、庙后（楼房位于寺庙后）、枪煞（楼房邻近工厂高烟

---

① 于希贤：《现代住宅风水》。北京：世界知识出版社，2010 年，第 2 页。

② （晋）郭璞原著，程子和点校：《图解葬书》。北京：华龄出版社，2012 年，第 4 页。

③ 于希贤：《现代住宅风水》。北京：世界知识出版社，2010 年，第 3 页。

④ （明）王君荣原著，程子和点校：《图解阳宅十书》。北京：华龄出版社，2009 年，第 117 页。

⑤ 于希贤：《现代住宅风水》。北京：世界知识出版社，2010 年，第 126—128 页。

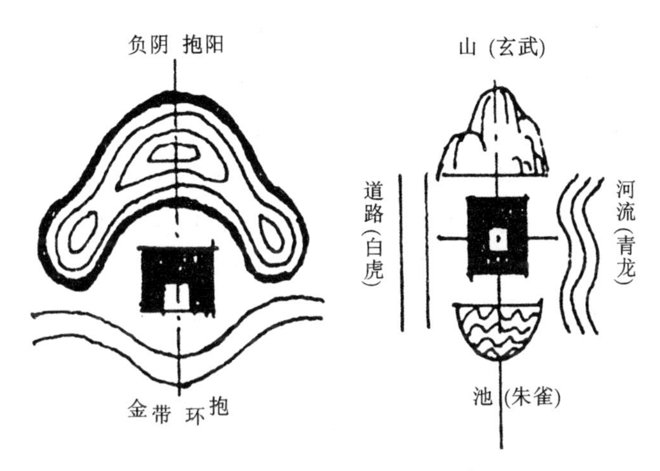

图 12-1 古代最佳风水宝地示意图

囱）、孤峰（只有孤零零的一栋楼）。办公室的风水说中强调进门的对角处为财位，要合理摆放绿色植物，利用财位，营造有益身心健康的办公室环境。住宅户型的风水说中对开门位置、厨房、卫生间的位置也有要求，大门不能对着走道、楼梯，不能直对客厅门窗、主人房门，可设置玄关以化解屋外直冲大门的煞气，防止阳宅旺气的外泄，保护主人的私密性。摒除其阴阳五行、命定之说等封建迷信成分，这些论述也体现了现代人对住宅环境的重视和健康学需求。

二、健康住宅的定义和评估标准

住宅是人们逗留时间最长的室内环境。住宅内的人群包括老、弱、病、残等健康状态各不相同的各个年龄组。这些人体质弱，免疫水平相对低下。因此，住宅的健康学要求日益受到人们的关注。健康住宅概念顺时应势地被提了出来。

"健康住宅"围绕居住环境"健康"二字展开，它的主要基点在于一切从居住者出发。有关专家将健康住宅定义为：在符合住宅基本要求的基础上，突出健康要素，以人类居住健康的可持续发展为理念，满足居住者生理、心理和社会多层次的需求，为居住者营造一处健康、安全、舒适和环保的高品质住宅和社区①。因此，健康住宅应该是能保护和提高人机体各系统的正常功能，有利于儿童、青少年生长发育和老年人身心健康，有效防止疾病传播，提高居住者学习和工作效率的住宅。

---

① 卢永强：《健康住宅小区设计几点思考》，《东方企业文化》，2011 年第 6 期，第 253 页。

健康住宅的核心是人、环境和建筑。健康住宅的目标是全面提高人居环境品质，满足居住环境的健康性、自然性、环保性、亲和性和行动性。保障人民健康，实现人文、社会和环境效益的统一。健康舒适住宅的目的是一切从居住者出发，满足居住者生理、心理和社会等多层次的需求，使居住者生活在舒适、卫生、安全和文明的居住环境中[①]。因此，健康住宅评估因素涉及室内外居住环境健康性，对自然亲和性，住区环境保护和健康环境的保障四大方面。

世界卫生组织定义了十五条“健康住宅”标准，对化学物质、室内温度、湿度、噪声、日照等均有较为详细的规定。国家住宅与居住环境工程技术研究中心出版的《健康住宅建设技术要点》指出，健康住宅的评估标准大体分为四个因素[②]。

1. 人居环境的健康性

人居环境的健康性主要指室内室外影响健康、安全和舒适的因素。要求强调居住空间最低面积的控制标准，尊重个性，确保居住的私密性，并且住宅具有足够的抗自然灾害的能力。在室外环境中强调有充足的阳光、自然风、水源和植被保护，避免噪声污染的侵害，并有防灾救灾，人际交往，增进人情风俗的条件，尊老爱幼，实施无障碍的原则。

建筑装饰材料无害化。尽可能不使用易挥发的化学物质的胶合板、墙体装修材料等；会引起过敏症的化学物质的浓度很低。对各类建筑材料的放射性污染物氡，化学污染物甲醛、氨苯及各种具有挥发性有机物（TVOC）等指标列表控制。

强调通风换气，保障住宅室内空气质量。安装换气性能良好的换气设备，能将室内污染物质排至室外，特别是对高气密性、高隔热性来说，必须采用具有风管的中央换气系统，进行定时换气；在厨房灶具或吸烟处要安装局部排气设备。

提出空气污染物控制标准。二氧化碳要低于 1 000 ppm；悬浮粉尘浓度要低于 0.15 mg/m^3。

此外，室内的声、光、热环境质量和饮用水质量均有相应的标准规定。卧室、厨房、厕所、走廊、浴室等要全年保持在 17 ℃到 27 ℃；室内的湿度全年

---

① 樊静、马红召：《浅谈健康舒适住宅》。上海：同济大学出版社，2011 年，第 85 页。

② 国家住宅与居住环境工程中心：《健康住宅建设技术要点》。北京：中国建筑工业出版社，2004 年，第 28—30 页。

保持在40%至70%之间；噪声要小于50 dB；安装足够亮度的照明设备；1天的日照确保在3小时以上。

2. 自然环境的亲和性

提倡自然，创造条件让人们接近自然和亲近自然是健康住宅的重要任务。在建设时尽可能保护和合理利用自然条件，如地形地貌、树林植被、水源河流，扩大人与自然之间的关系，让人感受真实的对自然的情感。住宅的绿化面积必须达到一定的标准，广植花木不但可以怡情养性，同时还可以促进土壤生物活化，对生态环境有莫大的裨益。

3. 住区的环境保护

住区的环境保护是指住区内视觉环境的保护，污水和中水处理，垃圾收集与垃圾处理和环境卫生等方面。主要从环境的卫生、清洁、美观出发，在景观和色彩上保持明亮、整齐、协调，既具有住区的个性和感染力，又具备文化性、传统性。如垃圾分类、公共场所的卫生和公共厕所的设置及宠物文明饲养等。

4. 健康环境的保障

健康住宅的环境保障评估因素主要是针对居住者本身健康保障，包括医疗保健体系、家政服务系统、公共健身设施、社区老人活动场所等硬件建设。倡导健康居住生活方式，提高健康社区的生活品质。

三、健康住宅的卫生设计

室内环境的质量如何，选址和设计是根本。由于室内环境各个因素均会作用于人体，随着住宅不断向空中发展，高层建筑越来越多，人们也越来越开始重视住宅设计的卫生要求。在所有的建筑物设计中，住宅的设计是要求能最全面、最大限度地为人体健康开发有利因素，创造有利条件。为此，专家们从日照、采光、室内净高、微小气候及空气清度五个方面对现代住宅提出以下卫生健康标准：

1. 具有良好的地段，住宅的平面配置合理

在生活节奏日益加快的现代生活中，住宅周边的环境和配套设施要能满足人的健康学需求。交通方便、环境优良、生活便利，有利提高学习和工作效率。住宅的用地应该选择环境质量较好的地段，远离工业区、垃圾处理场、污水处理场、传染病院等严重污染源，也应远离繁忙的对外交通枢纽、码头和大

型仓库，空气要清洁，环境要安静。

在住宅的平面配置中要考虑到各户之间的关系以及一户之中各个房间的相互配置。除了主室外，要有厨房、卫生间、贮藏室、户内过道和室外活动空间等设施。卧室应配置在最好的朝向，厨房和卫生间应通风良好。

2. 住宅的朝向和间距得当

住宅的朝向是指住宅建筑物主要采光口面对的方向。住宅的朝向直接关系到室内的日照、采光、小气候、通风换气等多项基本卫生要求。适宜的朝向应该是在冬季室内有足够的日照，而在夏季则日照较少。室内有合适的自然通风，冬暖夏凉，空气清洁，采光良好。朝向的选择应考虑到地理纬度、当地主导风向、周围地形等因素。由于地球的公转和太阳直射点的变化，位于北回归线以北的地区，太阳总是从南方照射过来。在夏季，太阳高度角大，正午的室内日照少；冬季太阳高度角小，室内日照充足。所以该区域房屋的最佳朝向是坐北朝南，东西向房屋在夏季室内偏热、冬季偏冷，北向房屋的日照最少，冬季最冷，通风较差。我国绝大部分地区都位于北回归线以北与北纬 45°之间。因此，住宅设计时，尽可能安排正南或南偏东、南偏西的朝向，利用当地的主导风向，组织好室内的通风换气，降低室内过潮、过热的气候。

住宅间距是指住宅的主要采光面与室外前排建筑物之间的距离。如果朝向很合适而间距太小，室内环境的质量仍会受到影响。从满足室内日照、采光、通风等卫生要求的角度出发，对间距的要求是住宅不应被前排建筑物的阴影所遮挡。根据《城市居住区规划设计规范》的规定，房屋间距与房屋的高度有一定的关系。按照房屋的高度可分为多层住宅、小高层住宅和高层住宅。7 层以下（含 7 层）的住宅叫多层住宅，8—11 层的住宅叫小高层住宅，12 层以上的叫高层住宅。高层住宅一般设有垂直电梯作为交通工具，为此国家还明确规定 12 层及 12 层以上的高层住宅，每单元设置电梯不少于两部。房屋之间正面间距按“楼高：楼间距＝1：1.2”计算。高层与各种层数住宅之间不少于 13 m。

3. 住宅的日照良好，光线充足

住宅室内日照是指通过门窗进入室内的直接阳光照射。太阳光可以杀菌，使机体内各个系统的机能增强，促使新陈代谢，提高人体免疫力，促进机体生长发育。而且阳光中的紫外线可以提升人体中维生素 D 的含量，促使血管健康，有抗佝偻病的作用。专家认为，为了维护人体健康和正常发育，普通住宅有效居室日照时间每天必须在 2 小时以上，而建筑底层向阳的窗户在大寒至冬至日至少有 1 小时的满窗日照时间。如果能够接受 1—2 小时的日照时间，那么对消除房间内湿气，杀灭细菌，调节室内温度，加速空气流动就会有所帮助，也会有效改善室内的居住环境。

采光是指住宅内能够得到的自然光线，太阳光中的可见光可预防近视，让人心情愉快。采光口在外墙的开设位置应尽量靠近墙壁中部偏上，可以使光线分布均匀，增加采光有效面积。室内采光的常用评价指标有采光系数、窗地面积比值等。采光系数是指室内工作水平点上的散射光照度与室外相同时间的空旷无遮光物地方的整个天空散射光的照度相比，所占的百分比。窗地面积比值是指采光口的有效透光面积与该室内的地面面积之比。各类建筑走道、楼梯间、卫生间的窗地面积比为 1/12（采光系数最低值 0.5%）。住宅的卧室、起居室和厨房的窗地面积比为 1/7（采光系数最低值 1%），也就是说 7 m^2 的卧室，窗户面积至少在 1 m^2 以上。

4. 有适宜的室内小气候，冬暖夏凉，利于通风

住宅由于屋顶、地板、门窗和墙的阻隔，加上空调设备等作用，综合形成了与室外不同的室内气候。室内小气候主要是由气温、气湿、气流和热辐射（周围墙壁等物体表面温度）这四个气象因素组成。室内小气候和空气质量直接关系到每个人的健康，温暖适宜的小气候可以保证多数居民机体的热平衡，使人体各项生理指标在正常范围内，有正常的学习、工作、休息和睡眠时间。不同地区的气候条件、居住条件和生活习惯各不相同，不同人群对气候的适应力也不同，因此，在制定室内小气候健康标准时，要研究影响室内小气候和集体适应力的各种因素。一般来说，气温是影响体温调节的主要因素，制定室内小气候标准应以气温为主，并参看湿度、气流、热辐射等其他要素。要使居室卫生保持良好的状况，一般要求冬天室温不低于 12 ℃，夏天不高于 30 ℃；室内相对湿度不大于 65%。

居室的规模应该符合健康学要求，室内净高（也就是地板到天花板之间的高度）一般不低于 2.8 m。实验表明，当居室净高低于 2.55 m 时，室内二氧化碳浓度较高，对室内空气质量有明显影响。净高越高，室内空气的垂直对流越充分，有利于污染空气的稀释和扩散。住宅设计能保证室内的空气流通，有必要的空气净化器和采暖防寒、隔热的设备，厨房安装抽油烟机，能防止污染空气流入其他房间。

5. 空气清洁度高，能防止病媒虫害的侵袭和疾病的传播

良好的室内空气质量是健康住宅的重要内容之一。空气清洁度是指居屋内空气中某些有害气体、代谢物质、飘尘和细菌总数不能超过一定的含量。尘埃粒子、气体污染物、细菌等微生物是公认的三大空气污染物。空气的清洁度对该三大空气污染物浓度都有规定的限值。尘埃粒子是以空气洁净度来度量的。细菌、气体污染物则以质量浓度或数量浓度的限值来表示。对人体有害的二氧化碳气体日均最高浓度不超过0.1%，一氧化碳日均最高浓度为1 mg/m^3，二氧化硫日均最高浓度为15 mg/m^3。微生物和悬浮颗粒物的污染评价指标如表12-1所示。

表12-1 室内外空气细菌和悬浮颗粒物污染状况的卫生评价参考指标[①]

		细菌数目（个/m^3）				悬浮颗粒物数目（个/m^3）
		夏季		冬季		
		细菌总数	绿色与溶血性链球菌数	细菌总数	绿色与溶血性链球菌数	
室内	清洁	1 500以下	16以下	4 500以下	36以下	100以下
	污染	2 500以上	36以上	7 000以上	124以上	500以上
室外	清洁	750以下		150以下		50以下
	污染	2 000以上		400以上		1 000以上

此外，健康住宅还要能满足人们对隐私性的社会心理需求。目前出现了新的住宅理念，如墨西哥透明私密Y形住宅、旧金山“翻转住宅”（图12-2、图12-3）。“翻转住宅”就像它的名字一样，将私密空间和公共空间完全对调，将设计的注意力从沿街正立面转移到背立面，从这个方向可以观赏到独特的城市风景、海湾和几个花园。住宅的后墙被完全拆除，换上了三条起伏的玻璃带，玻璃板用金属框架来支撑固定。卧室给移到临街方向，这里的窗户较小，能提供更多私密度。由纯金属制作的楼梯连接了三个楼层。每层在空间和视觉上都与其他层有所联系，不同功能相互联系，并创造了更大的室内开放空间。

---

① 参考张进《室内空气微生物污染与卫生标准建议值》，《环境与健康杂志》2001年第4期，第247—249页。

Y形住宅位于墨西哥圣路易斯波托西州的一个小镇上，由Grupo Volta在2012年设计打造，屋主是一对夫妻。住宅公共空间大幅使用落地玻璃，具备良好的采光和视野，但精妙的设计同样保证了空间的私密性。[①]

图 12-2　墨西哥 Y 形住宅

图 12-3　旧金山斯坦纳街“翻转住宅”[②]

第二节　住宅的空气污染和健康危害

世界卫生组织公布的《2002 年世界卫生报告》明确将固体燃料释放的室内烟雾列为人类健康的十大威胁之一。加拿大一个卫生组织对影响身体健康的一些问题进行了研究，结果显示，有 68%的病是由于室内污染引起的。由于住宅的封闭性和人体使用过程中产生污染气体和辐射，住宅环境的空气污染对人体健康的影响很大。由于室内装修不当引起的污染将造成长期性、无选择性的危害，室内环境中有害物质的含量普遍高于室外，对儿童、老人、孕妇等弱势群体危害大。因此，我们应当充分认识室内环境污染的特点和危害，积极预防，保护自身身体健康。

① “奇思妙想，墨西哥 Y 形住宅”，http://www.360doc.com/content/13/0310/10/1630322_270522764。

② 图片来自设计之家：Grupo Volta：墨西哥 Y 形住宅设计. https:www.sj33.cn/architecture/sisj/jiaju/201303/33751_2.html.2013年3月8日。

一、室内空气污染的主要来源

造成室内空气污染的主要来源主要有以下几个方面：燃料燃烧、建筑和装饰材料、人类自身活动、家用电器和化学品以及室外污染空气的进入等。

1. 室外来源

经机械通风和自然通风进入建筑物的室外空气是室内污染物的来源之一。来自工业、企业及交通运输业的大气污染物如硫氧化物、氮氧化物、颗粒物、醛类等经窗户、通风口、排气口或其他空隙进入室内引起污染。而且人每天出入住宅，会将各种病菌、苯、铅、病毒及有害微生物等从工作环境、公共场所带入室内，从而造成室内的空气污染。

夏季，较多人长时间处于封闭的空调房中，会患上“空调病”。空调如未定期清洗，会积聚灰尘、纤维，滋生大量细菌、病毒、霉菌、螨虫等。当空调开启时，这些灰尘和病原微生物就被空调吹送出来，造成室内空气污染，引起疾病的传播。1980 年，世界卫生组织正式将此类因空调新风不足、与建筑物室内环境污染有关的疾病定名为“病态建筑综合症（Sick Building Syndrome）”，俗称“空调病”。一些专家认为现代建筑中封闭性加强、通风效果不好、空气相对湿度过低是导致“病态建筑综合症”的主要原因①。有研究者报道，暴露在中央空调环境中，容易出现头昏、头疼、疲乏瞌睡、食欲减退、腰背痛、呼吸道刺激症、眼部刺激等症状。其中，危害最大的是隐藏在集中空调通风系统中的军团杆菌，可引起军团菌病。军团杆菌是隐藏在空调制冷装置中的致病菌，随冷风吹出浮游在空气中，人体吸入后会出现上呼吸道感染及发热的症状，严重者可导致呼吸衰竭和肾衰竭②。

2. 燃料燃烧

人类日常生活中烹调产生的厨房油烟，以煤气、液化气、煤炭、柴火取暖产生的污染是主要来源。我国饮食烹调一般以爆炒煎炸为主，烹调时产生的油烟以及燃料燃烧产生的烟雾成分复杂，有 200 余种成分，突变物为不饱和脂肪酸（UFA）的高温氧化和聚合反应而成，许多具有致癌性。常见的污染物有二氧化硫、颗粒物、一氧化碳、二氧化碳及氮氧化合物。当厨房通风不良或不通风时，会有大部分污染气体进入室内，造成室内污染。据测定烹调 1 小时，

① 陈晓春、周东、乔毅：《病态建筑综合症的探讨》，《环境卫生工程》2003 年第 2 期，第 101 页。
②《如何预防军团菌感染》，《家庭医药，就医选药》2021 年第 7 期，第 55—56 页。

厨房内产生的有害物质量为开火前的20多倍，烟尘则在半小时超标70多倍。当食用油温达到150 ℃时，其中的甘油就会生成油烟的主要成分丙烯醛，对鼻、眼、咽喉黏膜有较强的刺激，厨房油烟随空气侵入人体呼吸道，进而引起鼻炎、咽喉炎、气管炎等呼吸道疾病。长期从事烹调的家庭主妇和长期在厨房油烟浓度高的环境下工作的厨师，肺癌的发生率比较高。油烟对肠道、大脑神经的危害也较为明显。我国妇女的吸烟率很低，但妇女肺癌的发生率却并不低，厨房空气污染成为健康的隐形杀手。有研究表明，50%妇女患肺癌与此来源的污染物有关。SO_2 主要来自煤球或煤饼及蜂窝煤等燃料燃烧时排放的废气。有关研究表明，目前90%的 CO_2 排放是来自燃煤废气。在广大农村和中小城市还存在大量家庭直接用煤作为燃料，这成为室内空气污染的一个重要来源。

【知识窗 12-1】

什么是军团菌病?

军团菌病是由军团杆菌引起的一种非常严重的、有时可以致命的军团菌肺炎。1976年7月，在美国费城一家旅馆举行退伍军人大会，会议期间200多名与会者出现发烧、咳嗽、肌肉疼痛、腹泻、头痛、恶心呕吐等症状，患上一种前所未见的肺炎和呼吸道感染病，导致近30人死亡。经过1个多月的调查，终于发现病原是一种当时尚未被人认识的杆菌，后称为嗜肺性军团菌。由于这种病首次在退伍军人身上发现，因此称为军团病。军团菌经空气传播，是隐藏在空调制冷装置中的致病菌，矿泉池、空调设备、冷却水箱、喷泉处等常见。

3. 建筑及装饰材料

建筑用的矿渣砖、瓦、水泥等含有挥发性的有毒物氡及其子体，再生材料、化工产品等含有挥发性有机化合物，如甲醛、苯、甲苯、三氯乙烯等。像石膏废渣砖、粉煤灰渣砖、磷矿废渣砖等均利用化工业生产排出的固体废弃物再次改造而成，工艺复杂，生产环节多，能耗大，如果制造技术不过关，其放射性核素限量不达标，对人的身体健康危害极大。如利用磷石膏生产烧结砖在焙烧过程中分解出二氧化硫，会造成二次污染。此外，石棉瓦的危害也日益受到人们的重视。1970 年发现石棉纤维对人体有害，吸入石棉粉尘不仅会导致肺部纤维化，形成肺尘病，还能诱发支气管肺癌、胸腹膜间皮瘤和其他恶性肿瘤。世界卫生组织（WHO）的附属机构国际癌症研究组织（IARC）已经宣布石棉是第一类致癌物质。鉴于此，多数国家（特别是发达国家）都倾向逐渐减用甚至禁用石棉。目前，中国仍未确认蛇纹石石棉（温石棉）对人体的健康影响。

家庭装修使用的油漆、乳胶漆、复合地板、涂料、家具等材料中均含有多种挥发性有机物，如甲醛、苯、甲苯等，这些对人体健康都有较大危害，甚至致癌，成为室内空气中的主要污染物之一。装修污染造成的危害因为具有长期性、无选择性、低剂量等特点，给人身体造成的影响触目惊心。据中国新闻网 2006 年 3 月 15 日统计，全国有 73％的新装修户甲醛浓度超标，每年新增约 4 万名白血病患者，其中 50％是儿童。而家庭装修导致室内环境污染，被认为是导致城市白血病患儿增多的主要原因，其中发现 90％的小患者家中在半年之内曾经装修过。

4. 人类自身活动

人类自身新陈代谢活动和吸烟等引起的污染，也是室内污染的重要来源之一。人口腔喷出的飞沫和排出的代谢废弃物，有些含有挥发性毒物。研究发现，人肺可排出二甲基胺、硫化氢、醋酸、氧化乙烯、丁烷、氨、二氧化碳等 20 余种有害物质。人在室内活动、呼吸、出汗等散发出的固态和气态污染物可占室内总污染物的 13％。人打一个喷嚏，可能会喷射出数百万悬浮颗粒，这些颗粒可以带有数千万个以上的病菌。

吸烟危害健康已是众所周知的事实。烟草烟雾含有 3 800 多种成分，烟草中的有害物质可分为醛类、氮化物、尼古丁类、胺类等，这些物质对呼吸道有刺激，可刺激交感神经，其中确定致癌物有 44 种之多。它们可以对呼吸系统、心血管系统、神经系统、生殖系统、免疫系统等造成严重危害。吸烟是导致慢性支气管炎和肺气肿的主要原因，一个每天吸 15—20 支香烟的人，其易患肺癌、口腔癌或喉癌致死的概率要比不吸烟的人大 14 倍。我国是全世界吸烟人数最多的国家，据估计，我国现有 1/4 的人口在吸烟，吸烟引起的室内空气污染不容忽视。

5. 家用电器及化学品

现代家庭中使用的电视机、电冰箱、微波炉、电脑、打印机、电热毯等在正常工作时可产生不同波长和频率的电磁波，人长期在这种环境下健康会受到影响。当人体受到电磁波的干扰，会使机体组织内分子原有的电场发生变化，导致机体生态平衡紊乱。一些受到较强或较久电磁波辐射的人，可出现神经系统和心血管方面的不适，如乏力、记忆力衰退、失眠、胸闷、白细胞与血小板减少或偏低、免疫功能降低等。家用电器在使用过程中还释放一些有害的气体，如电视机会散发有毒溴化二苯呋喃，这就是致癌气体。

家庭常用化学品有洗涤剂、清洁剂、黏合剂、防蛀剂、杀虫药、灭鼠剂、化妆品、染发剂等，这些产品中含有甲苯、苯等易挥发性有机物。这些家用化学品的大量使用或多或少释放污染物质到居室的空气中，人接触过多会出现头昏、疲倦、过敏等症状。

二、室内环境污染的特点

室内环境包括居室、办公室、车间、学校、娱乐场所、医院、疗养院等，其涉及室内环境十分广泛，人群数量众多，据统计全球有一半人处于室内空气污染中，其总体影响后果十分巨大。2002 年 4 月我国首届室内空气质量与健康学术研究会上宣布，我国室内环境污染引起的超额死亡人数每年达 11.1 万人，仅 1994 年统计室内污染造成的经济损失达 800 亿元。室内环境污染主要呈现长期性、低剂量、低症状的特点，并对老人、小孩等弱势群体危害大。

长期性。室内环境污染物排放频率高、周期长。甲醛具有较强的黏合性有加强板材的硬度、防虫、防腐功能。用作室内装修材料的人造板及使用的胶粘剂是以甲醛为主要成分的脲醛树脂，而板材中残留的与未参加反应的甲醛会逐渐不停地从材料的孔隙中释放出来。据日本横滨大学研究表明，室内人造板、胶粘剂中的甲醛释放期为 3—15 年。天然石材、人造地砖中的放射性物质在衰变过程中放出射线和放射性气体——氡，其半衰期一般都在千年以上。如果室内装修产生污染，将会造成长期性的危害。

低剂量。室内环境中有害物质的含量普遍高于室外，室内装修后污染程度更是显著增加，但仍不属于短时间内致人严重损伤甚至死亡的高剂量。据室内环境质量检测表明，室内装修后室内污染物超标大多在 10 倍以内，极少有超标十几倍以上的。因此，室内环境污染是低剂量地对人体进行侵害。

低症状。由于室内环境污染而致病的前期症状均不明显，主要表现为对眼、鼻、喉及呼吸系统的刺激，出现干燥、疲乏、无力、气喘、咳嗽、头昏等症状，所以极易被人们忽视。如氡气是无色无味，看不见摸不着的，对人体的伤害具有长期性，且致病的潜伏期较长，为15—40年。

对弱势群体危害大。人体对室内环境污染物的接触时间长，累积影响大。室内环境是人们生活、工作的主要场所。成年男子一天24小时中，在居室及室内工作场所的时间可达12小时以上，而家庭妇女、婴幼儿、老残病弱者在室内的时间则更长久。人的一生中至少有一半时间在室内度过，这样长时间暴露在有污染的室内环境中，污染物对人体作用因时间长而累积的危害就更为严重。室内环境污染对人体造成的危害程度会因人群不同而出现差异，其对人体的致病也因个体的差异、免疫力强弱而具有不确定性。一般来说，儿童、老人、孕妇等群体比较敏感，危害也比较大。

三、主要污染物及健康危害

室内装饰材料及家具的污染是目前造成室内空气污染的主要方面。有毒害的装饰材料除了影响人类健康外，还会影响人类自身的生存环境。据统计，全世界涂料和装修工业排到大气中的有机溶剂，是仅次于汽车尾气的大气第二大污染源。而危害人类健康的五大环境杀手主要有甲醛、苯、氨气、氡气、总挥发性有机物。根据国家标准《民用建筑工程室内环境污染控制规范》的规定，对新装修房间中的这五项污染物要进行控制。

甲醛。甲醛是无色易溶，具有强烈刺激性气味的气体，挥发性极强。甲醛水溶液称福尔马林，用作防腐剂，现代建筑材料和装饰材料中为提高性能，一般会加入甲醛及其复合物。凡是大量使用黏合剂的环节，都会有甲醛的释放。如密度板、胶合板、大芯板、复合板、刨花板等各种人造板材中由于使用了黏合剂均含有甲醛，新式家具、墙纸、化纤地毯、塑料地板砖、涂料、油漆等亦是空气中甲醛的主要来源。除此外，甲醛也是不完全燃烧产物，化妆品、清洁剂、杀虫剂、消毒剂中也含有甲醛。甲醛释放期长达3—15年，可经呼吸道吸收。甲醛对人体的危害具有长期性、潜伏性、隐蔽性的特点。长期、低浓度接触甲醛会引起眼红、眼痒、咽喉不适或疼痛、头痛、头晕、胸闷、气喘、乏力、神经衰弱、记忆力减退、免疫力降低等症状。慢性甲醛中毒对呼吸系统、消化系统的危害也是巨大的，出现肝细胞损伤和肝功能异常等。对孕妇的危害尤其大，孕妇待在有甲醛的环境中会导致胎儿畸形。2017年10月27日，世界卫生组织国际癌症研究机构公布的致癌物清单中，将甲醛放在一类致癌物列表中。

苯。苯是一种碳氢化合物，在常温下是甜味、可燃、有致癌毒性的无色透明液体，其密度小于水，并带有强烈的芳香气味。胶水、油漆、涂料和黏合剂是空气中苯的主要来源。由于苯的挥发性大，暴露于空气中很容易扩散。人和动物吸入或皮肤接触大量苯进入体内，会引起急性和慢性苯中毒。苯系物被吸入人体的初期，人的鼻黏膜或者齿龈会有出血情况，偶尔会产生神经衰弱症状，在人身上的主要反应为失眠、头昏、判断力降低、记忆力减退等，严重的情况可能导致人体骨髓的造血功能出现障碍，造成人体产生贫血。如长期接触苯会对血液造成极大伤害，使红血球、白血球、血小板减少，白血病患率增高。有研究报告表明，引起苯中毒的部分原因是在体内苯生成了苯酚。在白血病患者中，有很大一部分有苯及其有机制品接触历史①。我国《民用建筑工程室内环境污染控制规范》规定，室内环境中苯含量不能超过 90 $\mu g/m^3$。

氨气。氨是一种无色而有强烈刺激气味的气体，主要来自混凝土防冻剂等外加剂、装饰材料增白剂、防火板中的阻燃剂等，对人的眼、喉、上呼吸道有强烈的刺激作用。长期接触氨气，部分人可能会出现皮肤色素沉积、皮炎或手指溃疡等症状。氨气被呼入肺后容易通过肺泡进入血液，与血红蛋白结合，破坏运氧功能，引起充血、肺水肿、支气管炎。短期内吸入大量氨气后可出现流泪、咽痛、声音嘶哑、咳嗽、痰带血丝、胸闷、呼吸困难等呼吸道刺激症状，因此，在买房时注意室内是否已有刺激性气味，特别是“厕所味”，注意通风，使氨气充分释放。

氡气。氡是一种无色、无味、无法察觉的惰性气体，具有放射性。其来源主要有二：一是从房基土壤中析出的氡。在地层深处含有铀、镭、钍的土壤、岩石中，人们可以发现高浓度的氡，这些氡可以通过地层断裂带，进入土壤和大气层。建筑物建在上面，氡就会沿着地的裂缝扩散到室内。二是从建筑材料中析出的氡。1982 年联合国原子辐射效应科学委员会的报告指出，建筑材料是室内氡的最主要来源，如花岗岩、砖砂、水泥及石膏之类，特别是含有放射性元素的天然石材，易释放出氡。据中国室内装饰协会室内环境检测中心的检测，北京地区某些住在一楼并铺了花岗岩地面的家庭，室内氡含量较高。氡及其子体随空气进入人体，或附着于气管黏膜及肺部表面，或溶入体液进入细胞组织，形成体内辐射，诱发肺癌、白血病和呼吸道病变。科学研究发现，氡对人体的辐射伤害占人体所受到的全部环境辐射的 55%以上，对人体健康威胁极大，其发病潜伏期大多都在 15 年以上。据美国国家安全委员会估计，美国

---

① 赵海：《室内空气中苯系物的危害与防治》，《人人健康》2019 年第 15 期，第 190 页。

每年因为氡而死亡的人数高达3万人，我国每年因氡导致肺癌的病例在5万例以上[①]。因此，氡已被国际癌症研究机构列入室内重要致癌物质，已成为除吸烟以外引起肺癌的第二大因素。

总挥发性有机物。挥发性有机物（Volatile Organic Compounds，VOC），是在常温常压下能从各种物质中挥发出的一类室内空气污染物，通常具有刺激性气味，且部分化合物具有基因毒性。其组成极其复杂，常见的有甲醛、苯、甲苯、二甲苯、三氯乙烯、三氯甲烷、乙苯、苯乙烯、十一烷、二异氰酸酯类等。虽然单个VOC在室内的浓度不高，但其种类繁多，一般不予逐个表示，而以其总量表示，即总挥发性有机物（Total Volatile Organic Compounds，TVOC），其联合作用是不容忽视的。室内建筑和装饰材料以及化学清洁剂等是空气中TVOC的主要来源，如装饰材料中的胶合剂、涂料、油漆、板材、壁纸等。研究表明，即使室内空气中单个VOC含量都低于其规定限值，但多种VOC的混合存在及其相互作用，会使危害强度增大。在通风不畅、较为密闭的环境中，VOC浓度过高会引起中毒，影响中枢神经系统功能。一般认为，正常的、非工业性的室内环境TVOC浓度水平还不至于导致人体的肿瘤和癌症。当TVOC浓度为3—25 mg/m^3 时，会产生刺激和不适，与其他因素联合作用时，可能出现头晕、头痛、嗜睡、无力、胸闷等自觉症状，并可能影响消化系统，出现食欲不振、恶心等；当TVOC浓度大于25 mg/m^3 时，还可能产生其他神经毒性作用，如引起机体免疫水平失调，严重时甚至可损伤肝脏和造血系统，引发变态反应性疾病。因此，房屋装修后应当进行室内空气检测，以采取相应的治理方法。

二手烟。二手烟是指烟草燃烧过程中散发到环境中的烟草烟雾，又称被动吸烟或环境烟草烟雾，包括吸烟者吐出的烟雾和烟草燃烧过程中散发到空气中的烟雾。研究结果显示，二手烟在成分上与吸烟者吸入的烟雾并无差别，意味着这二者的危害等量齐观。烟草燃烧产生的烟雾化学物质，已知的就高达7 000多种，其中至少250种是已知的有害物质，50多种为已知的可致癌物质。这些有害物质主要包括尼古丁、焦油、一氧化碳、胺类、酚类、烷烃、醇类、多环芳烃、氮氧化合物和重金属元素镍、镉，以及有机农药等。据2015年世界卫生组织的统计数据：我国现有3亿烟民，有多达7.4亿的人暴露于二

---

① 周中平：《环境与健康知识问题》。北京：化学工业出版社，2006年，第125—126页。

手烟，其中2.5亿为育龄期女性，1.8亿为儿童[1]。研究显示，吸二手烟使人们肺癌风险可提高20%—30%，冠心病风险增加25%—30%，乳腺癌风险则增幅达70%，且显著加重儿童哮喘程度，引发儿童肺炎、中耳炎乃至行为问题。此外，二手烟对妇女的生殖健康也有负面影响，烟草烟雾中的尼古丁会降低雌激素，损害输卵管功能造成宫外孕，增加早产流产死胎的风险。

烹调油烟。中国传统饮食较多采用煎、炒、炸等烹调方式。在烹饪过程中，食用油和食品在高温条件下，发生复杂的热氧化分解反应，产生的油烟成分随食品种类、加热温度、烹调方式不同而变化。当油脂高温加热到180 ℃时产生剧烈的氧化反应，其主要分解产物有低级脂肪酸、醇、醛、酮、呋喃、羧酸、一氧化碳、二氧化碳、氢和水等，聚合物含有氢氧基、羧基、环氧基等单体和非环状聚合物，其中油烟雾中存在五种具有强致癌性的多环芳烃类化合物。吸入食用油烟对健康人和慢性支气管病人的肺功能有明显的影响，吸入者出现呛咳、胸闷、气短等症状。实验研究显示，烹调油烟对人体有遗传毒性和致癌危险性，并对人的免疫机能会产生一定的损伤。流行病学调查显示，烹调油烟已成为我国妇女肺癌的主要非吸烟因素之一，油烟所致肺癌以腺癌为主，而吸烟仅与鳞癌有关。上海市女性肺癌标准死亡率达每10万人死亡20人左右，居世界首位。在加拿大、英国、美国和丹麦等国，也发现餐饮业厨师患肺癌、鼻咽癌和食管癌的危险性比较大[2]。

第三节　室内空气污染防治

人生最宝贵的是健康。人生一切都建立在健康基础上，没有了健康，一切都等于零。而关爱健康的一个方面，就要从室内污染防治做起。那么，如何有效地防治室内空气污染？归纳起来大体有以下四种途径。

一、减少污染源

污染源的控制包括室内和室外两个方面。室外污染源应以国家治理为主，并采取相应措施防治室外污染侵入室内。而室内污染源，就要通过合理的建筑结构设计，采用绿色环保的装修材料和安全的绿色施工，建造和运用机械通风

---

① 衣晓峰等：《家庭二手烟：危害女性生殖健康》，《中国中医药报》，2018年4月2日，第7版。
② 厉曙光等：《家庭厨房烹调油烟污染的危害》，《上海预防医学杂志》，2003年第2期，第58页。

机空调系统来降低污染物浓度，达到改善室内空气质量的目的。

绿色装修是保证新房空气污染降低的一个重要方式。但不是人们误解中的那样，用了所谓零污染的绿色环保装修材料就没有污染了。在整个装修过程中，污染几乎是不可避免的。所谓的绿色装修就是采用环保型的、符合国家建筑材料标准的材料，把对环境造成的危害降低到最小。比如使用再生林木材或可回收利用的材料，使装修后的房屋室内污染气体含量能够符合国家的标准，尽可能地减小装修后的房屋对人体健康产生危害。同时从设计方案、施工程序，室内空气质量检测上也要施行绿色环保。在空间设计上符合人体工程学要求，注意方位和开窗，充分汲取阳光、空气、绿景等自然资源，站在可持续发展的角度上对待室内装修设计，以人为本，节约资源。

二、增加通风换气

为了减少室内污染空气的滞留，要养成经常开窗透气的良好生活习惯。现代住宅、办公室门窗关闭，通风不良，在这样较为密闭的环境中污染物得不到及时排放，会使室内负离子含量过低，对人体健康不利。因此，为了增加通风效果，现代住宅的重点污染地如厨房、卫生间等一般都安装有通风管道。有经济条件的，可以在整个住宅安装通风管道，吸入新鲜空气，同时将污浊空气排出，使整个房间流动着清新的空气。

在生活中要尽量使用清洁能源，安装控制污染的装置。厨房要与居室分开。做饭时，打开厨房门窗，使厨房空气流通，并且科学使用排风扇、抽油烟机等人工排风设备。先打开排风设备，再打开火。烹调结束后，抽气 10 分钟后再关闭排风设备，以最大限度地减少厨房的污染。

三、采用技术治理

目前室内空气的净化技术主要有物理吸附技术、光催化技术、化学中和技术等。

物理吸附技术。利用某些有吸附能力的物质如活性炭、硅胶和分子筛等吸附空气中有害成分从而达到消除有害污染物的目的。活性炭是大家比较熟悉的一种吸附材料，自 20 世纪初就被广泛应用于空气净化。虽然活性炭纤维能有效去除空气中的挥发性有害气体和可吸入颗粒物，但对于能与活性炭发生反应的总挥发性有机物却效果甚微。而且，活性炭仅仅是将异味和臭气等从一种状态转化为另一种状态，并不能彻底将之去除，会造成环境的二次污染，难以重复使用。

光催化技术。是指在紫外线照射下，在室温条件下将许多有机污染物氧化成无毒无害的二氧化碳和水，是一种在能源和环境领域有着重要应用前景的绿色技术。其原理是通过特定波长光线照射，激活纳米光催化剂，使光催化剂与周围的水分子、氧分子发生作用，利用光激发出的电子空穴或电子与水结合形成的自由基将有机污染物氧化分解为对环境无害的简单化合物[①]，从而达到杀菌、空气净化、除臭、防霉、清除空气污染的目的。光催化反应过程是指利用半导体材料将光能转化为化学能的过程。光催化的核心部分是光催化剂，催化剂活性更高，对污水降解效果更好。目前光催化氧化技术已经在光催化降解、光催化制氢、光催化除臭和光催化环保涂料等各种领域得到了广泛应用[②]。

化学中和技术。利用化学中和技术可除甲醛。其原理是采用络合技术，破坏甲醛、苯等有害气体的分子结构，中和空气中的有害气体，进而逐步清除，最终达到改善室内空气质量的目的。目前，专家研制出了各种除味剂和甲醛捕捉剂，属于该技术类产品。该技术结合装修工程使用，可以有效降低人造板中的游离甲醛。

四、植物辅助办法

当室内空气污染程度较低的时候，也可以通过放置一些植物来降低和吸收污染气体。室内最适宜选择四季常青的花木，如吊兰、芦荟、仙人掌、龟背竹、常青藤等。芦荟、吊兰和虎尾兰可清除甲醛的污染，使空气净化；常青藤、蔷薇、芦荟和万年青等可清除室内的三氯乙烯、硫比氢、苯、苯酚、氟化氢和乙醚等。虎尾兰、龟背竹和一叶兰等可吸收室内80%以上的有害气体，特别是龟背竹在夜间有很强的吸收二氧化碳的能力，比其他花卉高6倍以上。天门冬可清除重金属微粒。室内摆一盆石榴，能降低空气中的铅含量。柑橘、迷迭香和吊兰等可使室内空气中的细菌和微生物大为减少。美人蕉对二氧化硫有很强的吸收性能。绿萝等一些叶大和喜水植物可使室内空气湿度保持极佳状态。杜鹃花、郁金香和猩猩木等还可吸收挥发性化学物质。

特别提醒的是，现在大多数人存在一个误区，认为居室放一些植物或活性

---

① 扈彬：《光催化技术及前景分析》，山东造纸学会2012年学术年会会议论文集，2012年12月。

② 杭子清：《简析光催化技术及其研究现状》，《资源节约与环保》，2021年第2期，第123页。

炭就能清除甲醛等有害气体。其实，植物去除有害气体的功效很有限，只能作为室内环境治理的辅助手段。只有当室内空气轻度污染时，植物才能起到一定作用。当室内空气污染严重时，植物也无能为力了。用植物净化室内环境污染还应注意四条原则：

(1) 根据室内环境污染有针对性地选择植物。有的植物对某种有害物质的净化吸附效果比较强，如清除甲醛用芦荟、吊兰和虎尾兰比迷迭香、绿萝等有效。

(2) 根据室内环境污染程度选择植物。一般室内环境污染在清度和中度污染、污染值超过国家标准 3 倍以下的环境，采用植物净化可以收到比较好的效果。

(3) 根据房间的不同功能选择和摆放植物，夜间植物呼吸作用旺盛，放出二氧化碳，卧室内摆放过多植物不利夜间睡眠，如滴水观音不宜摆放在卧室，会影响主人睡眠。

(4) 根据房间面积的大小选择和摆放植物，一般情况下，10 m^2 左右的房间，1.5 m 高的植物放两盆比较合适。

【知识窗 12-2】

哪些花卉不适合室内种植

郁金香的花朵有一种毒碱，接触过久，会加快毛发脱落。

兰花和百合花会令人过度兴奋而引起失眠。

紫荆花的花粉与人接触过久，会诱发哮喘症或使咳嗽症状加重。

月季花会使一些人产生胸闷不适、憋气与呼吸困难。

夜来香（包括丁香类）在晚上会散发出大量刺激嗅觉的微粒，闻之过久，会使高血压和心脏病患者感到头晕目眩、郁闷不适，甚至病情加重。

洋绣球花（包括五色梅、天竺葵等）所散发的微粒与人接触，会使人的皮肤过敏而引发瘙痒症。

学习思考

1. 住宅的健康学要求是什么？什么是健康住宅？
2. 简述居室环境的主要污染源和污染特点。
3. 居室内主要污染物及其对人类健康的危害是什么？
4. 对于居室内空气污染，我们应该采取什么样的防治措施？

拓展阅读

1. 周中平、程远、陈朝东等：《环境与健康知识问题》。北京：化学工业出版社 2006 年版。

2. 柳丹、叶正钱、俞益武主编：《环境健康学概论》。北京：北京大学出版社 2012 年版。

3. 王玉德、王锐编著：《宅经》。北京：中华书局 2011 年版。

4. 厉曙光、黄昕：《家庭厨房烹调油烟污染的危害》，《上海预防医学杂志》2003 年第 2 期。

5. 于希贤：《现代住宅风水》。北京：世界知识出版社 2010 年版。

知识窗目录

图 目 录

表 目 录